煤矿井下水力强化理论与技术

苏现波 马 耕 等著

科学出版社

北京

内 容 简 介

本书以实验室测试、现场试验、数值模拟和理论分析为基础,从煤岩体结构与力学性质、地应力场、瓦斯的运移产出机理等方面揭示了煤矿井下水力强化的增透机理,据此建立了水力强化数理模型,并研制了相应的数值模拟软件;创立了煤矿井下水力强化的五种工艺类型,并对其增透机理和适用条件进行了系统分析;研制了煤矿井下水力强化专用装备和材料,初步形成了煤矿井下水力强化理论和技术体系;同时制定了四个水力强化技术规范,以便于此项技术的推广应用。

本书可供从事煤层气勘探开发、煤矿井下瓦斯抽采的工程技术人员和科研人员,以及高等院校师生参考使用。

图书在版编目(CIP)数据

煤矿井下水力强化理论与技术/苏现波等著. —北京:科学出版社,2014.5
ISBN 978-7-03-040330-8

Ⅰ.①煤… Ⅱ.①苏… Ⅲ.①煤矿-瓦斯抽放 Ⅳ.①TD712

中国版本图书馆 CIP 数据核字(2014)第 062906 号

责任编辑:耿建业 刘翠娜 / 责任校对:李 影
责任印制:张 倩 / 封面设计:无极书装

科 学 出 版 社 出版
北京东黄城根北街 16 号
邮政编码:100717
http://www.sciencep.com

新科印刷有限公司 印刷
科学出版社发行 各地新华书店经销

*

2014 年 5 月第 一 版 开本:720×1000 1/16
2014 年 5 月第一次印刷 印张:18
字数:362 000
定价:**70.00 元**
(如有印装质量问题,我社负责调换)

本书撰写人员名单

苏现波　马　耕

郭红玉　刘　晓　蔺海晓　宋金星　陶云奇

序

　　煤炭在我国能源结构中占据主导地位,长期以来为我国国民经济的快速发展提供了有力支撑,特别是近 10 年来煤炭产量增长了 3 倍左右,2012 年达到了 36.6 亿 t。随着我国产业结构的不断调整和优化、单位 GDP 能耗的逐渐降低,煤炭产量增长速率将减缓,但在未来相当长的时间内其主导地位不会改变。尽管国家颁布了一系列关于瓦斯抽采的鼓励政策和煤矿安全生产的强制措施,煤炭产量快速增长的同时,百万吨死亡率在逐步下降,安全形势日趋好转,但要清晰地认识到,随着开采深度的增加和复杂地质条件矿井的相继投产,煤矿瓦斯灾害的程度越来越严重,往往以巨大的工程投入、高额的瓦斯治理费用来换取安全生产。如何降低瓦斯治理成本,关乎部分煤与瓦斯突出矿井的可持续发展,甚至生存,也是广大煤炭科技工作者的责任和义务。

　　长期以来,广大科技工作者和煤炭企业合作形成了一系列煤矿瓦斯治理的工艺技术,为我国煤矿安全生产提供了有力保障,但对于严重突出矿井仍然存在“抽、掘、采”失衡的矛盾,急需一种具有普遍适用性的增透技术,以大规模提升抽采效率,实现煤矿的安全高效生产。在此背景下,苏现波、马耕等将地面煤层气开发的水力压裂技术移植到煤矿井下,形成了适合煤矿井下具体地质和工程条件的水力强化技术,无疑为煤矿瓦斯高效抽采提供了一种全新的技术途径。目前,这一技术在重庆市能源投资集团有限公司已经作为一种常态化技术在应用,且取得了前所未有的成效;河南能源化工集团有限公司、阳泉煤业(集团)有限责任公司、郑州煤炭工业(集团)有限责任公司等也在积极推广中。相信这一技术将为我国煤矿瓦斯灾害治理作出巨大贡献。

　　作者在经历了 10 年的理论研究和现场试验后,撰写了《煤矿井下水力强化理论与技术》一书。该书既有丰富的理论分析,又有详细的技术措施,特别是专门研制的两套水力强化装备,使这一技术的实施成为现实;同时,研制的软件和制定的相关技术规范使得这一技术的推广程序化、标准化、规范化。初步构建的煤矿井下水力强化的理论和技术体系,不仅对于煤矿井下瓦斯高效抽采起到指导作用,还对于地面煤层气开发具有借鉴意义。深信该书的出版对于我国瓦斯抽采会起到积极的推动作用。我十分欣慰地向大家推荐这部有价值的参考书,同时祝愿作者在今后的科学研究中取得更大成就!

中国科学院院士

2013 年 11 月 20 日

前　　言

瓦斯是一种以甲烷为主要成分的混合气体,是一种洁净能源,更是煤矿安全生产的灾害源。煤炭在我国一次性能源结构中所占比例在 70% 左右,在未来相当长时间内煤炭的主导地位不会改变。随着国民经济的持续快速发展,煤炭的产量将持续上升,开采深度会不断增加,复杂地质环境条件下的矿井将相继投产,瓦斯灾害将日趋严重,必须探索一套适合于煤矿井下具体地质条件的、具有广泛适应性的区域瓦斯治理技术,才能满足煤炭安全高效开采的需求。

瓦斯抽采是瓦斯治理的根本途径,同时也是获取洁净能源的有效途径,为此我国政府相继颁布了一系列地面煤层气开发鼓励政策和煤矿井下瓦斯治理强制措施,对瓦斯抽采的质和量做出了明确规定。实现煤层增透、大规模提升抽采效率,是对国家政策的积极响应,也是实现资源开发利用、煤矿减灾和节能减排三重目标的根本措施。煤矿井下水力强化技术正是在这种背景下应运而生的一种具有普适性的区域瓦斯治理技术。

水力压裂作为地面煤层气开发的主要增产措施被广泛采用,是一种成熟技术。能否将此技术移植到煤矿井下,是人们长期关注的焦点。作者在对水力压裂的基本原理、装备特点、适用条件进行系统研究的基础上,于 2004 年提出了煤矿井下水力压裂的基本思路,并于 2008 年进行了首次本煤层顺层钻孔水力压裂试验,于 2009 年进行了围岩抽采层钻孔水力压裂试验,取得了显著成功。5 年来,作为一种区域瓦斯治理技术,水力强化正以其强有力的生命力在河南、山西、重庆、贵州、安徽等省市的高瓦斯突出矿井得以推广应用。

煤矿井下水力强化是以高压水为载体、以瓦斯抽采钻孔为通道、以煤层及其围岩为增透对象、以大规模提高瓦斯抽采效率为目的的一种新技术,包括水力压裂和水力冲孔两种途径。水力压裂是一种适用于脆性煤岩层的增透技术,也是地面煤层气开发的主要增产措施,但对于隶属塑性体的软煤无能为力;而水力冲孔出煤卸压是又一种有效增透技术,煤矿井巷工程为这一技术的实施提供了便利条件,也为软煤瓦斯抽采增产提供了技术支撑。

一项新技术的诞生必须有自身的理论体系和装备支撑。在经历了 10 年的理论研究、装备研发和 5 年的现场实施后,煤矿井下水力强化已基本形成了自身的理论、方法、技术和装备体系,本书正是对这一技术体系的系统总结。全书分三个部分:①水力强化理论体系。引入岩体力学理论,对煤岩体结构进行定量表征,准确获取非完整岩体的力学参数;通过实验室物理模拟,揭示了脆性煤岩层的水力压裂造缝增透机理和塑性煤岩层的卸压增透机理;指出瓦斯的运移产出流态存在扩散、低速非线性渗流和线性渗流 3 种方式,形成了流态的判识方法,建立了基于煤岩体结构的瓦斯运移产出数理模型,研发了瓦斯运移产出数值模拟软件;在此基础上完善了水力压裂和水力冲孔数理模型,并研发了相应的数值模拟软件,初步建立了煤矿井下水力强化理论体系。②水力强化工艺技术。在水力强化理论基础上,建立了煤矿井下常规水力压裂、吞吐水力压裂、水力喷射压裂、水力压冲和水力冲孔 5 种水力强化工艺,并对其适用条件和增透机理进行了深入探讨;制定的相关技术规范,便于该技术的推广应用。初步建立了煤矿井下水力强化技术体系。③水力强化装备。研制了水力压裂泵组和瓦斯抽采孔水力作业机,以及封隔器、封孔材料、压裂液和支撑剂等,以满足各种水力强化工艺实施要求。

　　本书的具体分工:前言、第一章由苏现波、马耕撰写;第二章由郭红玉撰写;第三章由郭红玉、蔺海晓撰写;第四章由宋金星撰写;第五章由苏现波、蔺海晓撰写;第六章由蔺海晓、苏现波撰写;第七章由刘晓撰写;第八章由刘晓、马耕撰写;第九章由郭红玉撰写;附录由马耕、刘晓、陶云奇撰写。全书由苏现波、马耕统一审核、定稿。

　　作者及其研究团队潜心研究这一领域 20 余年,在一系列的国家自然科学基金项目[国家自然科学基金重点项目(50534070)、国家自然科学基金面上项目(40972109、41072113、40602017)、国家自然科学青年基金项目(49702027、41002047、40902044)]、教育部长江学者和创新团队发展计划(IRT0618)、国家 973项目子课题(2002CB211705、2009CB219601)、山西省煤层气联合研究基金资助项目(2013012004)、河南省科技厅重点科技攻关项目(112102310362)及"十二五"国家科技支撑计划(2012BAK04B01)的资助下,涉足多个科学与工程领域,积淀了众多相关的研究成果,据此初步建立了煤矿井下水力强化的理论、方法和技术体系,尽管在诸多方面存在不足,但还是出版了这个文本,旨在提供一个供大家参考、讨论的对象,争取更多的工程技术人员和企业关注这项技术,使之早日成为瓦斯治理的一项常态化技术。本书凝结了团队多年来的心血,他们是倪小明、韩颖、林晓英、夏大平、张双斌、李贤忠、杨程涛、李广生、徐涛、王小勇、魏庆喜、陈俊辉、张海权、冯文军、王鹏、季长江、王惠风、张士伟、王来源、范超、王少雷、张跃铮、陈鑫等。现场试验及装备研发得到了河南能源化工集团有限公司、重庆市能源投资集团有限公司、阳泉煤业(集团)有限责任公司、郑州煤炭工业(集团)有限责任公司、永城煤电控股集团有限公司博士后科研工作站、宝鸡航天动力泵业有限公司及河南宇建矿业技术有限公司等的大力支持,在此一并致以衷心感谢!作者引用了大量国内外参考文献,借此机会对这些文献的作者表示感谢!

　　中国科学院院士宋振骐欣然为本书作序,在此表示衷心的感谢!

　　由于作者水平有限,书中难免存在疏漏和不足之处,恳请读者予以指正。

作　者

2013 年 11 月

目　　录

第一章 绪 论

第一节 瓦斯抽采的必要性和迫切性

一、煤矿安全生产的迫切需求

煤炭作为我国经济社会发展的支柱能源,产量逐年上升(图 1.1),2000 年生产原煤 12.99 亿 t,2012 年生产原煤 36.6 亿 t,增长近 3 倍[1]。随着产量的增加,煤炭开采深度也在逐渐加深,开采条件越发复杂。但由于国家相关政策法规的日臻完善、煤矿安全意识的深入人心、煤炭科技水平的不断提高,我国煤炭百万吨死亡率并没有随着产量增加及开采条件恶化而增长,相反呈现出逐年递减的趋势(图 1.1、图 1.2)。

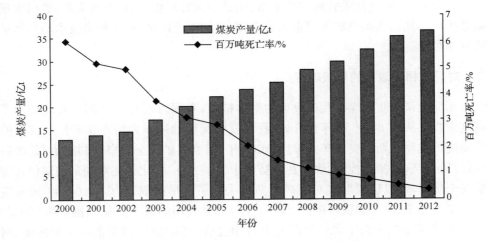

图 1.1 2000 年以来煤炭产量及百万吨死亡率

在安全形势日益好转、煤矿百万吨死亡率稳步下降的同时,也要深刻认识到我国煤矿开采面临的恶化条件,加大对煤矿灾害的预防与治理,尤其对煤矿瓦斯灾害的防治是一项长久而艰难的工作。煤矿瓦斯灾害位列我国煤矿瓦斯、水、火、顶板、煤尘等五大灾害之首,是煤矿安全生产的头号天敌[2]。瓦斯灾害的发生往往造成群死群伤,给企业带来巨大的经济损失,对社会造成严重的不良影响。瓦斯抽采作为煤矿瓦斯治理的根本措施,抽采瓦斯的质和量直接关系到煤矿的安全生产。但

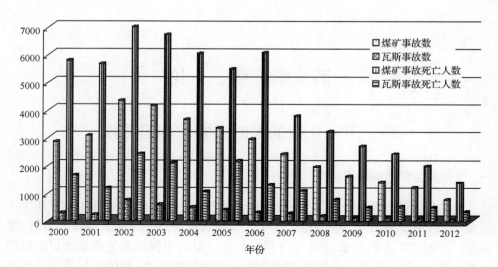

图 1.2　2000 年以来煤矿瓦斯事故及死亡人数对比

我国 70% 以上的高突矿井煤层透气性差、瓦斯含量高、抽采流量衰减快且浓度低、抽采总量有限,致使抽采管理工作繁重,抽采达标时间长,采掘严重失衡,难以实现高效生产。如何将高突矿井打造为安全、高效的生产矿井,瓦斯抽采技术的革新是唯一途径。

二、对国家相关政策的积极响应

瓦斯抽采是防治煤矿瓦斯灾害的根本措施,我国政府及有关部门对此给予了高度重视。从 20 世纪 50 年代开始,我国就将瓦斯抽采作为治理煤矿瓦斯灾害的重要措施在高瓦斯和突出矿井推广;2002 年,国家煤矿安全监察局制定了"先抽后采,以风定产,监测监控"的煤矿瓦斯防治十二字方针,强化了瓦斯抽采的地位;《煤矿安全规程》也以法规形式对煤矿瓦斯抽采作了详尽的规定[3]。2006 年,国务院办公厅印发了《关于加快煤层气(煤矿瓦斯)抽采利用的若干意见》(国办发〔2006〕47 号),有关部门出台了煤炭生产安全费用提取、瓦斯抽采利用企业税费减免、财政补贴、瓦斯发电上网标杆电价、人才培养等扶持政策,初步形成了煤矿瓦斯开发利用政策框架[4]。2009 年 8 月颁布实施的《防治煤与瓦斯突出规定》进一步明确:"区域防突工作应当做到多措并举、可保必保、应抽尽抽、效果达标。"[5]《煤矿瓦斯抽采达标暂行规定》(安监总煤装〔2011〕163 号)要求实现瓦斯抽采效果达标才准许生产[6]。2013 年,国办发 93 号文《关于进一步加快煤层气(煤矿瓦斯)抽采利用的意见》从加大财政资金支持力度、强化税费政策扶持、完善煤层气价格和发电上网政策、加强煤层气开发利用管理、推进科技创新等方面对煤层气的勘探开发及煤矿井下瓦斯治理提供了宏观指导,加大了对煤层气开发产业资金、政策的倾斜[7]。

2013年,国办发99号文《关于进一步加强煤矿安全生产工作的意见》提出"大力推进煤矿安全治本攻坚,建立健全煤矿安全长效机制,坚决遏制煤矿重特大事故发生"[8]。

国家强力推进煤矿瓦斯"先抽后采、抽采达标",加强瓦斯综合利用,安排中央预算内资金支持煤矿瓦斯治理示范矿井和抽采利用规模化矿区建设,煤矿瓦斯抽采利用量逐年大幅度上升。2010年,煤矿瓦斯抽采量75亿m^3,利用量23亿m^3,分别比2005年增长226%和283%。山西、贵州、安徽等省瓦斯抽采量超过5亿m^3,晋城、阳泉、淮南等10个煤矿企业瓦斯抽采量超过1亿m^3。目前,我国高瓦斯和高突矿井均建立了抽采系统,形成了一整套的从预测、措施、措施效果检验到安全防护措施"四位一体"综合防突技术体系,配套一系列的预测方法、抽采技术措施及其装备,瓦斯抽采工作贯穿于地质勘探、新井建设、生产矿井新水平、新采区开拓延深到工作面掘进和回采的整个生产过程,取得了较好的防突效果。

三、瓦斯抽采技术急需改进

瓦斯抽采工作历史悠久,最早记载煤矿排放瓦斯是宋应星所著的《天工开物》。英国1703年在Whitehaven煤矿Saltom竖井掘至76.8m深,采用Φ50mm管密闭后将瓦斯引至井外。1938年我国首次在抚顺矿务局龙凤矿利用抽采泵进行采空区抽采;20世纪50年代,在抚顺、阳泉、天府和北票局进行了矿井瓦斯抽采;60年代,又相继在中梁山、焦作、淮南、包头、松藻、峰峰等局的矿井开展了瓦斯抽采工作[9];70～90年代末期,抽采矿井数和抽采量呈稳步增加趋势。近年来,随着煤炭工业的发展,矿井数量及煤炭产量迅速增加,矿井向深部延伸过程中,一些低瓦斯矿井变为高瓦斯矿井和突出矿井,需要抽采瓦斯的矿井越来越多,由此带动了中国煤矿瓦斯抽采技术的迅速发展。

根据AQ1027-2006《煤矿瓦斯抽放规范》,煤矿井下瓦斯抽采分为卸压增透抽采和未卸压增透抽采两大类,其中卸压抽采按照卸压方式的不同分为采动卸压抽采和人为卸压抽采[10](表1.1)。

1. 未卸压抽采

针对未卸压煤层,井下可采用穿层钻孔或顺层钻孔预抽区段煤层瓦斯、穿层钻孔预抽煤巷条带煤层瓦斯、顺层钻孔或穿层钻孔预抽回采区域煤层瓦斯、穿层钻孔预抽石门(含立、斜井等)揭煤区域瓦斯、顺层钻孔预抽煤巷条带煤层瓦斯等技术措施。

表 1.1　井下瓦斯抽采方法一览表

分类	增透机理		方法简述	适用条件
开采层瓦斯抽采	未卸压增透	岩巷揭煤与煤巷掘进抽采	①由岩巷向煤层打穿层钻孔抽采 ②由巷道工作面打超前钻孔抽采	高瓦斯煤层或有突出危险煤层
		采区（工作面）大面积抽采	①由开采层工作面运输巷、回风巷、煤门打上下向顺层钻孔抽采或打交叉钻孔抽采 ②由岩巷、石门、临近层打穿层钻孔抽采，突出煤层瓦斯预抽可采用网格布孔 ③地面钻孔抽采 ④密闭开采层巷道抽采	有预抽时间的高瓦斯煤层
		边掘边抽	由巷道两侧或沿巷道向掘边巷道周围打钻孔抽采	瓦斯涌出量大的掘进巷道
		边采边抽	①由运输巷、回风巷向工作面前方卸压区打钻孔抽采 ②由岩巷、煤门向开采层上部或下部未采的分层打穿层孔或顺层孔抽采	煤层透气性较小，预抽时间不充分的煤层
		水力割缝 松动爆破 控制爆破	①由工作面运输巷打顺层钻孔用水力割煤 ②由工作面运输巷或回风巷打顺层钻孔进行松动爆破 ③由工作面运输巷或回风巷打顺层钻孔，控制孔不装药，爆破孔装药进行爆破	多使用低透气性煤层预抽
临近煤层瓦斯抽采	卸压增透	上下临近层	①由工作面运输巷、回风巷或岩巷向临近层打钻孔抽采 ②由工作面运输巷、回风巷打斜交迎面孔抽采 ③由煤门打顺层钻孔抽采 ④在临近层掘进专用瓦斯巷道抽采 ⑤地面钻孔抽采	瓦斯来源于临近层的工作面
采空区瓦斯抽采		全封闭式抽采	密闭采空区插管抽采	瓦斯涌出量大的老采空区
		半封闭式抽采	①由现采空区后方设密闭墙插管抽采 ②由采空区附近巷道向采空区上方打钻孔抽采	采空区瓦斯涌出量大的回采工作面
围岩瓦斯抽采		围岩裂隙与溶洞	①由巷道向裂隙带或溶洞打钻孔抽采 ②密闭巷道抽采	有围岩瓦斯涌出或瓦斯喷出危险地区

顺层密集长钻孔可用于区域抽采,一般钻孔深 80m 以上,孔间距 3～5m,预抽时间半年以上。为提高抽采效果,在布孔时往往采用平行钻孔或交叉钻孔。平行布孔有利于边采边抽,交叉布孔可在不增加工程量的条件下,提高本煤层瓦斯抽采效果。经焦作及平顶山矿区顺层交叉钻孔抽采突出煤层瓦斯试验,证明交叉布孔可避免由于钻孔坍塌、堵孔等影响抽采效果的现象发生,比平行钻孔抽采效果提高1.5 倍。

网格式穿层钻孔的优点在于可解决突出煤层打顺层孔时的喷孔、塌孔问题。我国首先在北票台吉矿 10 号煤层进行了网格式穿层钻孔大面积抽采瓦斯试验,试验表明,低透气性煤层尽管预抽瓦斯极为困难,但在合理布置钻孔、保证预抽时间等技术条件下,完全能够达到预期的抽采效果,瓦斯抽采率可达到 30% 以上。目前网格式穿层钻孔成为我国单一松软低透严重突出煤层防突的主要方法,并得以推广应用。网格式穿层钻孔需要在煤层顶底板施工岩巷,抽采成本较高。

2. 采动卸压抽采

在开采影响下,覆岩形成跨落带、裂隙带和弯曲下沉带,在跨落带和裂隙带,存在相互贯通的破断裂隙和离层裂隙。岩层在采空区中部的离层裂隙趋于压实,从而在采空区上部形成层面展布为椭圆形圈的导气裂隙带。裂隙带内岩层垮落移动,支承压力减弱,瓦斯压力降低,煤体膨胀,表面积增大,渗透率增加,本煤层和邻近层(含围岩)瓦斯得以解吸运移。按升浮和扩散理论,在裂隙带上部离层裂隙发育区漂浮、聚集着大量卸压瓦斯,在其周边(即层面上呈现的椭圆形圈)破断裂隙发育区则有大量游离瓦斯运移。因此,采动区井(孔)在施工时应根据裂隙带形成的特点,将井(孔)的终孔位置确定在导气裂隙带内,便于抽采瓦斯。

煤层群开采常用的保护层措施就是基于采矿卸压原理,国内外多年实践表明保护层开采能够取得良好的瓦斯抽采效果。但由于保护层措施要求的条件苛刻,中国的众多单一煤层开采矿井及部分不具备开采保护层条件的矿井,根本无法实现大规模有效的采动卸压。高抽巷抽采技术同样基于采矿卸压原理,但高抽巷抽采效果受到布置层位的限制,抽采范围小,仅局限于抽采上隅角瓦斯及隔离临近层瓦斯。布置于回采工作面的瓦斯抽采钻孔尽管在抽采负压的作用下能够取得一定的效果,甚至在采面接近钻孔时取得好的抽采效果,但总体受煤层本身透气性影响较大。同样采空区瓦斯抽采、高位钻孔、地面采动区瓦斯抽采手段均是基于采动卸压理论,钱鸣高提出的"O"形圈抽采瓦斯理论中所谓的"瓦斯河"的形成也是基于此。

1) 本煤层瓦斯抽采方法

放顶煤开采时,采场前方支承压力峰值降低且向深部移动,煤壁前方卸压瓦斯涌出活跃区范围亦扩大,给有效抽采瓦斯提供了新的途径。将钻孔位置布置在卸压瓦斯活跃区内,可以高效地抽采瓦斯。

2) 有保护层的瓦斯抽采方法

顶底板岩层卸压变形产生裂隙,卸压瓦斯解吸、扩散、渗流,在下部煤层的顶板沿走向布置穿层钻孔,可以减少煤层回风流中的瓦斯涌出量。在上部有突出危险的煤层,布置底板巷道上向穿层钻孔。底板巷道上向穿层钻孔有专门的抽采巷道,钻孔长度相对较短,可靠性高。仰角钻孔利于排水和钻孔稳定,抽采时间长,可以收到较好的抽采效果。

3. 人为卸压抽采

采动卸压对提高煤储层渗透率、改善抽采效果具有毋庸置疑的作用,但为了摆脱采动卸压的局限性和被动性,还可采取人为强制卸压措施。主要有松动爆破和各种水力化措施,比如水力挤出、深孔高压注水、水力割缝、水力冲孔和水力掏槽等[11,12]。

1) 松动爆破

松动爆破适用于煤质较硬、稳定性较好的煤层,可分为深孔爆破和浅孔爆破两种方式,分别用于掘进工作面和回采工作面。

深孔松动控制爆破是由松动爆破和控制孔联合作用来实现防治煤与瓦斯突出的,其特点是采用连续装药工艺和在爆破孔周围增加辅助控制孔进行爆破,提高爆破孔产生松动范围的一种增透方法;它是由爆炸压力波、爆生气体和瓦斯压力共同作用煤体的结果。在掘进工作面前方存在一定卸压煤体防护下(一般大于5m),在工作面前方煤体中引爆深孔炮眼,使得煤体产生松动的爆破,其中控制孔在该过程中起到控制爆破方向和补偿爆破裂缝空间的作用,形成卸压槽。由于深孔松动控制爆破使工作面前方煤体裂隙增大,透气性增强,有利于掘进工作面前方煤体瓦斯预抽采。

采煤工作面可采用浅孔松动爆破来防治煤与瓦斯突出,爆破工艺简单、操作易行、安全可靠。松动爆破改变了煤体的应力分布,增加了煤体裂隙,使工作面超前压力向煤体深部移动,提高了煤层中的瓦斯释放速度,降低了采煤期间的瓦斯涌出量,减少了煤与瓦斯突出的可能性。采取松动爆破措施后,突出次数可减少70%。

2) 水力挤出

水力挤出是通过向煤巷掘进工作面前方打一定数量的小直径钻孔,并以超过煤滤失速率的排量向孔中注入高压水,使工作面深部煤体在水压的作用下发生张裂,迫使近工作面煤体卸压和渗透性提高,瓦斯充分释放而消突[13]。

苏联马凯耶夫煤矿安全研究院根据以往得到的关于围岩移动的不均匀性和突出变形停滞的结论,提出了煤层近工作面部分的水力挤出方法:实施水力挤出措施时,向工作面打的钻孔中以较高的压力供水,注入钻孔中的水挤压钻孔壁,急剧增高该地点煤体的载荷,使得从封孔器末端到注水钻孔底这部分煤层逐渐被破坏,而后发生煤体的移动;当煤层中有一个或数个揉皱分层时,煤体不会沿巷道的全部断面、而只是沿单个的分层发生移动,直到煤被压出和裂开。这时,围岩的靠拢速度就增长,不稳定平衡状态消除,变形停滞消失,因而发生突出的前提也被消除。

80年代在苏联顿巴斯矿井的突出危险煤层回采工作面和掘进巷道获得了比较广泛的试验和应用。据统计,1987年,苏联东部煤田和北部煤田的矿井中,采取防突措施的有167个煤巷掘进工作面,其中148个工作面采用水力疏松或水力挤出措施。措施实施后,瓦斯涌出量降低,瓦斯压力减小,突出动力现象减少,掘进速度提高,防突效果显著。焦作煤业(集团)有限责任公司针对焦作地区煤层瓦斯含量高、透气性差、突出危险严重等特点,对水力挤出措施防治掘进工作面瓦斯突出的效果、适应性进行了试验研究。结果表明水力挤出措施可以快速消除掘进工作面的瓦斯突出危险,掘进速度提高了一倍以上,经济效益显著。

通过水力松动煤体卸压增透,影响范围仅限应力集中带以外的卸压带,而且只适用于软煤,且存在诱导煤与瓦斯突出的危险。

3)高压注水

煤层采用高压注水的目的有三个:首先,使煤体力学性质发生改变,对硬煤来说弹性模量降低,对软煤来说,增加了煤颗粒之间的黏聚力,力学强度增加;其次,注水后煤体的应变远远大于注水前,应力分布变得均匀,有助于防治煤与瓦斯突出;最后,煤体微孔被水浸润和封闭,瓦斯流动通道阻断,使瓦斯由吸附状态转为游离状态更加困难,也即提高了瓦斯的启动压力梯度,煤的残余瓦斯量增加,相对瓦斯涌出量减少[14]。

4)水力割缝

水力割缝是对透气性差、原始瓦斯含量大的煤层进行预前割缝。这种方法是在煤层中先施工钻孔,然后在钻孔内利用高压水射流对钻孔周边的煤体进行切割,在钻孔周边形成多条具有一定深度的扁平缝槽,利用水流将切割下来的煤体带出孔外,其目的是为了改变掘进工作面前方煤层的透气性,为瓦斯的扩散和流动提供通道。高压水射流割缝所形成的较深的卸压、排瓦斯钻孔槽,能使煤层的原始应力重新分布,煤体物理性质发生改变进而增强煤层的透气性。采用高压水割缝措施后,首先增加了煤体的暴露面积,且扁平缝槽相当于在局部范围内开采了一层极薄的保护层,达到层内的自我解放,给煤层内部卸压、瓦斯释放和流动创造了良好的条件[15,16]。由于其设备的复杂化,并存在硬煤割不动、软煤割不整的问题,所以没有广泛推广应用。

5)水力冲孔

水力冲孔过程是煤体破坏剥落、应力状态改变、瓦斯大量释放的过程。首先利用高压水射流破碎煤体,在一定时间内冲出大量煤体,形成较大直径的孔洞,从而破坏煤体原应力状态,孔洞周围煤体向孔洞方向发生大幅度位移,促使应力状态重新分布,应力集中带前移;其次煤层中新裂缝的产生和应力水平的降低打破了瓦斯吸附与解吸的动态平衡,使部分吸附瓦斯转化成游离瓦斯,而游离瓦斯则通过裂隙运移产出,大幅度地释放了煤体及围岩中的弹性潜能和瓦斯膨胀能,煤层透气性显著提高;最后,高压水润湿了煤体,降低煤体中残存瓦斯的解吸速率[17-19]。

4. 瓦斯抽采存在的问题

在国家对煤矿瓦斯治理工作高度重视的形势下,我国煤矿瓦斯抽采工作却存在着极大的技术瓶颈和困难。据统计,全国 95% 以上的高瓦斯和突出矿井开采的煤层属于低透气性煤层,渗透率多在 $10^{-6} \sim 10^{-7} \mu m^2$ 数量级,瓦斯抽采(特别是预抽)影响范围小、衰减速度快、抽采难度大。由于现有的瓦斯抽采技术难以大幅度提升煤层渗透率,往往造成矿井瓦斯抽采效率低下,"钻、抽、采、掘"比例失衡。为此,低透气性高突矿井不得不投入大量的人力、物力、财力用于瓦斯抽采,但由于缺乏抽采技术的突破,或者是矿井发展步履维艰,或者是因抽采治理不彻底导致瓦斯超限频繁、安全隐患严重、瓦斯事故频发,严重威胁煤矿安全生产。目前,我国煤矿瓦斯抽采领域急需一种普适性的增透技术,满足各类煤层条件下的增透,水力强化正是在这种背景下产生的。为这一新技术的实施,要研制专门的装备和软件。

第二节　水力压裂现状

水力压裂是以大于滤失速率的排量将高压流体注入地层,并携带一定量的支撑剂,克服地层抗拉强度和最小地应力,在地层中劈开裂缝,形成一组沿最大主应力方向延伸、沿最小主应力方向张开、具有高导流能力的支撑裂缝,为地层流体的产出提供通道。水力压裂是一项油田开发,尤其是非常规天然气开发的有效增产措施,其作用有三:消除近井地带因钻井、固井和射孔产生的储层伤害,使得井筒和地层充分沟通;在地层内形成高导流能力的裂缝,扩大井控面积;改变地层流体运移产出状态,使之处于线性或高速非线性渗流状态,从而达到增产目的。

一、油气领域水力压裂技术现状

1947 年,在美国堪萨斯州为了与酸化增产技术进行对比,水力压裂增产技术第一次用于气井生产。之后,这一增产措施便在油气开发领域得以广泛应用,大体经历了三个阶段:第一阶段为 20 世纪 40 年代后期至 50 年代,是油井增产技术迅速发展的时期,在试验中不断完善;第二阶段在 60 年代,该技术迅速推广,研究重点转移到了研究压裂工艺和通过改进注入材料的质量(压裂液和支撑剂)及开发化学添加剂(包括化学压裂)来提高压裂效果上来;第三个阶段在 20 世纪 70 年代,大规模的水力压裂使得低渗透气藏的商业开发成为现实。随设备能力的增加和高强度支撑剂的研制,压裂规模显著提升,为致密砂岩气藏和复杂油气田的开发提供了有力技术支撑。到了 80 年代,该技术最显著的发展是在强化油藏由中渗透率向高渗透率转化方面的应用,人们开始了压裂经济最优化,即优化水力压裂设计。90年代以后不断涌现出一系列新的压裂技术,压裂理论有了进一步发展,如水平井压裂、重复压裂、砂控制处理中的压裂和充填。每一个发展阶段及每一次成功的应用都使经济回报率迅速提高。

进入 21 世纪后,水力压裂技术得以飞速发展,先后研发了多种特殊的水力压裂工艺,特别是在低渗非常规天然气藏的改造方面,近乎形成了与常规油气藏截然不同的水力压裂理论和技术[20](表 1.2)。

表 1.2 特殊水力增透技术特点及适用性

技术名称	技术特点	适用性
水平井分段压裂	分段压裂,技术成熟,使用广泛	产层较多,水平井段长的井
水力喷射压裂	定位准确,无需机械封隔,节省作业时间	尤其适用于裸眼完井的生产井
重复压裂	通过重新打开裂缝或裂缝重新取向增产	对老井和产能下降的井均可使用
体积压裂	压裂规模大,突破传统的裂缝系统,实现对储层三维方向的全面改造	对低渗储层比较适用
通道压裂	通过段塞式加砂实现房柱式支撑	高抗压强度储层

(一)水平井分段压裂

水平井分段压裂技术是提高单井产量和高效开发低渗透油气藏的先进技术,由于水平井储层段长、非均质性强,若采用常规方式进行改造针对性不强、效果差,而水平井分段压裂技术是目前开采低孔、低渗油气藏的最好方法。

国内外于 20 世纪 80 年代开始研究水平井的压裂增产改造技术,在水力裂缝的起裂、延伸,水平井压后产量预测,水力裂缝条数和裂缝几何尺寸的优化,分段压裂施工工艺技术与井下分隔工具等方面取得了一定进展,但总体来讲不配套、不完善,特别是在水平井分段压裂改造工艺技术和井下分隔工具方面与实际生产需求还存在较大的差距。进入本世纪后,这些问题得以不断解决,主要表现在几个方面[21,22],详见表 1.3。

水平井分段多簇射孔水力压裂的核心首先是段与段、簇与簇之间的间距,分段和分簇依据岩体结构和力学性质、地应力状况和设备能力等,目的是最大限度的形成段与段、簇与簇之间的应力扰动,形成多级多类裂缝系统,即实现所谓的体积改造(亦称缝网改造);其次是井下工具,井下段与段之间的分隔可通过机械封隔器、速钻桥塞等完成,也可采用水力喷射压裂,实现动态分隔完成。经过 10 余年的发展,这些分隔工具基本成熟,已经能够满足套管完井的压裂需求,且可在部分裸眼井中应用。另外,如果段与段之间的地应力差较大,还可采用限流压裂技术实现改造;同时,液体胶塞封隔技术也在积极探索中。

表 1.3　水平井分段压裂常见技术

主体技术		技术特点	适用性分析		局限性
			完井	适用性	
水力喷砂分段压裂技术	常规管柱拖动式水力喷砂	井下工具简单,长度短;工具外径小;有反洗通道;砂卡管柱概率小	套管裸眼筛管	油井、特殊套管尺寸井	一趟管柱施工段数 2~3 段;施工周期长
	连续油管拖动水力喷砂	连续油管喷砂射孔,环空加砂压裂;砂塞留置,封堵已压井段;连续管兼做冲砂洗井管柱;施工安全		油井、特殊套管尺寸井	对套管和套管头抗压以及井场道路要求高;要求配带压作业井口
	不动管柱式水力喷砂	不动管柱;工具外径小;有反洗通道		油井、压裂规模小	井口施工压力高;深井受限
封隔器分段压裂技术	液压坐封封隔器+滑套	不动管柱投球打开滑套分压各段;兼做压裂管柱与生产管柱;施工快捷	裸眼套管	有水层的井	裂缝起裂位置无法控制
	遇油膨胀封隔器+滑套	遇油膨胀坐封,封隔环空;隔离套管系统无需机械操作;地面投球打开滑套;施工快捷		应用广泛	封隔器膨胀时间长,无法解封
快钻桥塞分段压裂技术		同时射孔及坐封压裂桥塞;可进行大排量施工;分压段数不受限制;压裂后可快速钻掉,易排出	套管	满足大排量施工	对套管和套管头抗压要求高;对电引爆坐封等配套技术要求高;施工动用设备多、费用高

（二）水力喷射压裂技术

1998 年,Surjaatmadja 第一次提出了水力喷射的压裂思想和方法[23-25]。该方法综合了水力喷射射孔、水力压裂、酸化、射流泵及双路径泵入流体等多种技术。近几年国外油田的应用结果证明水力喷射压裂是低渗透油藏裸眼水平井压裂增产的有效技术,同样也适应于直井的压裂改造。

水力喷射射孔是将流体通过喷射工具,产生高速射流冲击或切割套管、水泥环或岩石,形成一定直径和深度的射孔孔眼[26]。为了提高射孔效率,可在流体中加入石英砂或陶粒等。水力喷射压裂是集水力射孔、压裂、隔离一体化的新型增产改造技术,利用水动力学原理,通过两套泵注系统分别向油管和环空中泵入流体,完

成喷砂射孔和压裂,而无需机械封隔装置,其原理是伯努利(Bernoulli)方程,即

$$\frac{v^2}{2} + \frac{p}{\rho} = C \tag{1.1}$$

式中,v 为射流速度,m/s;p 为射流压力,MPa;ρ 为流态密度,kg/m³;C 为常数。

　　由 Bernoulli 方程可知,流体通过喷射工具,油管中的高压能量被转换成动能,产生高速流体冲击岩石形成射孔通道,完成水力射孔。高速流体的冲击作用在水力射孔孔道端部产生微裂缝。射流继续作用在喷射通道中形成增压,向环空中泵入流体增加环空压力,喷射流体增压和环空压力的叠加超过破裂压力的瞬间将射孔孔眼顶端处地层压破。环空流体在高速射流的带动下进入射孔通道和裂缝中,使裂缝得以充分扩展,能够得到较大的裂缝。产生裂缝的条件可表示为

$$p_{增压} + p_{环空} \geqslant p_{破裂} \tag{1.2}$$

式中,$p_{增压}$ 为增压后压力,MPa;$p_{环空}$ 为环空中压力,MPa;$p_{破裂}$ 为煤岩破裂产生裂缝压力,MPa。

　　控制喷射工具、压裂液和动能都聚焦于井筒的某一特定位置,因而可以准确选择裂缝方位。裂缝形成后,高速流体继续喷射进入孔道和裂缝中,这一过程与水力喷射泵作用十分相似,每一个射孔孔道就形成了“射流泵”。根据 Bernoulli 方程,射流出口附近的流体速度最高,压力最低,流体不会“漏到”其他地方。环空的流体则在压差作用下被吸入地层,维持裂缝的延伸。整个过程利用水动力学原理实现水力封隔,不需要其他封隔措施。

　　水力喷射压裂技术自诞生之日起,就得到了良好的应用。实践表明,它不仅可以在裸眼、筛管完井的水平井中进行加砂压裂,还可以在套管上进行,特别适合低渗透油气藏的增产作业。根据施工工艺,水力喷射压裂可分为三类。

　　1. 水力喷射辅助压裂技术

　　水力喷射辅助压裂技术是压裂液和支撑剂经工作管柱泵入并通过喷射工具作用于地层,喷射出射孔通道和实现裂缝产生及扩展[27]。从环空中泵入的流体主要用以维持环空压力,大部分环空流体用于补充液体的漏失,少部分进入裂缝中。水力喷射辅助压裂工艺与常规压裂方式有相似之处,它将前置液、压裂液和冲洗液从上而下地注入油管内进行压裂工作。从一定程度上可以说水力喷射辅助压裂是将水力喷射射孔和常规水力压裂结合为一次工艺完成的一种技术;其不同之处就是把洁净的无支撑剂液体泵入环空以维持井底环空压力,结合喷射压力和环空压力共同完成压裂工作。

　　2. 水力喷射环空压裂技术

　　水力喷射辅助压裂技术中含支撑剂的压裂液全部通过工作管柱泵入,势必引起喷嘴严重磨损,大大降低喷嘴寿命。而且由于使用的工作管柱尺寸有限,造成排量有限,限制了最终的压裂效果。水力喷射环空压裂技术先向油管中泵入流体,完

成水力射孔过程,压裂液和支撑剂主要通过环空泵入;压裂时油管内的流量可保持为较小值,油管柱能起静管柱作用,用于实时监测作业过程中的压力状况。水力喷射环空压裂技术有效地解决了喷嘴寿命短和流量较低的问题,适用于对小的产层段单独压裂或长井段分段压裂[28]。

3. 水力喷射酸化压裂技术

常规酸化压裂技术过程相对较慢,增产液常过早地与近井地层发生反应,裂缝得不到好的延伸。水力喷射酸化压裂技术将压裂、酸化和挤酸等技术结合在一起[29,30]。增产液通过工作管柱输送到井底,穿过喷射装置的喷嘴,达到较高的喷射流速。若裂缝已经产生,想要挤酸,可将环空压力降低到挤酸压力水平,但这一压力要高于地层孔隙压力。

（三）体积压裂

近些年来,随着页岩气和致密砂岩气开发活动的深入,体积压裂技术越来越受到人们的关注。Mayerhofer 等在 2006 年研究巴内特(Barnett)页岩的微地震技术与压裂裂缝变化时,第一次用到改造的油藏体积(stimulated reservoir volume,SRV)这个概念,研究了不同 SRV 与累积产量的关系,以及相应的裂缝间距、导流等参数,总结提出了通过增加水平井筒长度、增大施工规模、增加改造段数、多井同步压裂、重复压裂等方式实现增大改造体积、提高采出程度的技术思路[31]。大量研究表明,储层改造体积越大,增产效果越明显,二者具有明显的正相关性[32]。Mayerhofer 等在 2008 年则第一次在标题中正式提出了"什么是改造的油藏体积"的问题,总结了以往微地震研究的一些初步认识,对改造体积进行了计算,提出大缝网、小裂缝间距,并配合合适的导流能力是低渗透页岩气藏获得最好改造效果的关键[33]。2009 年,Cipolla 等评估了页岩气的改造效果,对比计算了滑溜水和冻胶压裂液的改造体积,指出滑溜水的改造体积较冻胶压裂液要大很多,这为页岩气体积改造优选液体提供了重要依据,同时也进一步验证了页岩气压裂可以实现"体积改造"[34]。

我国把这种以多级多类裂缝网络形成为主的体积改造技术称为体积压裂。所谓"体积压裂"是指在形成一条或者多条主裂缝的同时,通过分段多簇射孔、高排量、大液量、低黏液体和转向剂及技术的应用,使天然裂缝不断扩张和脆性岩石产生剪切滑移,实现对天然裂缝、岩石层理的沟通,在主裂缝的侧向强制形成次生裂缝,并在次生裂缝上继续分支形成二级次生裂缝,以此类推,让主裂缝与次生裂缝交织形成裂缝网络系统,将可以进行渗流的有效储层打碎,使裂缝壁面与储层基质的接触面积大,使得流体从任意方向的基质向裂缝的渗流距离最短,极大地提高了储层的整体渗透率,实现对储层长、宽、高三维方向的全面改造,提高初始产量和最终采收率(图 1.3)。体积压裂理念的提出,颠覆了经典压裂理论,是现代压裂理论发展的基础。常规压裂技术是建立在以线弹性断裂力学为基础的经典理论下的技术。该技术的最大特点就是假设压裂人工裂缝起裂为张开型，且沿井筒射孔层段形成双翼对称裂缝。以一组主裂缝实现对储层渗流能力的改善，主裂缝的垂直方向上仍然是基质向裂缝的"长距离"渗流，最大的缺点是垂向主裂缝的渗流能力未得到改善，主流通道无法改善储层的整体渗流能力。后期的研究中尽管涉及裂缝的非平面扩展，但也仅限于多裂缝、弯曲裂缝、T 型缝等复杂裂缝的分析与表征，但理论上未有突破。而"体积改造"依据其定义，形成的是复杂的网状裂缝系统，裂缝的起裂与扩展不是简单的裂缝的张性破坏，而且还存在剪切、滑移、错断等复杂的力学行为[35]。

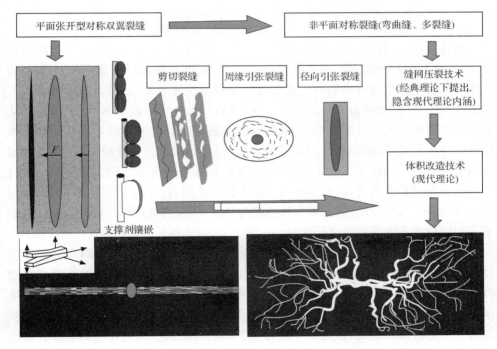

图 1.3 传统水力压裂与体积压裂的裂缝体系对比

"体积压裂"的提出具有深刻意义，国外已将此工艺技术应用于致密页岩气藏的成功开发，其必将逐渐成为低渗、超低渗油气藏、致密气、煤层气经济开发的关键技术。

（四）重复压裂

重复压裂是指当初始压裂处理已经无效或现有的支撑剂因时间关系被损坏或质量下降，导致气体产量大幅下降时，采用压裂工艺对油气井进行重新压裂增产的工艺[36]。初始压裂后,经过一段时间的生产,井眼周围的应力会发生变化,重复压裂能够重新压裂裂缝或使裂缝重新取向,使井产能恢复到初始状态甚至更高。重复压裂适用于天然裂缝发育、层状和非均质地层。重复压裂除了形成新的裂缝增产外,还有一个重要功能是解堵,消除排采过程中储层的伤害堵塞。

（五）同步压裂

同步压裂是指 3 口或 3 口以上的井同时进行压裂,目的在于压裂期间使各井形成干扰,避免井与井之间产生应力集中带。此类压裂要求井间距相对较小,压裂规模较大,确保各井压力均衡[37]。

（六）通道压裂

高速通道压裂技术由斯伦贝谢公司设计研发,并于 2010 年推出,主要应用在美国、俄罗斯、南美和北非、中东等油气高产区,取得良好增产效果[38]。该工艺的主要目标是在人工裂缝内部造出稳定而敞开的油气流动网络通道,显著提高人工裂缝的导流能力,消除由于残渣堵塞、支撑剂破碎嵌入等引起的导流能力损失,从而减小井筒附近的压降漏斗效应,提高压裂改造效果。通过支撑剂段塞注入和拌注纤维等工艺技术,实现支撑剂在裂缝内非均匀铺砂,经过优化研究,使高速通道保持长期有效。该技术主要优点:①可显著提高最终采收率,降低人工举升成本;②优化支撑剂置入位置,降低采油气过程中的生产阻力;③减少压裂液(50%以上)和支撑剂(30%以上)用量;④减少裂缝壁面伤害;⑤应用范围较广,可适应直井、水平井的单级或多级压裂需求。

通道压裂的最大特点是通过改变泵注程序实现支撑剂段塞和隔离液交互进行,在储层内建立起支撑房柱,房柱本身可以没有导流能力,只要能够支撑裂缝即可。导流能力来源于房柱之间的通道,这就排除了支撑剂破碎、镶嵌、被煤岩粉堵塞等造成整条裂缝导流能力丧失的弊端。通道压裂的核心是房柱不被压垮,要求储层有一定的抗压强度,弹性模量最好大于 24000MPa,抗压强度与闭合压力的比值至少在 350 以上[39]。

上述油气领域水力压裂技术,无疑为煤层气地面开发和煤矿井下瓦斯抽采水力强化增透提供了重要借鉴,尤其是其技术原理为煤矿井下水力强化理论和技术体系的建立奠定了基础。

二、煤层气领域水力压裂技术现状

20 世纪 70 年代中期,美国国家矿业局处于煤矿安全需求,采用油气开发的技术进行地面煤层气抽采试验,在税收政策的扶持下,诞生了一个新兴产业——煤层气工业。目前美国的 13 个主要含煤盆地中有 11 个已经投入了煤层气的商业化开发;加拿大阿尔伯特盆地、澳大利亚苏拉特盆地也相继进入了商业化开发阶段;我国在经历了 30 余年的艰苦探索后,实现了局部商业化开发。

煤层气储层是一种低渗储层,必须进行储层改造才能达到商业产量。煤层气储层改造技术要基于储层的具体地质特征进行选择,如美国圣胡安盆地北部的高渗高压带采用的是裸眼洞穴完井、粉河盆地采用的是裸眼水力解堵[40-43],加拿大阿尔伯特地区因煤层为干层采用的是氮气解堵,澳大利亚苏拉特盆地因其渗透性极好采用的是多分支水平井开发[44]。但最常见的储层改造技术是水力压裂,美国现行的煤层气井多采用复合压裂[45](表 1.4)。复合压裂是利用各种压裂液特性,在不同的泵注阶段采用不同的压裂液进行的一种压裂。如因活性水具有廉价的性能,利用其作为前置液造缝,而采用相对昂贵的胍胶、泡沫等压裂液作为携砂液形成裂缝的有效支撑。近期的实践表明,复合压裂与单组分压裂液压裂相比具有明显的优势。

表 1.4　美国煤层气井现行压裂液体系

区块/盆地	埋深/ft	煤层数	压裂方式	支撑剂/目	压裂液类型
Chrokee1	900～1900	6～12	分层压裂 3 层	20～40	N₂泡沫+少量冻胶
Chrokee2	900～1900	6～12	分层压裂	20～40	清水
Central Appalachian	2200	12～25	CT	20～40	硼交联冻胶泡沫(70%)
Raton	1500～2500	≤14	CT	20～40	N₂泡沫+线性胶
White Oak	800～1500	≤7	分层压裂2～3层	20～40	N₂泡沫
Moundville	100～2000	≤15	分层压裂2～3层	20～40	不祥
Horseshoe Canyon	820～1480	≤30	CT	无	液态 N₂
Field X,OP1	3000	3	分层压裂3层	20～40(<10 ppg)	端部脱砂
Field X,OP2	3500	3	分层压裂3层	20～40	活性水+冻胶
SJ below fairway:high-perm	1200～1750	6	分层压裂3层	16～30 (25～35 bpm)	清水前置液+交联冻胶
SJ below fairway:low-perm	≥3000	5～7	旧:单层 新:双层	旧:20～40(2 ppg) 新:20～40(5 ppg)	旧:N₂泡沫+冻胶 新:低浓度硼交联冻胶
SJ above fairway:low-perm	2600～2700	3～7	分层压裂	20～40(20 pbm)	低浓度交联冻胶

注:CT 为连续油管压裂;1bpm=0.159m³/min;1ppg=120kg/m³;1ft=0.3048m。

中国煤层气井水力压裂大体经历了三个阶段。

处于起步阶段的20世纪80年代，由于设备能力有限，以小规模水力压裂为主，尝试了活性水压裂、胍胶压裂等，最终将活性水压裂作为首选工艺。90年代，随压裂设备能力的不断升级，逐渐形成了大排量、中砂比的活性水压裂技术。但由于活性水携砂能力有限，仅在局部地区实现了商业化开发，如阜新盆地的王营区块、沁水盆地东南部。进入21世纪，2010年之前是我国煤层气开发规模飞速发展时期，煤层气井数急剧增加，形成了多家竞争态势。这一阶段的垂直井和丛式井几乎都采用了活性水压裂，但除了上述两个区块外，均未能实现商业化运作。多分支水平井在这一时期发展迅速，但除了沁水盆地东南部出现了一些高产井，其他地区几乎以失败告终。2010年至今，进入平缓发展阶段，人们在深入地反思活性水压裂是否适合中国的具体地质条件。近期，随着低温破胶剂的问世，胍胶压裂又投入了试验阶段，特别是与活性水结合进行的复合压裂显示出明显优势，同时通道压裂和体积压裂技术也正在被引入煤层气领域。

从1980年焦作施工10口煤层气井至今，30余年的艰苦探索，积累了一些经验，但更多的是教训。中国煤层气开发未能大规模产业化的症结是软煤和深部高应力煤储层开发工艺未能突破，现行的技术不适合此类储层的改造。由水力压裂的原理可知，其适用对象是弹性体，即硬煤（原生结构煤和碎裂煤），对隶属塑性体的软煤（碎粒煤和糜棱煤）无能为力，而我国半数以上的煤层气就赋存在软煤发育的煤储层内。此外，活性水压裂难以在深部高应力煤储层内形成长且宽的支撑裂缝，这些地区的煤层气井在经历短暂的产气后成为死井。为此，作者早在1998年就提出了虚拟储层（围岩抽采层）强化工艺，即对煤层顶底板进行水力压裂，建立起煤层气运移产出的高速通道，煤层内赋存的煤层气只需短距离运移到虚拟储层就可被快速抽出[46]。这一技术在山西的古交垂直井、河南焦作的水平井得到了充分验证，为软煤发育区煤层气的开发提供了一种全新的途径。针对深部高应力煤储层，作者提出了复合压裂缝网改造技术，正在工业性试验中。这两大禁区的突破是我国煤层气大规模商业化开发的关键，也为煤矿井下水力强化技术提供了借鉴。

第三节　煤矿井下水力强化的研究内容

一、煤矿井下水力强化技术的由来

水力压裂是地面煤层气开发的主要增产措施，其强化对象是煤层，目的是提高单井煤层气产量。而煤矿井下抽采的对象也是煤层气（瓦斯），为提高抽采效率，也需要增透。既然水力压裂是一种增透措施，在煤矿井下应该能够取得相同的效果。为此，作者于2004年提出了煤矿井下水力压裂的理念，在经历了4年的理论研究、技术研发、装备集成后，于2008年在阳泉寺家庄矿采用乳化液泵进行了本煤层顺层钻孔水力压裂,将煤层的透气性系数提高了 9 倍、衰减系数降低了 90%、百米钻孔瓦斯流量增加 5 倍。这一试验的成功,预示着水力压裂在煤矿井下是可行的。五年来,在煤矿井下水力压裂的理论、技术和装备等方面都有了长足进展,初步形成了一项新型瓦斯治理技术或一门新兴边缘学科。

煤矿井下水力强化技术自诞生之日起,就以其强有力的生命力迅速推广,目前在重庆市能源投资集团有限公司已经成为一种常态化技术被应用;河南、山西、安徽、贵州、四川、河北等省市的高突矿井也在积极试验中。重庆市能源投资集团有限公司要求所有的高瓦斯突出矿井必须采用水力压裂技术,在其鱼田堡矿,水力压裂相比其他水力化措施,钻孔工程量减少了 98.4%,钻孔工期缩短了 97.6%,瓦斯抽采浓度提高了 53%,单孔瓦斯抽采纯量增加了 16.7 倍,煤巷掘进速度提高了50%,石门揭煤时间缩短 40%;在河南能源化工集团有限公司井下的围岩抽采层进行水力压裂,取得了 400 m³/d 的效果。

相信随着该工艺的进一步优化和装备能力的进一步提升,这一技术必将成为一种瓦斯治理的普适性技术得以广泛应用。

二、煤矿井下水力强化的研究内容

煤矿井下水力强化是以高压水为载体、以瓦斯抽采钻孔为通道、以煤层及其围岩为增透对象、以大规模提高瓦斯抽采效率为目的的一种新技术,包括水力压裂和水力冲孔两种类型。水力压裂是一种适用于脆性煤岩层的增透技术,也是地面煤层气开发的主要增产措施,其增透机理是造缝。水力冲孔是又一有效增透技术,其增透机理是出煤卸压,煤矿井巷工程为这一技术的实施提供了便利条件,也为软煤瓦斯抽采增产提供了技术支撑。

一项新技术的诞生必须有自身的理论基础,其实施必须有相应装备支撑。因此煤矿井下水力强化的研究内容涵盖三个部分:水力强化的理论、技术和装备(图 1.4)。

（一）水力强化理论

水力强化的目的是在煤岩层内形成瓦斯运移产出的通道,而这一通道的形成涉及煤岩体结构及其力学性质、地层流体的性质和运移产出过程、地应力方向和大小等,也就是一个固-气-液-压力-应力的耦合过程。因此,煤矿井下水力强化理论主要包括以下几个方面。

1. 煤岩体结构与力学性质

引入岩体力学中的地质强度因子(geological strength index,GSI)对煤岩体结构进行定量表征,结合 Hoek-Brown 准则,获取非完整岩体的力学参数,为水力强化数理模型的建立奠定基础。

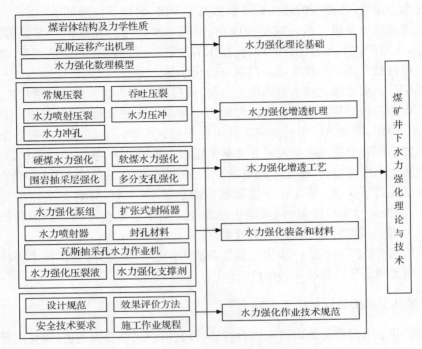

图 1.4　煤矿井下水力强化理论及技术体系

2. 储层增透物理模拟

通过实验室物理模拟,查明煤岩体结构、应力应变与渗透性的定量关系,揭示硬煤和围岩的水力压裂造缝及软煤的冲孔出煤卸压增透机理。

3. 瓦斯运移产出机理

形成瓦斯产出流态的判识方法,建立基于流态的瓦斯运移产出数理模型,研制相应的软件,为瓦斯抽采流量的预测和评价提供依据。

4. 揭示增透机理

揭示常规水力压裂、吞吐压裂、水力喷射压裂、水力压冲和水力冲孔的增透机理,建立水力强化数理模型,并形成相应的软件,为水力强化工艺的选择、效果预测和评价提供依据。

(二)水力强化工艺

水力强化工艺是以瓦斯抽采工程地质条件为基础,煤岩体结构判识为核心,瓦斯运移产出机理为指导,结合矿井的采掘部署,采用顺煤层、穿煤层或围岩抽采层等钻孔布置形式,通过常规压裂、吞吐压裂、水力喷射压裂、水力压冲、水力冲孔等增透措施,实现煤层瓦斯高效抽采的一种技术手段。也就是根据瓦斯抽采工程地质条件,结合各种水力强化工艺的特点,对强化工艺进行优化并实施。

为便于该技术的推广,编制煤矿井下水力强化设计规范、煤矿井下水力强化安全技术要求、煤矿井下水力强化作业规程和煤矿井下水力强化效果评价方法等技术规范。

（三）水力强化装备和材料

水力强化装备和材料是此项技术实施的支撑。为此,研制了煤矿井下水力压裂泵组、瓦斯抽采孔水力作业机、封孔装置等,研制了专门应用于水力强化的封孔材料、压裂液和支撑剂。

三、煤矿井下水力强化发展趋势

煤矿井下水力强化是近 10 年来兴起的一项区域瓦斯治理技术,无论是理论、技术,还是装备、材料都有待进一步完善,主要表现在以下几个方面。

（一）瓦斯抽采工程地质学理论体系急需建立

水力强化及其他瓦斯抽采工艺的适用性和有效性无疑取决于瓦斯赋存的地质条件,急需形成一门新兴边缘学科——瓦斯抽采工程地质学,为瓦斯治理工艺的选择提供指导。瓦斯抽采工程地质学是一门研究与瓦斯抽采相关的地质学问题的科学,是地质学的一个分支学科,研究目的是查明瓦斯抽采的工程地质条件,详细分析各种抽采工艺的特点,建立基于瓦斯赋存地质条件的抽采工艺优选方法体系,形成一区一策、一面一法的抽采技术思路,从而实现瓦斯的高效抽采。尽管本书大量的篇幅讨论了瓦斯抽采地质问题,但基本上是服务于水力强化技术,没有涉及其他抽采技术。

（二）水力强化数理模型有待进一步完善

本书建立的水力压裂数理模型仅适用于常规水力压裂,其他如吞吐压裂和水力喷射压裂数理模型还需进一步完善,冲孔卸压增透数理模型也没有考虑渗流力。

（三）相关软件的研制

要做到水力强化的程序化、标准化、规范化,就必须研发一套集瓦斯抽采工程地质、水力强化工艺、运移产出过程、强化效果评价为一体的软件,便于该技术的推广。本书尽管研制了几个软件模块,但距商业版本还有相当差距。

（四）煤矿井下水力强化入井材料急需研制

目前一般采用矿井水进行压裂,没有专门的压裂液和支撑剂,使得强化效果难以长时间维持,急需研制适合于煤矿井下具体条件的压裂液和支撑剂,进一步提升强化效果。

(五) 水力压裂装备能力需大规模提升

由于井下空间限制,单台压裂泵组能力有限,使得部分情况下难以超过滤失速率,需进一步研制高压、大排量、小体积的泵组,以满足需求。封孔工艺严重影响水力强化技术的推广,急需研制一种专门的、可重复使用的封孔装置,一方面降低封孔成本、提高工作效率;另一方面实现分段压裂。瓦斯抽采孔水力作业机的成功研制,使得已有瓦斯抽采孔的修复增透成为现实,但设备的系列化和最终定型还没有完成,修复的工艺还需进一步优化,相应的技术规范需要制定。

第二章 煤岩体结构及力学性质

目前煤岩体结构采用定性划分方式,无法建立基于煤岩体结构的水力强化数理模型。本章引入地质强度因子(GSI)对煤岩体结构进行定量表征,克服以往煤岩体结构定性描述的不足,并以此为非完整煤岩体力学性质的获取提供了全新方法。

第一节 煤岩体结构的定量表征

煤岩体是水力强化增透的对象,煤岩体结构及其力学性质决定了水力强化工艺的优化与选择,以及瓦斯运移产出方式。因此,对煤岩体结构进行精细、定量描述是水力强化数理模型建立的前提,也是水力强化工艺实施的支撑。

一、煤岩体结构分类

(一)岩体结构

岩体内存在着不同成因、不同特性及不同规模的地质界面,统称为结构面。一系列的结构面依自己的产状彼此组合,将岩体切割成形态不一、大小不等、成分各异的岩块,称结构体。岩体是由各种结构面分割、围绕的结构体组合。由于组成物质和结构的不均一性,岩体常表现为明显的非均质性。岩体分类是岩体力学的核心,如日本 1983 年的 Nakao 分类[47]、Wickham 等[48]提出的 RSR(rock structure rating)分类方法,Barton[49]提出的 Q 分类系统,Bieniawski[50]提出的 RMR(rock mass rating)分类系统。国内也提出了多种岩体分类方法:1979 年中国科学院地质与地球物理研究所谷德振[51]提出了岩体质量分级的 Z 系统及 1994 年国家标准《工程岩体分级标准》(GB50218—94)等[52]。根据该 RMR 的评分指标,并对照一定的经验公式来求取岩体的变形和强度参数,很多学者对这种分类方法进行了修正,常用的是 Hoek-Brown 经验方法[53]。在岩土工程、岩石力学和工程地质学中,通常采用《岩土工程勘察规范》(GB50021—2001)的分类[54],将岩体结构分为整体块状结构、层状结构、碎裂结构和散体结构(表 2.1)。

(二)煤体结构

煤体结构是指煤层在地质历史演化过程中经受各种地质作用后表现出的结构特征。在一定的温度、压力下,煤体依次经历了脆性、脆-韧性和韧性变形三个阶

表 2.1　岩体结构分类[54]

结构类型		亚类		岩体结构特征
代号	名称	代号	名称	
Ⅰ	整体块状结构	Ⅰ₁	整体结构	岩性单一,结构面不发育,岩体呈完整状态或基本完整状态
		Ⅰ₂	块状结构	岩性单一,由强度相近的岩层共同组合,结构面将岩体剖切成岩体集合体
Ⅱ	层状结构	Ⅱ₁	层状结构	岩层单一,或不同性质岩层互层或夹极薄的软弱夹层;层面、软弱夹层及层间错动,呈层状分布
		Ⅱ₂	薄层状结构	岩相、岩性变化大,组合复杂,层状以薄层为主;层理、片理发育,结合力差,岩体呈薄板状结构
Ⅲ	碎裂结构	Ⅲ₁	镶嵌结构	岩性单一,岩质坚硬,Ⅳ、Ⅴ级结构面密度大、组数多、岩块棱角明显,彼此镶嵌啮合
		Ⅲ₂	镶嵌碎裂结构	岩性复杂多变,软硬相间明显,软弱破碎带相对完整
		Ⅲ₃	碎裂结构	岩性组合繁简不一,具有明显的各向异性,结构面组数多,组合复杂,多被软弱物质充填
Ⅳ	散体结构			岩性复杂,基本上呈松散状,有的为岩块夹泥,有的为泥包岩块

段[54]。不同变形程度致使煤体呈现不同的结构类型,而不同结构的煤体具有不同的力学性质,并决定了瓦斯的运移产出方式。因此,煤体结构研究对于探讨瓦斯在煤储层内的赋存、运移规律,以及储层渗透性的评价与预测都具有重要的理论和实际意义。

具有代表性的煤体结构分类主要有:《防治煤与瓦斯突出规定》将煤分为非破坏煤、破坏煤、强烈破坏煤、粉碎煤和全粉煤五种破坏类型(表 2.2);焦作矿业学院根据煤体结构的宏观特征,将其分为原生结构煤、碎裂煤、碎粒煤和糜棱煤四种结构类型,并将后三者统称为构造煤,该分类得到广泛认同并沿用至今(表 2.3)。原生结构煤相当于非构造煤,碎裂煤相当于破坏煤,这两类煤的强度大,俗称为"硬煤",不易发生煤与瓦斯突出,又称为"非突出煤",其余的因力学强度低,俗称"软煤"或者"突出煤"[55]。

二、岩体结构的定量表征

地质强度因子(GSI)是 1995 年由 Hoek、Kaiser 和 Brown 提出的一种岩体分类方法,并结合岩块的力学性质和岩体观察结果,广泛用于不同地质条件下岩体强度和岩体变形参数的估算[56-58]。

表 2.2　煤的破坏类型五分法[5]

破坏类型	光泽	构造与构造特征	节理性质	节理面性质	断口性质	强度
Ⅰ类（非破坏煤）	亮与半亮	层状构造、块状构造，条带清晰明显	一组或二三组节理，节理系统发达、有次序	有充填物（方解石等），次生面很少，节理劈理面平整	参差阶状、贝状，波浪状	坚硬，用手难以掰开
Ⅱ类（破坏煤）	亮与半亮	尚未失去层状较有次序；条带明显，有时扭曲，有错动；不规则块状，多棱角；有挤压特征	次生节理面多，且不规则，与原生节理交错，呈网状分布	节理面有擦纹、滑皮，节理平整，易掰开	参差多角	用手极易剥成小块，中等硬度
Ⅲ类（强烈破坏煤）	半亮与半暗	有弯曲呈透镜体构造；小片状构造；细小碎块，层理较紊，无次序	节理不清，系统不发达，次生节理密度大	有大量擦痕	参差及粒状	用手捻成粉末，松软，硬度低
Ⅳ类（粉碎煤）	暗淡	粒状或小颗粒胶接而成，似天然煤团	节理失去意义，成粉块状		粒状	用手捻成粉末，偶尔较硬
Ⅴ类（全粉煤）	暗淡	土状构造，似土质煤；如断层泥状			土状	可捻成粉末，疏松

　　地质强度因子（GSI）是通过野外露头、井下巷道或岩心观测获取的，主要是根据岩体结构、岩体中岩块组合状态和岩体中不连续面质量等进行估值。其确定主要取决于两个方面。

　　（1）岩体结构的完整程度。岩体结构的完整程度是指节理、裂隙是否发育，发育程度如何。最初的岩体结构可区分为四类：完整岩体、较完整岩体、扰动岩体、碎粒状岩体，岩体强度依次降低。修正后的岩体结构可区分为六类：完整岩体、较完整岩体、角砾状岩体、碎粒状岩体、粉状岩体和鳞片状岩体。

　　（2）岩体裂隙、节理的表面质量状况，包括粗糙度和风化程度及填充程度，表面越粗糙，风化程度越低，填充物越少，岩体的强度越大。最初由 Hoek 和 Brown 提出的地质强度因子是定性的，之后根据岩体结构和岩体表面质量状况的描述，给地质强度因子进行了赋值，其取值范围为 0～100，常见的岩体为 10～90[61]（图 2.1）。

表 2.3　煤体结构四分法[59]

破坏类型	赋存状态和分层特点	光泽和层理	煤体的破碎程度	裂隙、揉皱发育程度	手试强度	其他术语	
Ⅰ类(原生结构煤)	层状、似层状与上下分层整合接触	煤岩类型界限清晰,原生条带状结构明显	呈现较大的保持棱角的块体,块体间无相对位移	内、外生裂隙均可辨认,未见揉皱镜面	捏不动或成厘米级块	原生结构煤	硬煤
Ⅱ类(碎裂煤)	层状、似层状透镜状,与上下分层呈整合接触	煤岩类型界限清晰,原生条带结构断续可见	呈现棱角状块体,但块间已有相对位移	煤体被多组互相交切的裂隙切割,未见揉皱镜面	可捻搓成厘米、毫米级或煤粉	构造煤	
Ⅲ类(碎粒煤)	透镜状、团块状,与上下分层呈构造不整合接触	光泽暗淡,原生结构遭到破坏	煤被揉捻碎,主要粒级在1mm以上	构造镜面发育	易捻搓成毫米级碎粒或煤粉		软煤
Ⅳ类(糜棱煤)	透镜状、团块状,与上下分层呈构造不整合接触	光泽暗淡,原生结构遭到破坏	煤被揉搓捻碎得更小,主要粒级在1mm以下	构造、揉皱镜面发育	极易捻搓成粉末或粉尘		

　　由于 Hoek 建立的 GSI 图表中对结构面表面质量状况的描述缺乏可量测的典型参数,并且也缺乏结构面间距的限定,对不同的岩体类别只能给出一个一定范围的 GSI 值,这样不同的人尤其是经验少的地质工作者将会估出不同的 GSI 值。针对此,Sonmez 和 Ulusay 将基于体积节理数(J_v)的岩体结构等级 SR(structure rating)及结构面表面质量等级 SCR(surface condition rating)添加到 GSI 图表中(图 2.2),对 GSI 体系进行量化取值[62]。

三、煤体结构的定量表征

　　现有煤体结构普遍采用四分或者五分等定性分类,无法与煤岩体的渗透率和力学性质等参数建立数理关系,尤其是水力强化数值模拟中所必需的压裂液滤失和破裂压力等重要参数失去依据,亟须对煤体结构实现从定性描述到定量表征的转变。

　　煤是岩石的特例,煤体结构反映的是煤的整体特点,发育的外生裂隙和割理均属于不连续面,而被切割的基质块则对应于岩体分类中的块度,两者实质相同,这是引入 GSI 岩体分类对煤体结构进行定量表征的基础[63,64]。但由于煤层埋藏较深,几乎都未遭受风化,采用煤体结构特征和裂隙粗糙度对 Hoek-Brown 中的 GSI 图版进行修改,实现煤体结构的定量表征(图 2.3),典型的煤体结构及其特征及现有煤体结构定性分类与 GSI 对应关系如表 2.4 所示,把 GSI≥45 的称硬煤,GSI<45 的称软煤(图 2.4)。

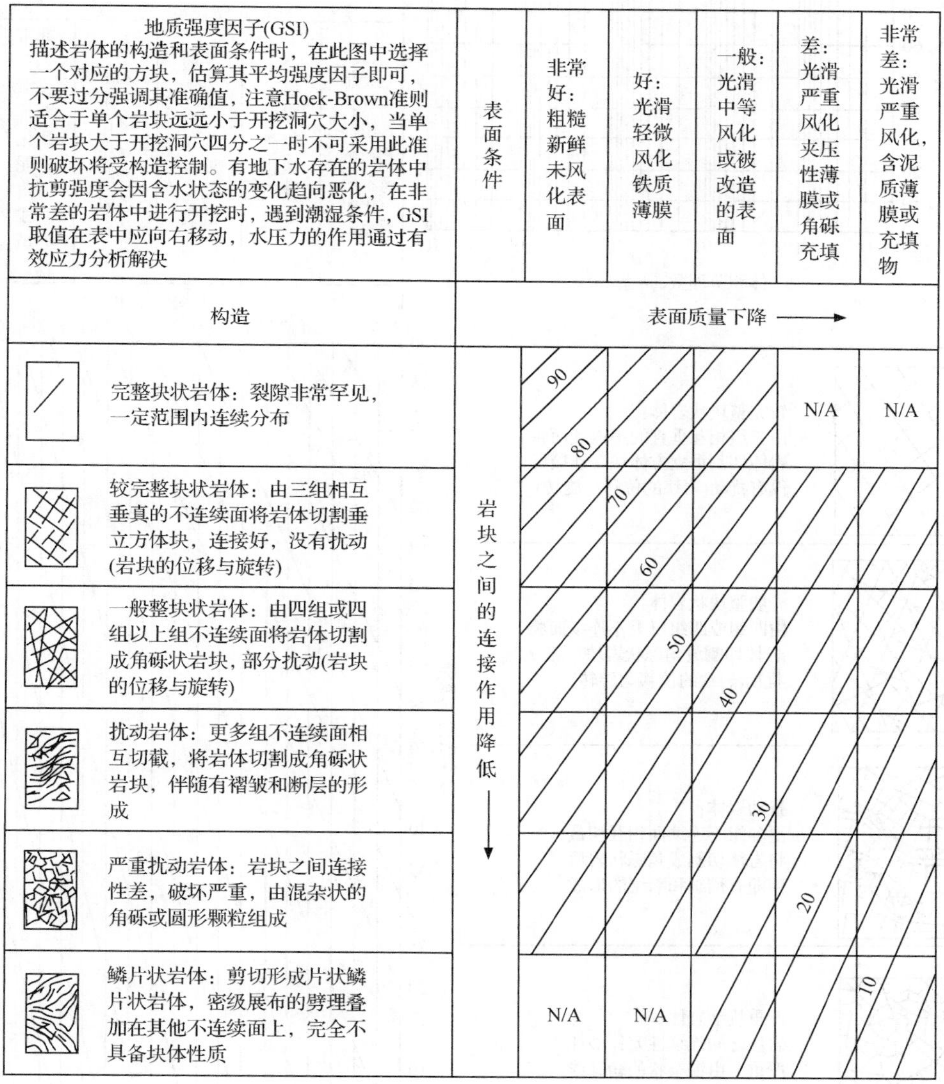

地质强度因子(GSI) 描述岩体的构造和表面条件时,在此图中选择一个对应的方块,估算其平均强度因子即可,不要过分强调其准确值,注意Hoek-Brown准则适合于单个岩块远远小于开挖洞穴大小,当单个岩块大于开挖洞穴四分之一时不可采用此准则破坏将受构造控制。有地下水存在的岩体中抗剪强度会因含水状态的变化趋向恶化,在非常差的岩体中进行开挖时,遇到潮湿条件,GSI取值在表中向右移动,水压力的作用通过有效应力分析解决	表面条件	非常好:粗糙新鲜未风化表面	好:光滑轻微风化铁质薄膜	一般:光滑中等风化或被改造的表面	差:光滑严重风化夹压性薄膜或角砾充填	非常差:光滑严重风化,含泥质薄膜或充填物
构造		表面质量下降 ⟶				
完整块状岩体:裂隙非常罕见,一定范围内连续分布	岩块之间的连接作用降低 ↓	90 / 80			N/A	N/A
较完整块状岩体:由三组相互垂真的不连续面将岩体切割垂立方体块,连接好,没有扰动(岩块的位移与旋转)			70 / 60			
一般整块状岩体:由四组或四组以上组不连续面将岩体切割成角砾状岩块,部分扰动(岩块的位移与旋转)				50 / 40		
扰动岩体:更多组不连续面相互切截,将岩体切割成角砾状岩块,伴随着褶皱和断层的形成					30	
严重扰动岩体:岩块之间连接性差,破坏严重,由混杂状的角砾或圆形颗粒组成					20	
鳞片状岩体:剪切形成片状鳞片状岩体,密级展布的劈理叠加在其他不连续面上,完全不具备块体性质		N/A	N/A			10

图 2.1　GSI 体系[53]

N/A 表示不适用

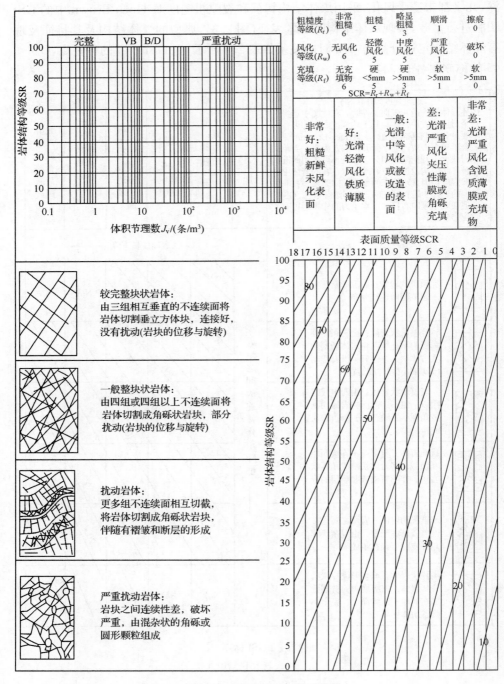

图 2.2　修订的 GSI 模板[62]

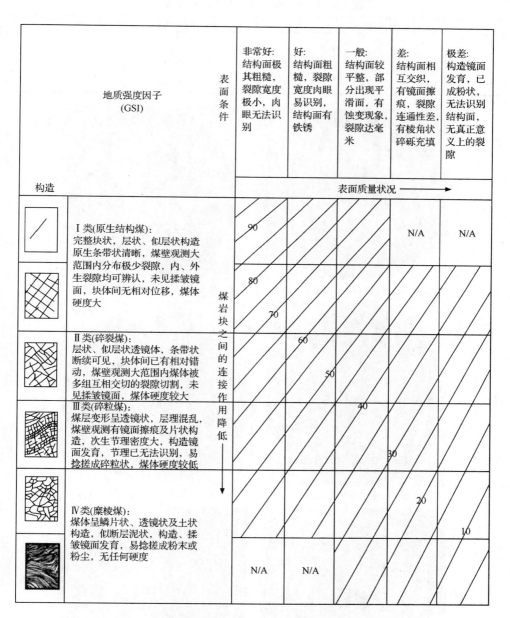

图 2.3　煤体结构量化的 GSI 表

图中斜线上的数值即为 GSI 取值;"N/A"表示在这个范围内不适用

表 2.4　煤体 GSI 与传统分类的对应关系

GSI 值范围	传统的煤体结构
0～20	糜棱煤
20～45	碎粒煤
45～65	碎裂煤
65～100	原生结构煤

(a) 原生结构煤(无外生裂隙)GSI=95　　　(b) 原生结构煤(外生裂隙不发育)GSI=85

(c) 原生结构煤(外生裂隙发育)GSI=75　　　(d) 原生结构煤(存在贯通裂隙)GSI=65

(e) 碎裂煤GSI=55　　　(f) 碎粒煤GSI=40

(g) 糜棱煤GSI=15　　　　　　　　　　　(h) 糜棱煤GSI=15

图 2.4　典型煤体结构的 GSI 值

　　GSI 是对煤体结构的定量表征，也是对煤体强度的定量描述，与瓦斯地质领域煤的坚固性系数(f 值)之间存在线性关系(图 2.5)，即随着 GSI 的增加，f 值线性增加。这一关系充分说明 GSI 表征煤体结构的可行性。

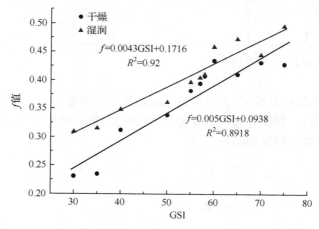

图 2.5　GSI 与干燥/湿润煤样坚固性系数 f 值关系曲线

第二节　煤岩体力学性质

　　现有的煤岩体力学性质获取主要采用完整试样，没有考虑煤岩体破坏程度，测试结果与实际相差较大。建立基于 GSI 的非完整煤岩体力学参数获取方法，可准确确定水力强化参数。

一、完整煤岩体力学参数获取

（一）实验室测试

通过静态试验可获取煤岩体的力学参数。室内岩心试验的应变速率如果小于 $1s^{-1}$，其状态被认为是准静态的，在这一前提下以单轴或三轴试验取得岩石力学参数的静态值。将完整岩样加工成标准尺寸的试件进行力学试验，测试结果如表 2.5 所示。

表 2.5　完整试样力学参数的测试结果

岩石	抗拉强度/MPa	抗压强度/MPa	弹性模量/GPa	变形模量/GPa	泊松比	坚固性系数	黏聚力 c/MPa	内摩擦角 φ/(°)
砂岩	5.84~8.93 7.88	74~125.7 107.1	22.5~30.6 27.8	8.1~18.5 13.8	0.17~0.30 0.24	7.4~12.5 10.7	13.4	50.3
泥岩	3.18~3.75 3.69	6.3~24.6 14.2	1.7~13.9 7.3	1.4~6.0 3.67	0.27~0.46 0.34	0.6~2.5 1.4	12.3	39.2
砂质泥岩	5.44~7.48 6.23	61~105.2 87.7	17.1~29.0 23.5	5.5~21.2 12.1	0.15~0.26 0.20	6.1~10.5 8.8	17.1	32.1

注：表中数字的含义为 $\dfrac{最小值\sim最大值}{平均值}$。

对于水力压裂数值模拟，如果水力裂缝延伸时以接近声速扩展，则必须考虑动态岩石力学性质，一般通过超声脉冲测量，由测得的纵波和横波波速，采用式（2.1）和式（2.2）求出弹性模量和泊松比，即

$$V_{p} = 39.51\left[\frac{E_{d}}{\rho_{b}}\frac{1-\nu_{d}}{(1+\nu_{d})(1-2\nu_{d})}\right]^{0.5} \tag{2.1}$$

$$V_{s} = 39.51\left[\frac{E_{d}}{\rho_{b}}\frac{1}{2(1+\nu_{d})}\right]^{0.5} \tag{2.2}$$

式中，V_p、V_s 为纵波、横波波速，m/s；E_d 为动态弹性模量，MPa；ν_d 为动态泊松比，无因次；ρ_b 为岩石密度，g/cm³。

煤层水力强化起到增透的同时也湿润了煤体，煤体含水饱和度直接影响其力学强度。由于硬煤与软煤的力学性质差别悬殊，煤层含水对其力学性质的改变效果也不相同（表 2.6 和图 2.6）。

表 2.6　含水饱和度对硬煤的力学性质的影响

煤样	抗压强度/MPa		弹性模量/MPa		泊松比	
	自然	饱和水	自然	饱和水	自然	饱和水
1	10.4	7.91	1938.8	1071.4	0.25	0.35
2	11.73	7.91	3214	1071.4	0.30	0.28
3	14.6	12.3	3316	1429	0.28	0.35
4	17.8	8.41	2429	612.2	0.30	0.40

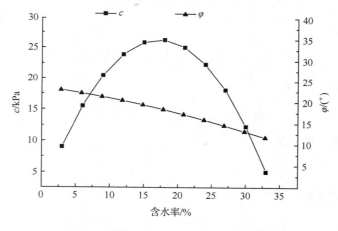

图 2.6　软煤 c 和 φ 随含水率的变化趋势

　　表 2.6 中硬煤随着含水饱和度增加,抗压强度和弹性模量降低,泊松比增加,表明煤有从脆性向韧性转变的趋势。

　　软煤是一种散体,在一定的水分和围压作用下发生黏结并聚集成团,含水率不同,其 c、φ 值也不同,抗剪强度和抵抗破坏的能力也发生变化。黏聚力 c 随着含水率的变化呈现先增大后减小的变化规律,并在含水率在 18% 左右时达到最大;内摩擦角 φ 随含水率的增大呈现减小的趋势。

（二）测井技术

　　测井资料所获得的物理参数与地质信息(泥质含量、孔隙度、饱和度、渗透率等)之间存在一定的关系,采用特定的方法可以把测井信息加工转换成地质信息。

　　1. 动态力学参数的计算

　　采用全波列声波测井或偶极子声波测井可以测量地层的纵波和横波时差,加上密度测井获得的地层体积密度值,便可以计算岩石的动态力学参数。

动态泊松比

$$\nu_{\mathrm{d}} = \frac{1}{2}\left(\frac{\Delta t_{\mathrm{s}}^2 - 2\Delta t_{\mathrm{p}}^2}{\Delta t_{\mathrm{s}}^2 - \Delta t_{\mathrm{p}}^2}\right) \tag{2.3}$$

式中，ν_{d} 为动态泊松比；Δt_{s} 为地层横波时差，$\mu\mathrm{s/m}$；Δt_{p} 为地层纵波时差，$\mu\mathrm{s/m}$。

动态弹性模量

$$E_{\mathrm{d}} = \left(\frac{\rho}{\Delta t_{\mathrm{s}}^2}\right)\left(\frac{3\Delta t_{\mathrm{s}}^2 - 4\Delta t_{\mathrm{p}}^2}{\Delta t_{\mathrm{s}}^2 - \Delta t_{\mathrm{p}}^2}\right) \times 8.64 \times 10^6 \tag{2.4}$$

剪切模量

$$G_{\mathrm{d}} = \frac{\rho}{\Delta t_{\mathrm{s}}^2} \times 8.64 \times 10^6 \tag{2.5}$$

体积模量

$$K_{\mathrm{d}} = \rho\left(\frac{1}{\Delta t_{\mathrm{p}}^2} - \frac{4}{3\Delta t_{\mathrm{s}}^2}\right) \times 8.64 \times 10^6 \tag{2.6}$$

拉梅系数

$$\lambda_{\mathrm{d}} = \rho\left(\frac{1}{\Delta t_{\mathrm{p}}^2} - \frac{2}{\Delta t_{\mathrm{s}}^2}\right) \times 8.64 \times 10^6 \tag{2.7}$$

岩石体积压缩系数

$$C_{\mathrm{b}} = \frac{1}{K} \tag{2.8}$$

骨架压缩系数

$$C_{\mathrm{ma}} = \frac{1}{\rho_{\mathrm{ma}}\left(\dfrac{1}{\Delta t_{\mathrm{map}}^2} - \dfrac{4}{3\Delta t_{\mathrm{mas}}^2}\right) \times 8.64 \times 10^6} \tag{2.9}$$

式中，Δt_{mas}、Δt_{map} 为地层骨架的横波、纵波时差，$\mu\mathrm{s/m}$；ρ_{ma} 为地层骨架密度，$\mathrm{g/cm}^3$。

Biot 弹性系数

$$\alpha = 1 - \frac{C_{\mathrm{ma}}}{C_{\mathrm{b}}} \tag{2.10}$$

2. 静态力学参数的计算

用声波测井方法得到的力学参数是动态参数，动态和静态力学参数具有一定的相关性，根据横波与纵波波速，由式(2.11)~式(2.14)计算静态岩石力学性质。

$$E = \frac{1.60 \times 10^7 (1-2\nu)(1+\nu)\left[\rho_{\mathrm{b}}(1-\phi) + \rho_{\mathrm{f}}\phi\right]}{(1-\nu)V_{\mathrm{p}}^2} \tag{2.11}$$

$$E = 0.0138G(1+\nu) \tag{2.12}$$

$$\nu = \frac{E}{2G} - 1 \tag{2.13}$$

$$G = \frac{10^9 \rho_{\mathrm{b}}}{V_{\mathrm{s}}^2} \tag{2.14}$$

式中，G 为岩石的剪切模量，MPa；ρ_f 为地层流体密度，g/cm³；ϕ 为地层孔隙度，小数。

二、非完整煤岩体力学参数获取

（一）理论依据

以往煤储层力学性质的室内测试均是由取样—制样—测试的流程得到，而且取样全部是完整煤体，这种方法得到的力学参数与实际误差较大，亟须建立一种直接获取非完整煤岩体力学参数的方法。GSI 方法体系适用于非均质岩体，主要特点是强调岩体整体性对力学性质的影响，摒弃"实验室尺度"样品的局限性，为非完整岩体力学参数的获取提供了方法。

对于非完整的多节理、裂隙岩体，Hoek-Brown 建立了一种经验破裂准则[53]：

$$\sigma_1' = \sigma_3' + \sigma_{ci} \left(m_b \frac{\sigma_3'}{\sigma_{ci}} + s \right)^a \tag{2.15}$$

式中，σ_1' 为破裂发生时的最大有效应力，MPa；σ_3' 为破裂发生时的最小有效应力，MPa；m_b 为岩体的 Hoek-Brown 常数；s 和 a 为取决于岩体性质的常数；σ_{ci} 为完整岩块单轴抗压强度，MPa。

Hoek-Brown 经验破裂准则不仅考虑了岩体的非完整性，而且考虑了孔隙流体压力对变形的影响。对于完整岩体而言，式（2.15）可简化为

$$\sigma_1' = \sigma_3' + \sigma_{ci} \left(m_i \frac{\sigma_3'}{\sigma_{ci}} + 1 \right)^{0.5} \tag{2.16}$$

式中，两个常数 σ_{ci} 和 m_i 可由三轴力学试验获得。

在进行室内三轴试验时，对完整岩块一般先假定 $s=1$，利用室内三轴试验数据，通过回归计算得到 m_i、σ_{ci}。令 $x = \sigma_3'$，$y = (\sigma_1' - \sigma_3')^2$ 对 x 和 y 进行线性回归得

$$\sigma_{ci}^2 = \frac{\sum y_i}{n} - \left\{ \frac{\sum x_i y_i - \left(\sum x_i \sum y_i / n \right)}{\sum x_i^2 - \left[\left(\sum x_i \right)^2 / n \right]} \right\} \frac{\sum x_i}{n} \tag{2.17}$$

$$m_i = \frac{1}{\sigma_{ci}} \left\{ \frac{\sum x_i y_i - \left(\sum x_i \sum y_i / n \right)}{\sum x_i^2 - \left[\left(\sum x_i \right)^2 / n \right]} \right\} \tag{2.18}$$

线性分析中 x_i 和 y_i 的相关系数 r 为

$$r^2 = \frac{\left[\sum x_i y_i - \left(\sum x_i \sum y_i / n \right) \right]^2}{\left[\sum x_i^2 - \left(\sum x_i \right)^2 / n \right] \left[\sum y_i^2 - \left(\sum y_i \right)^2 / n \right]} \tag{2.19}$$

r^2 值越接近 1，则经验方程与三轴试验数据拟合得就越好。

地质强度因子确定后，描述岩体强度的参数可通过式（2.20）计算。

$$m_b = m_i \exp\left(\frac{\mathrm{GSI} - 100}{28}\right) \tag{2.20}$$

对于 GSI>25

$$s = \exp\left(\frac{\mathrm{GSI} - 100}{9}\right) \tag{2.21}$$

$$a = 0.5 \tag{2.22}$$

对于 GSI<25

$$s = 0 \tag{2.23}$$

$$a = 0.65 - \frac{\mathrm{GSI}}{200} \tag{2.24}$$

（二）参数获取

Hoek-Brown 准则将煤岩体作为一个整体考虑，特别是 GSI 的引入，为非完整煤岩体力学性质的定量表征提供了方法[65,66]。

杨氏模量

$$E_m(\mathrm{GPa}) = \left(1 - \frac{D}{2}\right)\sqrt{\frac{\sigma_{ci}}{100}} \times 10^{(\mathrm{GSI}-10)/40} \quad \sigma_{ci} \leqslant 100\mathrm{MPa} \tag{2.25}$$

$$E_m(\mathrm{GPa}) = \left(1 - \frac{D}{2}\right) \times 10^{(\mathrm{GSI}-10)/40} \quad \sigma_{ci} > 100\mathrm{MPa} \tag{2.26}$$

式中，D 为岩体扰动因素衡量因子，无量纲。

内摩擦角

$$\varphi = \sin^{-1}\left[\frac{6am_b(s+m_b\sigma_{3n})^{a-1}}{2(1+a)(2+a)+6am_b(s+m_b\sigma_{3n})^{a-1}}\right] \tag{2.27}$$

黏聚力

$$c = \frac{\sigma_{ci}[(1+2a)s+(1-a)m_b\sigma_{3n}](s+m_b\sigma_{3n})^{a-1}}{(1+a)(2+a)\sqrt{1+[6am_b(s+m_b\sigma_{3n})^{a-1}]/(1+a)(2+a)}} \tag{2.28}$$

式中，$\sigma_{3n} = \sigma_{3max}/\sigma_{ci}$；$\sigma_{3max}$ 估算公式为

$$\frac{\sigma_{3max}}{\sigma_c} = 0.47\left(\frac{\sigma_c}{\gamma H}\right)^{-0.94} \tag{2.29}$$

其中，γ 为岩体的容重，$\mathrm{N/m^3}$；H 为埋深，m。

抗压强度

$$\sigma_c = \sigma_{ci}s^a \tag{2.30}$$

抗拉强度

$$\sigma_t = S_t = -\frac{\sigma_{ci}}{2}\left\{m_i\exp\left(\frac{\mathrm{GSI}-100}{28}\right) - \sqrt{\left[m_i\exp\left(\frac{\mathrm{GSI}-100}{28}\right)\right]^2 + 4\exp\frac{\mathrm{GSI}-100}{9}}\right\}$$

$$\tag{2.31}$$

第三章　储层增透物理模拟

第一节　储层的渗透性

储层的渗透性是在一定的压力差作用下,允许流体通过其连通孔隙的性质,反映了岩石传导流体的能力,渗透性的优劣用渗透率表示。影响煤储层渗透率的因素主要有煤体结构、有效应力和基质收缩等。

一、渗透率的基本概念

(一)绝对渗透率

单相流体充满整个孔隙且不与煤体发生任何物理反应时,测出的渗透率称为绝对渗透率。实验表明单相流通过多孔介质,沿孔隙通道呈层流时,符合达西线性渗流定律。

$$Q_v = k \frac{A \Delta p}{\mu L} \tag{3.1}$$

式中,Q_v 为任一时刻流体通过多孔介质时的体积流量,m^3/s;k 为渗透率,m^2;Δp 为样品两端的压力差,Pa;A 为样品横断面积,m^2;μ 为流体黏度,$mPa \cdot s$;L 为样品长度,m。式(3.1)变形,得到渗透率表达式

$$k = \frac{Q_v \mu L}{A \Delta p} \tag{3.2}$$

对气体而言,在利用达西公式计算渗透率时,须引入平均体积流,按气体状态方程

$$p_0 Q_{v0} = p_1 Q_{v1} = p_2 Q_{v2} \tag{3.3}$$

式中,p_1、p_2 为样品前后两端的气体压力,Pa;Q_{v1}、Q_{v2} 为在 p_1、p_2 压力下气体体积流量,m^3/s;p_0 为 1.01325×10^5 Pa;Q_{v0} 为在 p_0 下气体体积流量,m^3/s。

则气体渗透率表达式为

$$k = \frac{2 p_0 Q_{v0} \mu L}{A(p_1^2 - p_2^2)} \tag{3.4}$$

(二)有效渗透率和相对渗透率

当储层中有多相流体共存时,煤对其中每一相流体的渗透率称为有效渗透率,

分别用 k_g 和 k_w 表示气和水的有效渗透率。

$$k_g + k_w = k \tag{3.5}$$

相对渗透率是当储层中有多相流体共存时,每一相流体的有效渗透率与其绝对渗透率的比值,分别用 k_{rg} 和 k_{rw} 表示气和水的相对渗透率。

$$k_{rg} + k_{rw} = 1 \tag{3.6}$$

二、渗透率参数的获取

(一)实验室测试

储层的绝对渗透率,在实验室用渗透率仪进行测试。测试的基本原理是采集流体在样品室中稳定流动时进出口两端的压力、流体的稳定流量,液体用式(3.2)计算,气体用式(3.4)计算。

相对渗透率是多孔介质中的流体饱和度函数,目前实验室测试很难反映储层实际的相对渗透率,一般可通过生产数据压力匹配法拟合出相对渗透率与流体饱和度的关系曲线来确定。

(二)测井

1. 双侧向测井

Sibbit 和 Faivre[67] 提出了一种利用双侧向测井计算裂缝性地层渗透率的方法,即 F-S 计算方法。

$$k_f = \frac{8.33 \times 10^6 h_f c_f}{h_m} \tag{3.7}$$

式中,k_f 为储层裂缝渗透率,m^2;c_f 为比例因子,由各个地区统计数据求取,或由地区经验取值,也可实验测定;h_f 为垂直裂缝宽度,m,$h_f = \frac{\rho_{LLS} - \rho_{LLD}}{\rho_{mf}}$;$h_m = \frac{h_f}{\phi_f}$,$\phi_f = \left(\frac{\rho_{LLS} - \rho_{LLD}}{\rho_{mf} - \rho_w} \right)^{1/mf}$,$\rho_{LLS}$、$\rho_{LLD}$ 为浅侧向和双侧向电导率,S/m。则式(3.7)可改写为

$$k_f = 8.33 \times 10^6 c_f \phi_f \tag{3.8}$$

2. 电阻率

在气水过渡带,由于随着高出自由水面距离的增加,含水饱和度逐步减小,导致地层电阻率增加。假设地层孔隙度是均匀的,地层电阻率从自由水面处的 R_o 增加到束缚水饱情况下的最大值 R_t,研究表明,电阻率的过渡变化与深度呈线性关系。电阻率变化梯度值可用于估计地层渗透率的大小。渗透率与电阻率梯度($\Delta R/\Delta D$)及烃密度、水密度之间有下列关系:

$$k = C\left(\alpha \frac{2.3}{\rho_w - \rho_h}\right)^2 \tag{3.9}$$

式中, $\alpha = \frac{\Delta R}{\Delta D} \frac{1}{R_o}$; ΔR 为电阻率变化值, $\Omega \cdot m$; ΔD 为对应 ΔR 的深度变化, m ; R_o 为 100% 含水地层的电阻率, $\Omega \cdot m$; C 为常数, 一般约取 20 ; ρ_w 为地层水密度, g/cm^3 ; ρ_h 为烃的密度, g/cm^3 。

3. 声-感组合

$$k = 1.34 R_t^{1.7684} \left(\frac{\Delta t - 180}{100}\right)^{1.97} \tag{3.10}$$

式中, k 为绝对渗透率, m^2 ; Δt 为声波时差, s/m ; R_t 为深感应电阻率, Ω 。

4. 核磁测井

当孔隙度和渗透率比较高时

$$k = C T_2^2 \phi^2 \tag{3.11}$$

当孔隙度和渗透率比较低时

$$k = C T_2^2 \phi \tag{3.12}$$

式中, C 为常数; T_2 为核磁测井的 T_2 分布中的 T_2 值; ϕ 为地层孔隙度, % 。

（三）试井

注入-压降试井是压力不稳定试井的一种, 是通过向测试段（煤储层）以恒定排量注入一段时间水后关井, 分别记录注入期和关井期的井底压力数据, 据此进行储层参数计算。从理论上分析注入期和关井期的井底压力数据, 均可用于求取储层参数, 但由于注入期时间较短、注入流量常有波动因素干扰, 使得分析结果失真, 故多采用关井期的压力衰减数据进行参数计算。

由于储层中煤层气赋存的特殊性, 决定了试井方法的局限性。试井时要求单相水流条件的存在, 即不发生煤层气解吸, 而注入-压降试井是形成这一现象的最有效方法, 尤其适用于水欠饱和储层。所以目前煤层气勘探活动中将此方法作为首选方法。注入-压降试井以快速、探测半径大和可用于压裂后的分析为特点, 但费用高, 对低渗储层操作难度大。

1. 注入-压降试井设计

1）注入排量设计

注入-压降试井中, 向测试段注入流体的排量由式(3.13)给定, 即

$$q_{inj} = \frac{p_{inj} - p_r}{\frac{2.121 \times 10^{-3} B_w \mu}{kh} \left(\lg \frac{k t_{inj}}{\phi \mu C_t r_w^2} + 0.9077 + 0.8686 S\right)} \tag{3.13}$$

式中, p_{inj} 为注入压力, MPa ; k 为渗透率, $10^{-3} \mu m^2$; p_r 为原始储层压力, MPa ; B_w 为流体体积系数, m^3/m^3 ; h 为储层厚度, m ; ϕ 为孔隙度; μ 为流体黏度, $mPa \cdot s$; C_t 为

综合压缩系数,MPa^{-1};r_w 为井筒半径,m;t_{inj} 为注入时间,h;S 为表皮系数。式(3.13)中的注入排量取决于渗透率,如果渗透率未知,可根据邻区情况估计其最小值,或用段塞法试井测定其近似值。

2）注入压力设计

注入压力非常重要,如果设计过高,将导致地层破裂,使得测试结果不能反映储层原始特性;如果过低,将不能有效获取单相流条件。最大注入压力可用式(3.14)计算：

$$p_{max} = d(\sigma_{min} - 0.0098\rho) \qquad (3.14)$$

式中,p_{max} 为最大注入压力,MPa;d 为测试段中部深度,m;σ_{min} 为最小主应力,MPa;ρ 为流体密度,g/cm^2。设计时最大注入压力不应超过 p_{max} 的 90%。

3）测试时间设计

注入时间

$$t_{inj} = \frac{0.0094\phi\mu C_t r_e^2}{k} \qquad (3.15)$$

式中,t_{inj} 为注入时间,h;ϕ 为孔隙度;μ 为流体黏度,$mPa \cdot s$;C_t 为综合压缩系数,MPa^{-1};r_e 为影响半径,m;k 为渗透率,$10^{-3}\mu m^2$。

关井时间 $t_{fall} = (2\sim3)t_{inj}$。

2. 试井分析

注入-压降试井分析的理论基础是径向渗流方程。无论是注入期还是关井期的井底压力数据均可用于试井分析,但以后者的可靠性为准。

1）注入期资料分析

假设为均质无限大储层,可采用如下方法计算有关参数。

注入流体在储层内达到平面径流时得一直线(图 3.1),由该直线段的斜率 m 得产能系数 kh：

$$kh = 2.12 \times 10^{-3} qB\mu/m \qquad (3.16)$$

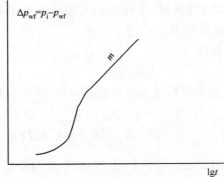

图 3.1　压降分析半对数曲线

由截距 p_i 得表皮系数

$$S = 1.151\left[\frac{p_i - p_{wf}(t=1)}{m} + \lg\frac{k}{\phi\mu C_t r_w^2} - 0.9077\right] \quad (3.17)$$

探测半径

$$r_e = 3.795\sqrt{\frac{kt_{inj}}{\phi\mu C_t}} \quad (3.18)$$

井筒储集系数

$$C_D = 0.1592\frac{C}{\phi C_t h r_w^2} \quad (3.19)$$

井筒储存时间

$$t_{wbs} = 2.247\times10^{-3}\frac{Ce^{0.14S}}{kh/\mu} \quad (3.20)$$

典型曲线拟合是依据平面渗流理论绘制出理论曲线,因采用的参数不同就产生了多种曲线图版,这些参数为:实测参数($\Delta p, \Delta t, q$)、储层参数($\mu, B, C_t, \cdots$),这里介绍两类理论曲线图版。

典型双对数曲线,坐标为 p_D-t_D/r_D^2(图 3.2)。用实测的双对数 Δp-Δt 曲线与之拟合,利用拟合点数据计算如下参数:

$$kh = 1.842\times10^{-3}q\mu B\left(\frac{p_D}{\Delta p}\right)_m \quad (3.21)$$

$$\phi C_t = \frac{3.6k}{\mu r_w^2}\left(\frac{\Delta t}{t_D}\right)_m \quad (3.22)$$

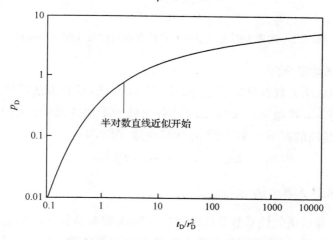

图 3.2　均质无限大储层井的典型曲线

p_D-t_D/C_D 典型曲线,反映了具有井筒储存和表皮效应的情况(图 3.3)。仍用 Δp-Δt 双对数曲线与之拟合,则

$$C = \frac{22.62kh}{\mu} \left(\frac{\Delta t}{t_{\mathrm{D}}/C_{\mathrm{D}}} \right)_m \tag{3.23}$$

$$S = \frac{1}{2} \ln\left[\frac{\phi C_t h r_{\mathrm{w}}^2}{0.1592C} \left(C_{\mathrm{D}} \mathrm{e}^{2S} \right)_m \right] \tag{3.24}$$

$$C_{\mathrm{D}} = 0.1592 \frac{C}{\phi C_t h r_{\mathrm{w}}^2} \tag{3.25}$$

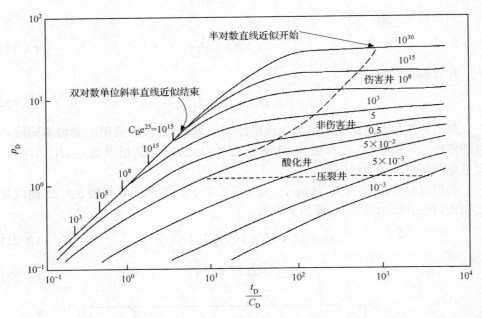

图 3.3　均质无限大储层具井筒储存和表皮效应的典型曲线

2) 压降期数据分析

压降期井底压力数据分析最常用的是 Horner 法,这种方法以快捷、简单为特点。具体是将 p_{ws} 对 $\lg(t_{\mathrm{p}} - \Delta t)/\Delta t$ 作图,当处于平面径流时该图表现为一直线段,利用该直线段的斜率 m 和截距 p_{i} 计算参数(图 3.4)。

$$kh = 2.12 \times 10^{-3} qB\mu/m \tag{3.26}$$

(四) 透气性系数测试

煤矿井下煤层透气性系数是反映煤层瓦斯流动难易程度的标志,且煤层本身又是各向异性介质,因此煤层透气性系数须通过实测才能确定。目前国外煤层透气性系数的现场测定方法主要有:苏联学者提出的雅罗伏依法、克里切夫斯基流量法和压力法、马可尼压力法及钻孔流量法。在假设煤层瓦斯向钻孔流动的状态属径向不稳定流动的基础上,周世宁建立了测定煤层透气性系数的三种方法:巷道单

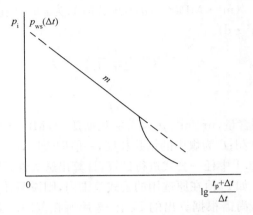

图 3.4　Horner 半对数压力恢复图

向流量法、钻孔径向法和球向流量法[68]。

径向流量法测定煤层透气性系数是以瓦斯在煤层中径向流动理论为基础，而建立的煤层透气性系数测试和计算方法，其基本假设分以下几点。

（1）在钻孔瓦斯流动范围内，煤层均质且各向同性；

（2）钻孔垂直煤层（至少偏斜角不超过 30°）贯穿煤层，在瓦斯流动场内煤厚不变；

（3）煤层顶底板不漏气且不含有瓦斯；

（4）打开钻孔之前，钻孔内瓦斯压力为原始瓦斯压力，打开后则始终保持大气压力；

（5）瓦斯在煤层中的流动服从达西定律。

在上述假设成立的基础上，可得钻孔径向不稳定流动时的微分方程为

$$\frac{\partial p}{\partial t} = \alpha_1\left(\frac{\partial^2 p}{\partial r^2} + \frac{1}{r}g\,\frac{\partial p}{\partial r}\right) \tag{3.27}$$

式中，r 为煤层中距钻孔中心处的半径，m；其余符号同前。

经过拉式变换，并采用相似理论进行整理可得其计算式为

$$Y = aF_0^b \tag{3.28}$$

式中，Y 为流量准数，无因次；F_0 为时间准数，无因次；a、b 为回归系数。

$$Y = \frac{qr_0}{\lambda(p_0^2 - p_1^2)} \tag{3.29}$$

$$F_0 = \frac{4\lambda t\,p_0^{1.5}}{\alpha r_0^2} \tag{3.30}$$

式中，p_0 为煤层中原始瓦斯压力，MPa；p_1 为钻孔中的瓦斯压力，MPa；λ 为煤层的透气性系数，m²/(MPa²·d)；r_0 为钻孔半径，m；t 为打开阀门后的时间，天；α 为煤

层瓦斯含量系数,$m^3/(m^3 \cdot MPa^{0.5})$;$q$ 为排放时间为 t 时钻孔单位面积煤壁上的瓦斯涌出量,$m^3/(m^2 \cdot d)$。

$$q = \frac{Q}{2\pi r_0 L} \tag{3.31}$$

$$\alpha = \frac{X}{\sqrt{p}} \tag{3.32}$$

式中,X 为煤层瓦斯含量,m^3/m^3;p 为煤层瓦斯压力,MPa;Q 为排放时间为 t 时钻孔的瓦斯流量,m^3/d;L 为煤中的钻孔长度,一般取煤厚,m。

一般是选用表 3.1 中任一公式进行试算,计算出透气性系数 λ 值,再将其代入式 $F_0 = B\lambda$ 中校验。如 F_0 值在原选用的公式范围内,则说明计算结果正确;若不在所选用公式范围内,尚需根据算出的 F_0 值,选用所在范围的公式再行计算,直至 F_0 值在所选用公式范围内为止。一般当 $t < 1$ 天时,先用 $F_0 = 1 \sim 10$ 的公式计算;$t > 1$ 天时,先用 $F_0 = 10^2 \sim 10^3$ 的公式计算。

表 3.1　透气性系数试算方法

流量准数 Y	时间准数 $F_0 = B\lambda$	系数 a	指数 b	煤层透气性系数 λ	常数 A	常数 B
$Y = aF_0^b = \dfrac{A}{\lambda}$	$10^{-2} \sim 1$	1	-0.38	$\lambda = A^{1.16}B^{\frac{1}{1.64}}$	$A = \dfrac{qr_1}{p_0^2 - p_1^2}$	$B = \dfrac{4tp_0^{1.5}}{\alpha r_1^2}$
	$1 \sim 10$	1	-0.28	$\lambda = A^{1.39}B^{\frac{1}{2.56}}$		
	$10 \sim 10^2$	0.93	-0.20	$\lambda = 1.1A^{1.25}B^{\frac{1}{4}}$		
	$10^2 \sim 10^3$	0.588	-0.12	$\lambda = 1.83A^{1.14}B^{\frac{1}{7.3}}$		
	$10^3 \sim 10^5$	0.512	-0.10	$\lambda = 2.1A^{1.11}B^{\frac{1}{9}}$		
	$10^5 \sim 10^7$	0.344	-0.065	$\lambda = 3.14A^{1.07}B^{\frac{1}{14.4}}$		

第二节　煤体结构全程演变过程中渗透特性的变化

通过测试荷载作用下煤体结构渗透率的耦合关系,查明在外力作用下煤体结构、应力的变化规律对渗透率的影响,进而探讨水力压裂增透机理。

一、应力应变-煤体结构-渗透率实验

(一)实验系统设计

实验系统包括煤的应力应变测试系统、渗透率测试系统和声发射监测系统三部分(图 3.5)。

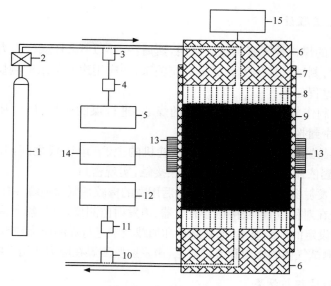

图 3.5　实验测试系统

1. 高压 N_2 源；2. 减压稳压阀；3. 气体压力传感器；4. 静态电阻应变仪；5. 数据处理仪；6. 试验机压头；
7. 密封橡胶套；8. 透气板；9. 煤样；10. 气体质量流量计；11. 气体流量积算仪；12. 数据采集仪；
13. 声发射探头；14. 声发射数据记录仪；15. 煤的应力应变计算机处理系统

1. 应力应变测试系统

该系统能够实现在垂直方向上由试验机的轴向加载，而且也可以实现在一定围压下保持橡胶密封套与试件密封严实。煤的应力应变计算机处理系统可以实时记录煤的轴向应力、围压和应变量，并作出应力应变曲线，分析各种条件下煤的力学参数。

2. 渗透率测试系统

主要包括高压 H_2 源、减压稳压阀、透气板、压力监测与数据处理部分、气体流量数据采集与处理部分等。

3. 声发射监测系统

该单元由声发射传感器、信号放大器、声发射采集仪组成。声发射检测采用多通道 CDAE-1 全数字化声发射检测及分析系统。

（二）样品制备

首先用切割机加工出两个相对平整的面，然后固定在岩心钻取机上逐个钻取，最后把每一个煤心在磨石机上磨平，保证煤样完整，样品尺寸为 $\Phi 50\text{mm} \times 50\text{mm}$。

（三）实验流程设计

将加工好的煤样放入密封橡胶套内，然后在 RMT-150B 煤（岩）力学试验机上逐步加载，同时测试气体压力和流量对应关系，并应用声发射来监测煤破裂变化过程，详细测试过程如下。

（1）把煤制作成 Φ50mm×50mm 的煤心，进行煤的质量、尺寸和声波三项测试，然后放入密封橡胶套内。

（2）把样品缸放置在 RMT-150B 试验机的上、下承压板之间，开启围压加载系统，使橡胶套依靠周围油压均匀地与煤接触，实现密封。

（3）将声发射探头涂上耦合黄油，然后用宽的橡胶带紧紧地绷在样品缸外侧，保证两个探头处在对称位置，联接信号放大器、声发射监测仪，确保各个系统正常工作。

（4）按照设定的加载速率、加载路径和加载极限进行煤的应力应变测试，同时开启高压气源，测试气体的压力和流量数据，声发射监测煤在应力作用下的破裂过程。

（四）实验过程与结果

在荷载作用下，煤样逐渐发生变形直至最后破裂，煤体结构从原生结构煤逐步演化到糜棱煤，研究渗透率与煤体结构的耦合关系。

1. 平行煤样挑选

选择平行样是试验成功的关键，首先依据声波测试进行粗选。声波速度是煤样内部裂隙和损伤的重要指标，一般裂隙发育的声波速度低，时差大；而密实的煤样声波速度高，时差小。挑选声波速度大致接近的一批煤心，然后进行低围压条件下的渗透率测试，把粗选煤样依次在相同条件下进行实验，根据实验结果把渗透率接近的煤样挑选出来并分组，作为平行煤样进行试验（表 3.2）。

表 3.2　部分平行煤心样品的挑选结果

A组平行煤样编号	声波速度/(m/s)	渗透率/($10^{-3}\ \mu m^2$)	B组平行煤样编号	声波速度/(m/s)	渗透率/($10^{-3}\ \mu m^2$)
A1-2	1707	0.404	B1-2	1855	1.50E-02
A1-3	1726	0.341	B1-3	1831	1.47E-02
A1-4	1753	0.615	B1-4	1858	1.35E-02
A1-8	1709	0.511	B1-6	1864	1.68E-02
A1-10	1770	0.549	B1-7	1847	1.31E-02
A1-11	1705	0.476	B1-9	1872	1.27E-02
			B1-10	1823	1.56E-02

2. 实验步骤

首先取 B 组平行样中的 B1-7 加载直至全部压碎,最后压实到应力上升阶段为止,记录煤心在三轴状态下整个应力应变特征,为实验阶段的划分奠定基础。取 B 组平行煤样中的一个煤心与标准的 GSI 模板比对,获取其表征煤体结构的 GSI 值;然后把煤心装入样品缸,放置到 RMT-150B 上,检查气体压力和流量测试系统,连接声发射监测设备,确保各个系统运行良好。开启轴向加载系统,在 1.0kN/s 的轴向控制下加载,记录气体的压力和流量,同时进行声发射实时监测,并在以下阶段卸载,读取煤体结构的 GSI 值:

(1) 与 B1-7 相比,在应力上升到接近 50% 阶段时停止,卸载外力,观察煤样的裂隙变化特征,并考虑受力状态,获取相应的 GSI 值,再装入样品缸。

(2) 在同样的加载速率下,一直加载直到应力曲线达到峰值时,卸载外力,再观察煤心的裂隙变化特征,并考虑受力状态,获得相应的 GSI 值。

(3) 与前面两步相同,在应变峰值之后的不同阶段,也卸载观察煤体结构,关键是煤样卸载后首先在样品缸内观察,然后观察煤样倒出后的破碎块度,两者相结合确定出煤样的 GSI 值,不同应力应变阶段的煤体结构特征如图 3.6 所示,表 3.3 所示为相应的 GSI 值。

(4) 在应变峰值后的每一次卸载进行煤体结构观察后,都要使用一个新的平行煤样装入样品缸,然后继续后面阶段的实验,依次类推。为防止样品缸内部密封橡胶套的变形无法复原,轴向应变达到 80‰ 左右即停止实验。

A-①　　　　　　　　　　A-②　　　　　　　　　　A-③

A-④　　　　　　　　　　A-⑤　　　　　　　　　　A-⑥

A-⑦   B-①   B-②

B-③   B-④   B-⑤

B-⑥   B-⑦   B-⑧

图 3.6   A 组和 B 组煤样在应力应变不同阶段的煤体结构特征

表 3.3   煤样应变阶段与相应 GSI 值的对应关系

煤样编号	应变阶段	GSI 值	煤样编号	应变阶段	GSI 值
A1-2	①→②	65→72	B1-2	①→②→③	83→88→95
A1-3	③	62	B1-3	④	65
A1-4	④	53	B1-4	⑤	53
A1-8	⑤	32	B1-6	⑥	38
A1-10	⑥	20	B1-7		
A1-11	⑦	12	B1-9	⑦	20
			B1-10	⑧	13

3. 实验结果

根据应力应变曲线、声发射和渗透率及表 3.3 不同阶段取得的 GSI 值作

图 3.7 和图 3.8。

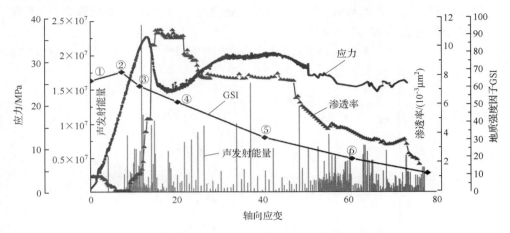

图 3.7 A 组煤样的应力应变-煤体结构-渗透率曲线

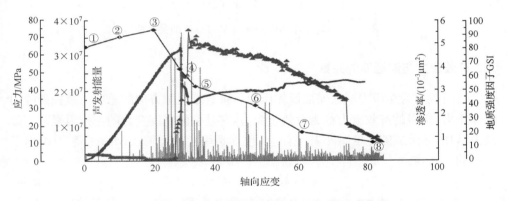

图 3.8 B 组煤样的应力应变-煤体结构-渗透率曲线

二、煤体结构与渗透率的关系

从图 3.7 和图 3.8 看出,在开始阶段煤在应力作用下裂隙逐渐闭合,渗透率下降,承载能力增加,应力逐步达到峰值。通过应力峰值后煤体破裂,煤的力学强度急剧下降,在应变持续增加过程中煤体破碎程度增大,渗透率急剧增加,在应力峰值处煤的渗透率并不是最大值,而是在应力峰值之后,裂隙充分扩展延伸,出现了渗透率最大值。在持续的应力作用下,煤的应变逐步增加,到最后出现煤颗粒的压密阶段,煤体结构向 GSI＝0 靠近,在围压限制作用下,煤抵抗外力的能力又逐渐增加。渗透率变化明显可以分为微弱下降—急剧上升—缓慢下降三个阶段。

图 3.9 反映了渗透率与 GSI 的关系,二者拟合相关系数 $R^2＝0.84$,渗透率峰

值为 $GSI_c = 52.7$ 处,相应的煤体结构为碎裂煤。显然 GSI 越靠近 $GSI_c = 52.7$,相应的渗透率越大。背离 GSI_c,无论 GSI 增大还是减小,渗透率均急剧降低,渗透率与 GSI 呈似正态分布[式(3.32)]。

$$k = 0.00837 + 3.48e^{-0.0148(GSI-GSI_c)^2} \tag{3.33}$$

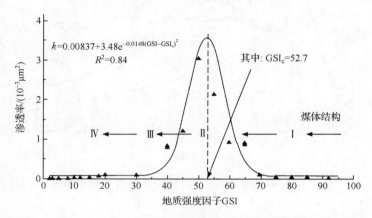

图 3.9　不同煤体结构的渗透率与 GSI 的关系曲线

三、有效应力与渗透率的关系

　　有效应力为总应力减去储层流体压力。垂直于裂隙方向的总应力减去裂隙内流体压力,所得的有效应力称为有效正应力,它是裂隙宽度变化的主控因素。有效应力增加,导致裂隙宽度减小甚至闭合,使渗透率急剧下降。Mckee 等[69]给出了二者的关系式:

$$k = k_0 \exp(-3C_p\Delta\sigma) \tag{3.34}$$

式中, k 为绝对渗透率, μm^2 ; k_0 为初始绝对渗透率, μm^2 ; $\Delta\sigma$ 为有效应力增量, MPa; C_p 为孔隙体积压缩系数, MPa^{-1}。

　　随着有效压力增加,导致裂缝闭合,煤储层渗透性急剧降低,发生了严重的应力敏感,本书的物理模拟实验结果如图 3.10 所示,可拟合出式(3.35)

$$k = 0.0028e^{-1.207p} \tag{3.35}$$

四、基质收缩与渗透率的关系

　　实验表明,煤体在吸附气体或解吸气体时可引起自身的膨胀和收缩。煤层气开发过程中,储层压力降至临界解吸压力以下时,煤层气便开始解吸,随解吸量增加,煤基质就开始了收缩进程。由于煤体在侧向上是受围限的,因此煤基质的收缩不可能引起煤层整体的水平应变,只能沿裂隙发生局部侧向应变。基质沿裂隙的收缩造成裂隙宽度增加,渗透率增高。评价基质收缩对煤储层渗透率的影响有三

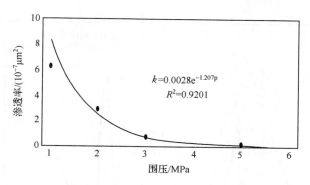

$$k = 0.0028e^{-1.207p}$$
$$R^2 = 0.9201$$

图 3.10　渗透率随围压变化曲线

种途径:野外实测、实验室测试和理论模型模拟。这三种方法各有利弊:野外实测的精度有限,实验室测试难以达到煤储层的原始环境条件,理论模型模拟结果需大量实验、测试验证。

$$k_{收缩} = k_{实测} - k_0 - k_{滑移} = k_{实测} - k_0 b / p_m \tag{3.36}$$

由煤体自身解吸使渗透率改变可用式(3.37)~式(3.39)表示:

$$\Delta k_{基质应变} = \alpha \Delta V_m / V_m \tag{3.37}$$

$$\Delta V_m / V_m = \beta V_d \tag{3.38}$$

$$V_d = V_L p / (p_L + p) \tag{3.39}$$

故

$$\Delta k_{基质应变} = \beta \Delta V_m / V_m = A V_d \tag{3.40}$$

式中,ΔV_m 为基质体积变化量,cm^3; V_m 为基质体积,cm^3; V_L 为兰氏体积,cm^3/g; p 为压力,MPa;V_d 为解吸量,cm^3;α、β 为取决于煤体性质的常数,$A = \alpha\beta$。

第三节　煤储层增透物理模拟

按照应力应变-煤体结构-渗透率耦合实验装置与流程,选择煤样和中砂岩分别做轴向应力-渗透率-时间曲线,探讨水力强化的增透机理。

一、硬煤的造缝增透

图 3.11 可以看出当煤体结构比较完整、处于弹性阶段时,随着压力的升高,煤体被压实,孔裂隙度减小,渗透率变化不明显(Ⅰ区);随着轴压的增加,煤体发生塑性变形,产生大量裂隙,且裂隙相互沟通,使得渗透率急剧增大(Ⅱ区),最大值为 1.4656×10^{-6} μm^2,表明硬煤可以通过压裂产生裂缝的方式进行增透,此区为压裂的有效区域;随着加载的持续进行,煤体进一步破碎,且被严重压实,裂缝相互切截并闭合,渗透率迅速降低(Ⅲ区)。此阶段表明软煤不能通过压裂增透。

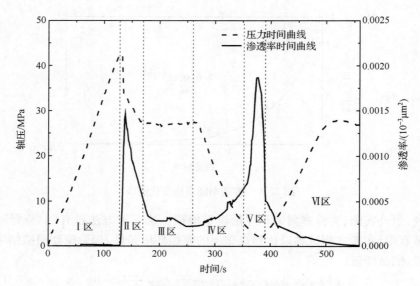

图 3.11　煤体压缩应力-渗透率-时间曲线

在图 3.11 中的Ⅲ区之后进行卸载实验,随着压力的降低,孔裂隙度增加,渗透率逐渐增大(Ⅳ区),当压力降低到某一值时,渗透率迅速增大(Ⅴ区),最大值为 $1.8655 \times 10^{-6} \mu m^2$;如果继续加载,渗透率又迅速减小(Ⅵ区)。此现象表明对软煤虽然不能够通过压裂的方式来增透,但可以通过卸压来提高渗透率。

砂岩的实验也得出了同样的结论(图 3.12),所不同的是砂岩在裂缝形成阶段

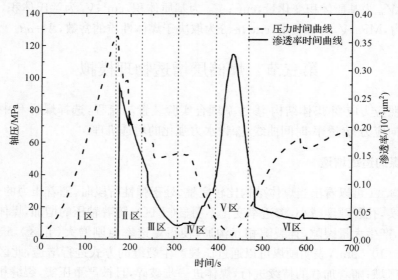

图 3.12　中砂岩压缩应力-渗透率-时间曲线

（Ⅱ区）和卸载阶段（Ⅴ区）的渗透率是煤的两个数量级；在二次加载阶段（Ⅵ区）的渗透率也比煤的高得多。这说明围岩改造抽采瓦斯有两个优点：一是在围岩中建立的瓦斯运移产出裂缝通道的导流能力比煤高；二是围岩渗透率的压力敏感远远低于煤层，抽采过程中能够长时间保持其导流能力。

对于 GSI≥45 的硬煤可以采用水力压裂的方式进行强化造缝增透，使其处于Ⅱ区范围内，大幅度的提高煤体的渗透率，使瓦斯通过裂隙流入钻孔。

二、软煤的卸压增透

如图 3.11 所示，在达到最大压力之后，随着加载的持续进行，煤体逐渐被压实，裂缝相互切截并闭合，渗透率迅速降低（Ⅲ区）。此阶段表明对于 GSI＜45 的软煤不能通过水力压裂实现增透。此时进行卸载试验，随着压力的降低，孔隙度和渗透率逐渐增大（Ⅳ区），当压力小于某一值时，渗透率迅速增大（Ⅴ区）；如果继续加载，渗透率又迅速减小（Ⅵ区）。此现象表明对于 GSI＜45 的软煤虽然不能够通过水力压裂来增透，但是可以通过卸压的方式来提高渗透率。

对于已处于塑性状态的软煤储层而言，继续破坏煤体不但不能提高渗透率，还会在压实作用下使渗透率急剧下降。高压水进入此类煤体时，可描述为"高压水挤胀—穿刺—再挤胀……"。高压水注入此类煤体后首先在某点开始聚集挤胀形成空洞，当压力上升到极限时就会在某一方向穿刺卸压形成孔；然后压力再次上升挤胀，又开始下一个穿刺卸压（图 3.13）。

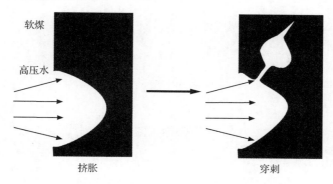

图 3.13　高压水进入挤胀和穿刺示意图

在压实的作用下，形成的挤胀洞和穿刺孔壁上会形成一层压实带（图 3.14），这些压实带不仅坚硬而且孔隙度低、渗透性差，反而成为瓦斯运移产出的屏障。可见单纯的软煤本煤层压裂只能越压越死，达不到增透效果。

综上所述，不同的煤体结构必须采用不同的水力强化措施进行增透，才能达到高效抽采瓦斯的目的。对于硬煤储层可通过本煤层水力压裂这一强化措施实现增透。对于软煤储层可通过两种途径增透：一是进行围岩水力压裂，建立瓦斯运移产

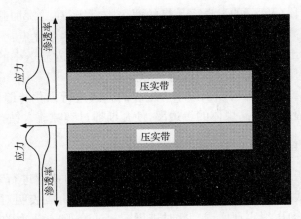

图 3.14　塑性阶段煤体挤胀洞和穿刺孔壁周边的压实带

出的高速通道,实现瓦斯快速抽采;二是冲出一定量煤体,实现卸压增透,类似于保护层开采卸压的原理,卸压增透的效果高于造缝增透。

第四章 瓦斯运移产出机理

瓦斯的运移产出流态是地面煤层气开发和井下瓦斯抽采工艺选择、参数优化的前提和基础。目前评价瓦斯运移产出难易程度的方法均依据线性渗流理论，无论是地面煤层气开发的试井，还是煤矿井下的透气性系数测定，均如此。但越来越多的现象表明煤储层瓦斯运移产出流态除线性渗流外，还存在非线性渗流和扩散，且在不同条件下可以相互转化[70,71]。这就造成了煤层渗透性评价的不准确性，并由此引起产能预测、水力压裂数值模拟等结果的严重失真。要准确评价煤层渗透性，就必须揭示瓦斯运移产出流态的多样性，只有查明瓦斯运移产出的流态，才能建立更为合理的瓦斯运移产出数理模型，对其整个过程进行定量表征。水力强化的目的是改变瓦斯运移产出的流态，使之长期维持线性渗流或高速非线性渗流状态。因此，瓦斯运移产出流态的研究构成了水力强化又一理论支撑。

第一节 瓦斯赋存状态

煤层既是瓦斯的源岩，又是其储集层。认识和了解瓦斯在煤层中的赋存状态是研究瓦斯运移产出机理的前提。瓦斯的赋存状态与常规天然气不同，目前人们普遍接受的观点是瓦斯以吸附态、溶解态和游离态三种形式储集在煤储层中，且以吸附态为主。

一、吸附态

煤层中瓦斯含量远远超过其自身孔裂隙的容积，用溶解态和游离态难以解释这一现象。因此必定存在其他赋存状态——吸附态。吸附量与煤的性质、比表面积、温度和压力有关。这种吸附是通过分子间的引力实现的，是可逆的，属物理吸附。

迄今仍在广泛采用的是兰氏理论，该理论认为被吸附气体与吸附剂之间的平衡是动态的，即分子在吸附剂表面空白区凝结的速率等于分子从已占领区域重新蒸发的速率，其表达式为[72]

$$V = \frac{V_L P}{P_L + P} \tag{4.1}$$

式中，V 为吸附量，m^3；P 为压力，MPa；P_L 为兰氏压力，在此压力下吸附量达最大吸附能力的 50%，MPa；V_L 为兰氏体积，反映煤体的最大吸附能力，取决于煤的性质,m^3;通过实验可准确测定 V_L 和 P_L 两个常数。

如果令 $b=1/P_L$,则兰氏方程可改写为

$$V = V_L \frac{bP}{1+bP} \tag{4.2}$$

二、溶解态

煤层多数情况下是饱含水的,在一定温度、压力条件下必定有一部分瓦斯溶解于其中。长期以来人们往往采用亨利定律来描述瓦斯在水中的溶解度。

诞生于 19 世纪初的亨利(Henry)定律认为气体在溶剂中的溶解度与其所受到的压力存在着一定的关系,但该关系不是被严格地遵从,直到美国化学家路易斯(Lewis)假定的一个新的热力学量——逸度的出现,才使得亨利定律变的完善,其完整表达式为

$$f_i = H_i c_i \tag{4.3}$$

式中,f_i 为气体的气相逸度,MPa;H_i 为气体组分 i 的亨利常数,MPa;c_i 为气体组分 i 在溶剂中的摩尔分数,mol/mol。

亨利常数的大小取决于温度、压力、溶剂和溶质。瓦斯是一种以甲烷为主的混合气体,不同组分在不同温度、压力及盐度的水中的溶解度不同已经被大量实验所证实[73-78]。但要了解瓦斯组分在不同地质环境(压力、温度、盐度)中的溶解度差异性,一是通过实验获取,二是采用亨利定律,通过理论计算定量评价。

三、游离态

煤的孔隙或裂隙中有一部分自由气体,称游离态气体。这种赋存状态的气体符合气体状态方程。对理想气体而言,其状态方程为

$$pV = \frac{M}{\mu}RT \tag{4.4}$$

式中,p 为气体压力,Pa;V 为气体体积,m^3;M 为气体质量,kg;μ 为摩尔质量,kg/mol;T 为绝对温度,K;R 为普适气体常量,J/mol·K。

有些气体如 H_2、O_2、N_2 和空气等,其 p、T、V 满足理想气体状态方程。其他许多气体如 CO_2、CH_4 等却不能用式(4.4)描述,而是满足真实气体状态方程——范德华方程,即

$$\left(p + \frac{M^2}{\mu^2}\frac{a}{V^2}\right)\left(V - \frac{M}{\mu}b\right) = \frac{M}{\mu}RT \tag{4.5}$$

式中,a、b 为是范德华常数,可由实验确定其值,对指定种类气体是常数,对不同种类气体具有不同值,其中,a 为度量分子间引力的参数,Pa·(m^6/mol^2),b 为 1mol 分子本身包含的体积之和,m^3/mol。

第二节　瓦斯流态判别方法

长期以来,众多学者就流态的判识方法开展了大量研究,雷诺数(Re)是公认的判识流体流态的参数,但对于煤层而言,其实验室与现场准确测试几乎不存在可行性。油气领域对低渗储层的研究提出的启动压力梯度为流态的判识提供了一种方法,但其获取仅限于实验室测试[79]。如何形成一种通过现场观测就能够快速判别流态的方法,是目前人们关注的焦点。

本节以雷诺理论为指导,以实验室实验和现场观测为基础,建立基于启动压力梯度和地质强度因子[53,80,81]的瓦斯运移产出流态判识方法,为瓦斯运移产出数理模型的完善奠定基础。

一、雷诺数对流态的描述

英国人雷诺(Reynolds)(1883年)通过大量实验发现流体的流态主要取决于一个无量纲参数——雷诺数 Re[82],即

$$Re = \frac{\rho v d}{\mu} \tag{4.6}$$

式中,ρ 为流体密度,kg/m^3;v 为管内流体的平均速度,m/s;d 为圆管的直径,m;μ 为流体的黏度,$Pa \cdot s$。

雷诺的研究使分析流体流动状态的问题变得简单化。后人在雷诺研究的基础上提出用 Re 作为达西定律适用范围的判断依据,将 Re 应用到气体流动状态研究领域,得到了 Re 与瓦斯流态类型的对应关系[83,84](表4.1)。

表 4.1　雷诺数与流态类型的对应关系

流态	雷诺数 Re
扩散	$Re \leqslant 10^{-8}$
低速非线性渗流	$10^{-8} < Re < 10^{-6}$
线性渗流	$10^{-6} \leqslant Re < 10$
高速非线性渗流	$Re \geqslant 10$

依据雷诺数 Re 来判识瓦斯的流态在理论上是可行的,但是不论在室内或现场都必须测试流体的流速,特别是低速下流速的测试比较困难,测量精度难以保证,严重限制了雷诺数对瓦斯流态划分的应用,必须尝试其他的判识方法。

二、启动压力梯度法

最早提出启动压力梯度概念的是苏联的费劳林(1951年),认为只有当流体压

力梯度大于某一临界值时流动才能发生,此临界值称为启动压力梯度[85]。常见的确定启动压力梯度的方法主要有室内测试法、数值模拟法、理论计算法、生产分析法、稳定试井和不稳定试井、注水见效时间预测法等,其中室内测试又可分为"气泡法"、"毛细管平衡法"、"稳压法"和"压差-流量法"等[86,87],测试对象基本都是致密砂岩储层,而对煤储层启动压力梯度的研究则很少[88]。作者采用"压差-流量法"对低渗煤储层进行了启动压力梯度测试实验,证明了启动压力梯度的存在,并通过分析实验结果得到了启动压力梯度与煤储层渗透率的关系,揭示了瓦斯运移产出流态的多样性。

（一）启动压力梯度测定原理

不考虑启动压力梯度时的气体渗流方程[89]为

$$v = \frac{k(p_1^2 - p_2^2)}{2p_0\mu L} \tag{4.7}$$

式中,v 为气体流速,m/s;k 为渗透率,m²;p_1 为入口压力,Pa;p_2 为出口压力,Pa;p_0 为大气压力,1.01×10^5 Pa;μ 为气体黏度,Pa·s;L 为气体流经长度,m。可以看出,v 与 $p_1^2 - p_2^2$ 为通过原点的线性关系。

当存在启动压力梯度时应该为

$$v = a(p_1^2 - p_2^2) - b \tag{4.8}$$

式中,a、b 为常数,令 $v=0$,则 p_1 与 p_2 关系为

$$p_1 = \left(\frac{b}{a} + p_2^2\right)^{\frac{1}{2}} \tag{4.9}$$

所以启动压力梯度为

$$\lambda = \frac{\left(\dfrac{b}{a} + p_2^2\right)^{\frac{1}{2}} - p_2}{L} \tag{4.10}$$

因此,只要通过回归 v 与 $p_1^2 - p_2^2$ 之间的关系,求出常数 a 和 b,代入式(4.10)就可计算启动压力梯度。

（二）样品制备与实验系统

实验系统包括试验机加载及控制系统、密封橡胶套、高压气源、气体流量及压力测试等几部分。实验前,需将煤样加工成 $\Phi50\text{mm}\times50\text{mm}$ 的煤心,并且设置试验机加载的轴向力 4kN,围压 2MPa,调整高压气源气压不超过围压。

（三）实验结果与分析

实验过程中,先将气压调到较高值,然后关闭稳压阀门,在流速稳定时读取压

力对应的一系列流量。通过流速与压力平方差的回归关系,得到回归系数,进而求得煤样的启动压力梯度。由图 4.1 可知,启动压力梯度(λ)与渗透率(k)呈负指数关系,即

$$\lambda = 0.10604k^{-0.33804} \tag{4.11}$$

式中,λ 为启动压力梯度,$10^6 \text{Pa} \cdot \text{m}^{-1}$;$k$ 为渗透率,$10^{-13} \mu\text{m}^2$。

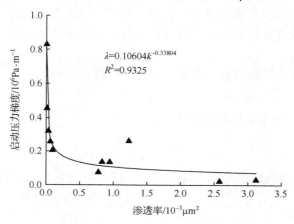

图 4.1　启动压力梯度与渗透率关系曲线

由式(4.11)可知,随着煤储层渗透率的提高,启动压力梯度逐渐减小。因此在低渗煤储层中存在带有启动压力梯度的非线性渗流,只有在高渗储层的裂隙中才形成线性渗流。一旦储层的启动压力梯度大于瓦斯压力梯度,瓦斯的渗流速度为零,只能以扩散形式进行运移。可见启动压力梯度可作为线性渗流、低速非线性渗流与扩散三种流态的判断参数[式(4.12)]。

当启动压力梯度 $\lambda = 0\text{MPa} \cdot \text{m}^{-1}$ 时,瓦斯流态为线性渗流。当启动压力梯度 $\lambda \neq 0\text{MPa} \cdot \text{m}^{-1}$,即瓦斯压力梯度大于启动压力梯度时,瓦斯流态为低速非线性渗流;瓦斯压力梯度小于启动压力梯度时,瓦斯流态为扩散。

$$v = \begin{cases} \dfrac{k(p_1^2 - p_2^2)}{2p_0\mu L} & \lambda = 0 \\[2mm] \dfrac{k}{\mu}\left[\dfrac{(p_1^2 - p_2^2)}{2p_0 L} - \lambda\right] & \lambda \neq 0, \dfrac{\Delta p}{L} \geq \lambda \\[2mm] 0 & \lambda \neq 0, \dfrac{\Delta p}{L} < \lambda \end{cases} \tag{4.12}$$

式中,p_1 为入口压力;p_2 为出口压力;Δp 为入口与出口间的压力差,Pa。

启动压力梯度可在实验室内完成测试,但现场实测难度较大;通过数值模拟可求解启动压力梯度,但所得结果是预测值而不是实测值;通过试井分析也可确定启动压力梯度,但大多数地面煤层气井不进行试井测试,其应用同样具有局限性。启

动压力梯度可作为瓦斯流态的判断参数,但其确定途径及方式限制了它的应用,必须尝试其他的判识方法。

三、地质强度因子(GSI)法

水力强化是破坏煤体的一种手段,通过高压水在煤储层内形成裂缝,达到改变瓦斯运移流态、加速其产出的作用。在第二章第一节中已经建立了煤体结构定量表征参数 GSI,通过分析 GSI 变化对瓦斯运移产出的影响,可建立基于地质强度因子的便捷判识方法。

由经验公式(2-5)得到的渗透率 k 与 GSI 的拟合关系

$$k = 0.00837 + 3.48\mathrm{e}^{-0.0148(\mathrm{GSI}-\mathrm{GSI_c})^2} \tag{4.13}$$

对于多孔介质,由单根毛管渗流定律可知

$$Re = \frac{\rho v \sqrt{k}}{\mu \phi^{3/2}} \tag{4.14}$$

联立式(4.7)、式(4.13)和式(4.14),得到 GSI 与 Re 的关系表达式

$$3.48\mathrm{e}^{-0.0148(\mathrm{GSI}-\mathrm{GSI_c})^2} + 0.00837 = \left[\frac{2p_0^2\mu^2\phi^{3/2}LRe}{\rho(p_1^2 - p_2^2)}\right]^{2/3} \tag{4.15}$$

解表达式(4.15)即得式(4.16)

$$\begin{cases} \mathrm{GSI_1} = \mathrm{GSI_c} - \sqrt{84.26 - 67.57\ln\left[\left(\frac{2p_0^2\mu^2\phi^{3/2}LRe}{\rho(p_1^2 - p_2^2)}\right)^{2/3} - 0.00837\right]} \\ \mathrm{GSI_2} = \mathrm{GSI_c} + \sqrt{84.26 - 67.57\ln\left[\left(\frac{2p_0^2\mu^2\phi^{3/2}LRe}{\rho(p_1^2 - p_2^2)}\right)^{2/3} - 0.00837\right]} \end{cases}$$

$$\tag{4.16}$$

式中,$\mathrm{GSI_1}$、$\mathrm{GSI_2}$ 为煤层瓦斯流态分界点的 GSI 值;$\mathrm{GSI_c}$ 为常数,取 52.7。

依据表 4.1 和表 4.2 提供的数据,求解式(4.16),最终可得到 GSI 与瓦斯流态的分布关系(图 4.2)。

表 4.2　参数取值

参数	甲烷黏度 $\mu/(\mathrm{Pa \cdot s})$	甲烷密度 $\rho/(\mathrm{kg/m^3})$	孔隙度 ϕ	瓦斯压力 p_1/MPa	抽采半径 L/m
取值	1.08×10^{-5}	0.717	0.04	1.5	20

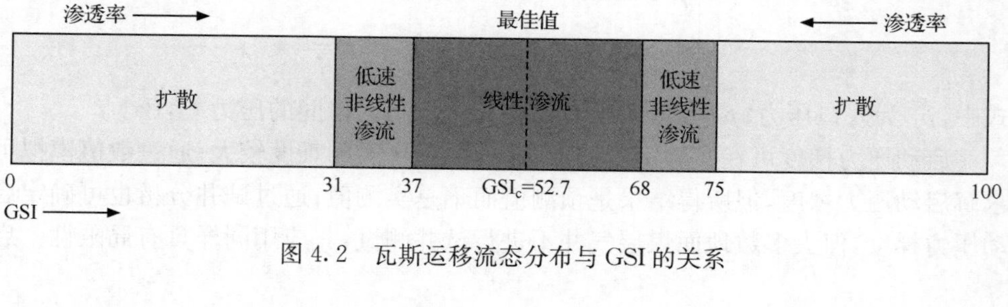

图 4.2　瓦斯运移流态分布与 GSI 的关系

由图 4.2 可知,GSI 从 0 变化到 100,瓦斯流态经历了扩散—低速非线性渗流—线性渗流—低速非线性渗流—扩散的过程。可见,图 4.2 提供了一种简单、快捷的瓦斯流态判识方法。煤体 GSI 可通过煤心观测、煤矿井下煤壁观测、测井资料解释等途径获取。将获取的 GSI 值与图 4.2 进行比对,即可判识煤体瓦斯流态。GSI 法是一种简单、快捷的评价瓦斯运移产出流态的一种手段,煤岩体 GSI 可通过煤壁、岩心观测、测井解释等途径获取。

雷诺数 Re 是公认的判识流体流态的参数,但对于煤层而言,其实验室与现场准确测试几乎不存在可行性。本节采用启动压力梯度建立了流态判识方法,该方法通过测试启动压力梯度并与瓦斯压力梯度,进行比较判识瓦斯流态,但现场应用难度较大。为此,通过煤心观测、煤壁观测、测井资料解释等途径获取煤体 GSI,以渗透率为桥梁建立 GSI 与雷诺数的关系,形成了基于 GSI 的瓦斯流态快速判识方法。

第三节　基于 GSI 的瓦斯运移产出机理

一、GSI ≥45 煤储层瓦斯运移产出机理

(一)煤储层孔裂隙特征

硬煤储层是一种双孔隙岩层,由基质孔隙和裂隙组成。基质孔隙和裂隙的大小、形态、孔隙度和连通性等决定了瓦斯的储存、运移和产出。因此系统研究和认识煤中的孔隙和裂隙,对探讨瓦斯的运移产出机理至关重要。

1. 硬煤的裂隙特征

根据成因将煤中裂隙区分为三类:割理、外生裂隙和继承性裂隙[90]。割理是指煤中天然存在的裂隙,一般呈相互垂直的两组出现,其中连续性较强、延伸较远的一组称面割理,另一组仅局限于相邻两条面割理之间的、断续分布的称端割理。外生裂隙是构造应力作用的产物,可以以任何角度与煤层层面相交。继承性裂隙实际上是先期形成割理的再改造,按其性质可分为内生继承和外生继承两种。

2. 硬煤的比表面积、孔容积分布特征

不同结构煤体裂隙和割理系统显著不同,在肉眼或显微镜下即可观测。但煤基质块内部的孔隙分布特征对瓦斯的运移产出也有较大影响,压汞试验是测定煤基质块内部孔隙分布的主要手段。硬煤压汞实验结果如表 4.3 所示。

由于孔径＞10000nm 的孔隙已属粒间孔隙或裂隙范畴,是瓦斯运移产出的通道,对瓦斯的吸附贡献不大,因此本节只对孔径＜10000nm 的压汞数据进行分析。图 4.3 为对压汞实验数据进行处理分析,绘制的样品比表面积、孔体积与孔径分布

表 4.3　样品压汞实验结果

样品编号	平均孔径 /μm	累计孔体积 /(cm³/g)	累计比表面积 /(m²/g)	各类孔体积/%			各类孔比表面积/%		
				微孔	大孔	裂隙	微孔	大孔	裂隙
1	0.0160	0.0189	4.7098	83.10	15.84	1.06	99.51	0.46	0.05
2	0.0186	0.0189	4.0496	70.81	27.07	2.12	99.54	0.43	0.11
3	0.0169	0.0284	6.7142	93.08	6.57	0.35	99.63	0.33	0.04
4	0.0213	0.0471	8.8222	63.01	35.72	1.27	98.86	1.07	0.07
5	0.0191	0.0408	8.5374	83.37	15.89	0.74	98.69	1.29	0.02
6	0.0208	0.0442	8.5152	70.57	25.81	3.62	99.79	0.11	0.10

关系图。从图 4.3 可以清晰地看出比表面积分布具有明显的 1 个高峰值,位于孔径<100nm 的范围内,此孔径范围对于煤的比表面积贡献最大。孔体积与孔径分布也具有 1 个明显的峰值,位于孔径<100nm 的范围内,与比表面积的峰值完全对应,这说明孔径<100nm 的孔隙不仅对比表面积有很大的贡献,而且对孔体积也有很大贡献。同时可以看出,原生结构煤>100nm 的孔隙尽管有分布,但其对比表面积贡献微弱;而碎裂煤却有一个微弱的比表面积峰值。说明煤体遭受破坏后孔隙分布发生变化,逐渐向软煤的特征过渡。

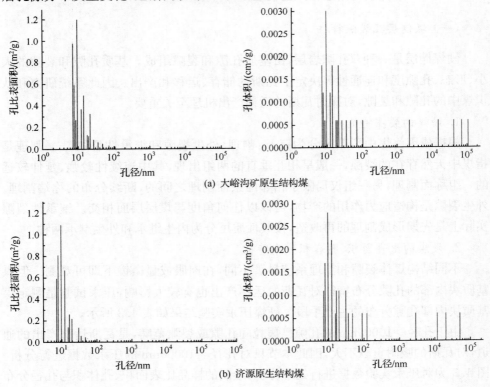

(a) 大峪沟矿原生结构煤

(b) 济源原生结构煤

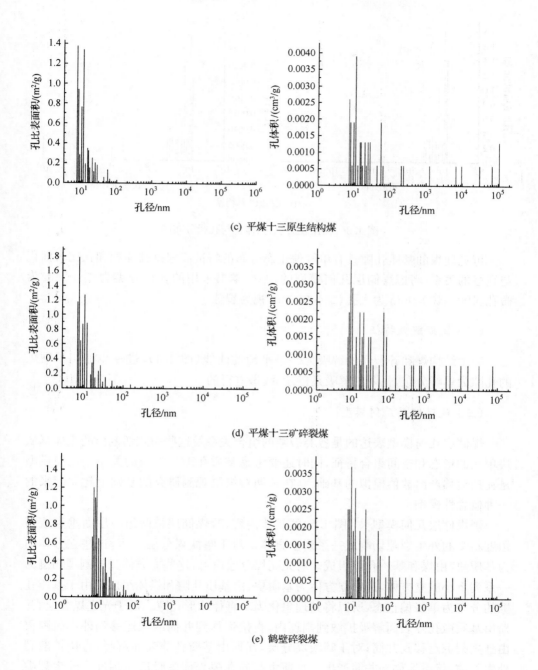

(c) 平煤十三原生结构煤

(d) 平煤十三矿碎裂煤

(e) 鹤壁碎裂煤

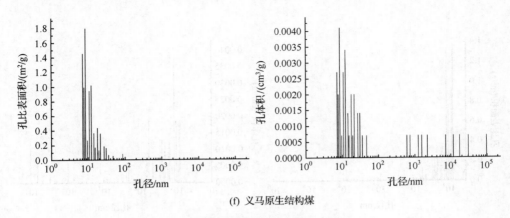

(f) 义马原生结构煤

图 4.3　孔比表面积、孔体积与孔径分布图

可见硬煤的基质孔隙具有单峰偏正态分布的特征。根据孔体积和孔比表面积与孔径的关系,考虑煤储层几何模型的建立,本书采用的孔径分类为<100nm 为微孔、100~10000nm 为大孔、>10000nm 视为裂隙。

（二）瓦斯解吸特征

原生结构煤和碎裂煤的解吸为一条平滑的曲线（图 4.4）,进一步证实了硬煤的孔隙为单峰分布,瓦斯的解吸是持续、缓慢进行的。

（三）硬煤储层几何模型

煤储层几何模型表达的是各类裂隙的组合关系及这些裂隙切割出的煤体基质块单元的形态和空间组合特征,同时还要考虑基质孔隙与裂隙的关系。几何模型是瓦斯运移产出数值模拟的基础,是在长期对煤层观测研究的基础上建立起来的一种概念性模型。

硬煤储层几何模型[91]（图 4.5）的具体内容是,煤储层被两组与层面垂直或高角度斜交的外生裂隙切割成一系列立方体。对于暗淡煤分层而言,这些立方体即为基质块,由煤和基质孔隙组成。对光亮煤分层而言,这些立方体又被割理切割为一系列更小的立方体,这些立方体为基质块,由基质孔隙和煤体组成。由于基质孔隙的分布为单峰偏正态,所以将其理想化为单直径球形孔隙。对于光亮煤分层,瓦斯由基质微孔隙表面解吸扩散到割理内,直接运移到井筒或先运移到外生裂隙再由外生裂隙运移到井筒;对于暗淡煤分层,瓦斯由基质孔隙表面解吸,直接扩散到外生裂隙,然后运移到井筒产出。瓦斯由基质孔隙表面解吸后向割理或外生裂隙的迁移是扩散,遵从菲克定律;瓦斯在割理或裂隙内的迁移可以是扩散、低速非线性渗流、线性渗流或高速非线性渗流,取决于瓦斯压力梯度和煤层启动压力梯度。

该模型是瓦斯运移产出数理模型建立的前提和基础。

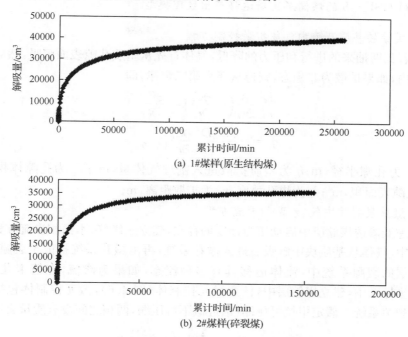

(a) 1#煤样(原生结构煤)

(b) 2#煤样(碎裂煤)

图 4.4　累计解吸时间与解吸量曲线

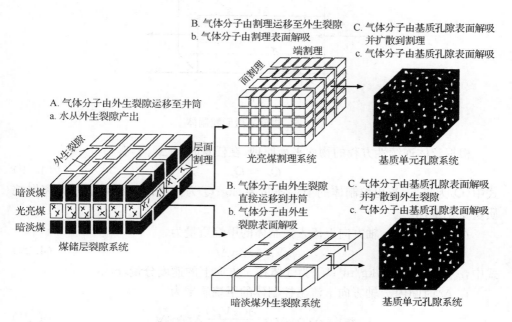

图 4.5　GSI≥45 煤储层的基质孔裂隙模型

（四）GSI≥45 的煤储层瓦斯运移产出数理模型

1. 煤储层基质孔隙内气体扩散控制方程

随着瓦斯抽采的进行和压力的降低,气体首先从基质孔隙表面解吸,然后扩散至裂隙内,如果扩散为非稳态,则遵从菲克第二定律,即

$$\frac{D_i}{r_i^2}\frac{\partial}{\partial r_i}\left(r_i^2\frac{\partial C_i}{\partial r_i}\right)=\frac{\partial C_i}{\partial t} \tag{4.17}$$

$$q_i=-\frac{A_i\phi_i D_i}{V_i}\frac{\partial C_i}{\partial r_i}\Big|_{r_i=r_k} \tag{4.18}$$

式中,r_i 为孔隙半径,m;q_i 为基质扩散进入割理气体量,m³;V_i 为孔隙体积,m³;A_i 为孔隙表面积,m²;ϕ_i 为煤孔隙度;r_k 为扩散距离,m。

2. 煤储层裂隙中气、水两相渗流方程

考虑低渗透煤储层中启动压力梯度的存在,建立三维气、水两相渗流方程。在煤储层中,气体从基质块中解吸后进入微孔系统,再由微孔系统扩散至裂隙系统,在煤储层的裂隙系统中,流体运移具有多种流态,如果为渗流,在笛卡儿(Descartes)坐标系中,建立煤储层中,任意微元控制体(图 4.6),微元控制体包括基质块体和裂隙系统。假定甲烷可压缩,水近似不可压缩,两相之间没有质量交换。

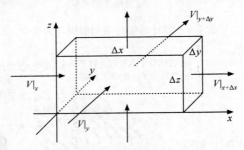

图 4.6　煤储层微元控制体

根据流体连续性方程的物质平衡原理,在任意时间 Δt 内,有

$$Q_d=Q_r \tag{4.19}$$

式中,Q_d 为流入、流出控制体的甲烷质量差,kg;Q_r 为控制体裂隙系统中游离甲烷质量变化量,kg。

在 Δt 时间内 x 轴方向上流入控制体的甲烷质量为

$$\rho_g V_{gx}\Delta x\Delta y\Delta t \tag{4.20}$$

式中,ρ_g 为气体密度,kg/m³;V_{gx} 为气体在 x 方向上的速度分量,m/s。

在 Δt 时间内 x 轴方向上流出控制体的甲烷质量为

$$\rho_g V_{gx}\Delta x\Delta y\Delta t+\frac{\partial(\rho_g V_{gx})}{\partial x}\Delta x\Delta y\Delta t \tag{4.21}$$

可得 Δt 时间内 x 轴方向上流入、流出控制体的煤层甲烷质量差为

$$- \frac{\partial(\rho_g V_{gx})}{\partial x}\Delta x \Delta y \Delta t \tag{4.22}$$

同理,在 Δt 时间内,沿 y 和 z 轴方向流入、流出控制体的质量差分别为

$$- \frac{\partial(\rho_g V_{gy})}{\partial y}\Delta x \Delta y \Delta z \Delta t \; 和 - \frac{\partial(\rho_g V_{gz})}{\partial z}\Delta x \Delta y \Delta z \Delta t \tag{4.23}$$

式中, V_{gy} 为气体在 y 方向上的速度分量,m/s; V_{gz} 为气体在 z 方向上的速度分量, m/s。

控制体裂隙系统煤层甲烷质量为

$$\rho_g S_g \phi \Delta x \Delta y \Delta t \tag{4.24}$$

式中, S_g 为煤层气的饱和度,%; ϕ 为裂隙孔隙度,无量纲。所以,在 Δt 时间内,裂隙系统中煤层甲烷质量变化率为

$$- \frac{\partial(\rho_g S_g \phi)}{\partial t}\Delta x \Delta y \Delta z \Delta t \tag{4.25}$$

综上所述,可得气体的渗流连续方程为

$$- \frac{\partial(\rho_g V_{gx})}{\partial x}\Delta x \Delta y \Delta z \Delta t - \frac{\partial(\rho_g V_{gy})}{\partial y}\Delta x \Delta y \Delta z \Delta t - \frac{\partial(\rho_g V_{gz})}{\partial z}\Delta x \Delta y \Delta z \Delta t$$

$$= \frac{\partial(\rho_g S_g \phi)}{\partial t}\Delta x \Delta y \Delta z \Delta t \tag{4.26}$$

由于单元控制体的任意性,有

$$- \frac{\partial(\rho_g V_{gx})}{\partial x} - \frac{\partial(\rho_g V_{gy})}{\partial y} - \frac{\partial(\rho_g V_{gz})}{\partial z} = \frac{\partial(\rho_g S_g \phi)}{\partial t} \tag{4.27}$$

同理可得水的渗流连续方程为

$$- \frac{\partial(\rho_w V_{wx})}{\partial x} - \frac{\partial(\rho_w V_{wy})}{\partial y} - \frac{\partial(\rho_w V_{wz})}{\partial z} = \frac{\partial(\rho_w W_w \phi)}{\partial t} \tag{4.28}$$

式中, V_{wx} 为水在 x 方向上的速度分量,m/s; V_{wy} 为水在 y 方向上的速度分量,m/s; V_{wz} 为水在 z 方向上的速度分量,m/s; ρ_{wz} 为水的密度,kg/m³; S_{wz} 为裂隙系统中的水饱和度,%。

利用哈密顿(Hamiton)算子 ∇ 代替对 x、y、z 的求偏[92],同时加入源、汇项,有

$$\begin{cases} - \nabla(\rho_g V_g) + q_m - q_g = \dfrac{\partial}{\partial t}(\rho_g S_g \phi) \\ - \nabla(\rho_w V_w) + q_w - q_w = \dfrac{\partial}{\partial t}(\rho_w S_w \phi) \end{cases} \tag{4.29}$$

流体在低渗透煤储层中的渗流受启动压力梯度影响,基于启动压力梯度的气、水渗流流动速度可表示为

$$\begin{cases} V_g = -\dfrac{kk_{rg}}{\mu_g}(\nabla p_g - \rho_g g \nabla h - \lambda_g \nabla L) \\ V_w = -\dfrac{kk_{rw}}{\mu_w}(\nabla p_w - \rho_w g \nabla h - \lambda_w \nabla L) \end{cases} \tag{4.30}$$

式中,V_g、V_w 为流体在煤储层裂隙系统中的渗流速度(w、g 分别代表水和气),m/s;k 为煤储层的绝对渗透率,m²;ρ_g、ρ_w 为流体的密度,kg/m³;k_{rg}、k_{rw} 为流体的相对渗透率,无量纲;μ_g、μ_w 为流体的黏滞系数,Pa·s;p_g、p_w 为流体的压力,Pa;g 为重力加速度,m/s²;h 为相对标高,m;L 为流体运移距离,m;λ_g、λ_w 为流体的启动压力梯度,Pa/m。

将式(4.30)代入式(4.29)中,有

$$\begin{cases} \nabla\left[\dfrac{\rho_w kk_{rw}}{\mu_w}(\nabla p_w - \rho_w g \nabla h - \lambda_w \nabla L)\right] - q_w = \dfrac{\partial}{\partial t}(\phi \rho_w S_w) \\ \nabla\left[\dfrac{\rho_g kk_{rg}}{\mu_g}(\nabla p_g - \rho_g g \nabla h - \lambda_g \nabla L)\right] + q_m - q_g = \dfrac{\partial}{\partial t}(\phi \rho_g S_g) \end{cases} \tag{4.31}$$

式(4.31)中,p_w、p_g、S_w、S_g 分别满足式(4.32)中两个附加方程:

$$\begin{cases} p_c = p_g - p_w \\ S_w + S_g = 1 \end{cases} \tag{4.32}$$

式中,p_c 为毛细管压力,由实验测定。

将式(4.31)和式(4.32)联立起来,这样方程中就只含有 p_w、p_g、S_w、S_g 四个未知数,与方程个数相同。结合初边值条件即构成煤储层裂隙中气、水两相渗流方程。气、水两相渗流方程中渗透率可以用 GSI 进行表征[式(4.13)]。

该方程明确告诉我们,瓦斯在裂隙中的运移存在扩散、低速非线性渗流和线性渗流,取决于启动压力梯度与瓦斯压力梯度的关系。但此方程无法表达高速非线性渗流,鉴于煤储层的特性,高速非线性渗流出现的可能性微乎其微,本书暂不进行探索。

二、GSI≤45 煤储层瓦斯运移产出机理

(一)煤储层孔裂隙特征

1. 软煤的裂隙发育特征

在构造应力或其他力(如重力)的作用下煤体将发生变形,变形的结果是煤体由原生结构变为碎裂结构、碎粒结构或糜棱结构。对于碎粒煤和糜棱煤这种软煤而言,因观测的尺度不同,会发现一些脆性变形的标志,如裂隙,但即使存在一些裂隙,长度也非常有限,且相互切截,对瓦斯渗流没有多大贡献。而韧性变形构造却很常见,如 S-C 组构、流劈理、鞘褶皱、残斑等[93]。由于这些构造对渗透率的贡献有限,在储层几何模型建立时可归为基质孔隙类。

2. 软煤的基质孔隙发育特征

不同结构煤体的孔隙特征前人已经做了大量工作,本节为建立软煤储层几何模型,进行了软煤压汞实验,结果如表 4.4 所示。

表 4.4　样品压汞试验测量结果

样品编号	平均孔径 /μm	累计孔体积 /(cm³/g)	累计比表面积 /(m²/g)	各类孔体积/%			各类孔比表面积/%		
				微孔	大孔	裂隙	微孔	大孔	裂隙
1	0.0892	0.1384	6.2053	22.25	75.73	2.02	86.52	13.06	0.43
2	0.0537	0.0541	4.0239	31.49	65.74	2.77	95.44	4.24	0.32
3	0.0311	0.0476	6.124	49.72	48.81	1.47	97.59	2.25	0.16
4	0.0198	0.0345	6.9805	73.37	25.19	1.45	98.92	1.03	0.09
5	0.0233	0.0435	7.4569	74.96	23.43	1.61	97.96	1.94	0.11
6	0.0231	0.0409	7.0794	64.08	33.23	2.69	98.97	0.94	0.12

对压汞数据进行分析时,仍只分析孔径<10000nm 的孔隙。图 4.7 为对压汞实验数据进行处理分析,绘制的样品孔比表面积、孔体积与孔径分布关系图。从图 4.7

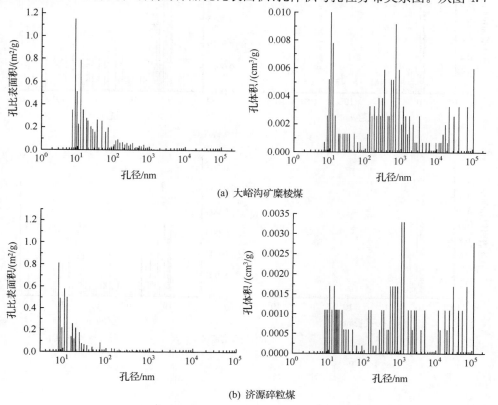

(a) 大峪沟矿糜棱煤

(b) 济源碎粒煤

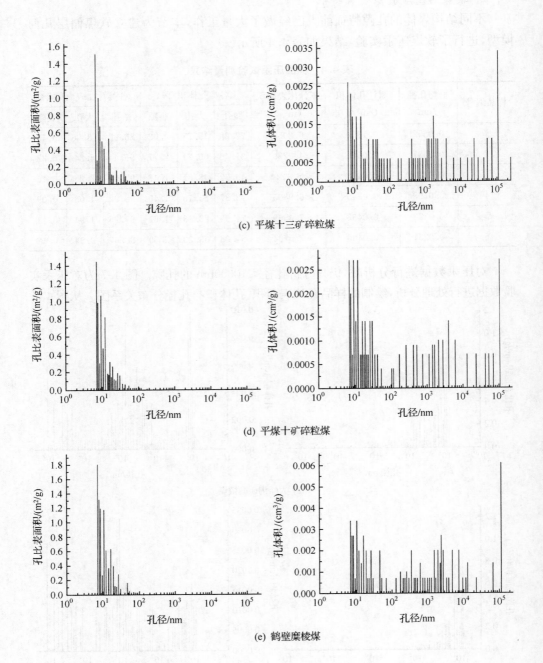

(c) 平煤十三矿碎粒煤

(d) 平煤十矿碎粒煤

(e) 鹤壁糜棱煤

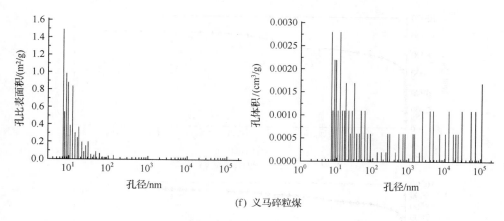

(f) 义马碎粒煤

图 4.7　孔比表面积、孔体积与孔径分布图

可以清晰地看出孔体积与孔径分布具有明显的两个峰，分别位于孔径<100nm及100~10000nm 的范围内。综合分析比表面积与孔径关系图，可以发现微孔比表面积大，对瓦斯的吸附贡献大；大孔存在，但比表面积不大，对瓦斯赋存有一定贡献。可见软煤的基质孔隙具有双峰分布特征。

（二）瓦斯解吸特征

从图 4.8 可以看出，GSI<45 的碎粒煤和糜棱煤在解吸一段时间后，出现一个低值然后又增加，形成所谓的"双峰"现象。"双峰"现象出现的主要原因在于碎粒煤和糜棱煤特有的"双峰"孔隙结构，在瓦斯解吸的开始阶段，煤颗粒内的大孔解吸瓦斯迅速向外扩散，达到一个解吸高峰；然而煤颗粒内部的微孔扩散速度相对大孔解吸要慢得多，解吸量出现一个下降的低谷；当颗粒内部的微孔瓦斯扩散出来时，便会出现又一次解吸高峰。因此，软煤的瓦斯解吸实质上存在一个"两级扩散"过程。

（三）煤储层几何模型

图 4.5 所示的基质孔裂隙模型是针对煤体结构相对完整的原生结构和碎裂煤储层，当煤体在强烈的构造应力作用下发生了韧性变形，破坏为碎粒煤和糜棱煤（GSI<45）时，此类模型就无法客观地表达煤体的几何形态。根据上述实验，这类储层可通过图 4.9 所示的双直径球形孔隙几何模型来描述[94]。

该模型将储层中的小直径球形孔隙视作基质微孔隙，大直径球形孔隙代表基质大孔隙、基质块之间的孔隙、延伸在厘米级的各类裂隙。瓦斯由基质微孔隙表面解吸扩散至基质大孔隙中，继而由基质大孔隙扩散至井孔产出。此类结构煤体瓦斯的运移产出为两级扩散，即"解吸—微孔扩散—大孔扩散"。如前所述这类储层内不存在达西流。

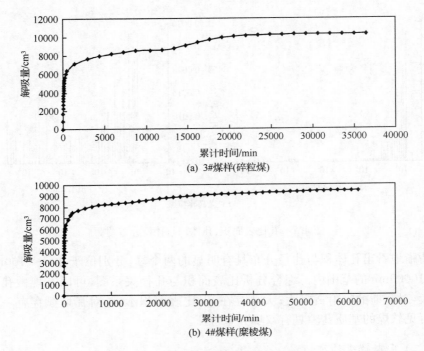

图 4.8　累计解吸时间与解吸量曲线

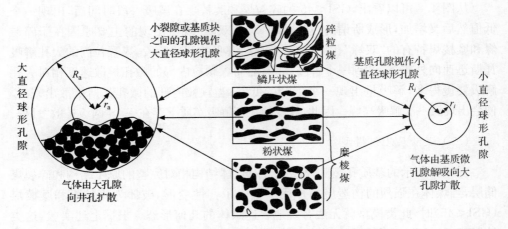

图 4.9　GSI＜45 煤储层的双直径球形孔隙模型

（四）GSI＜45 的煤储层瓦斯运移产出数理模型

在小直径球形孔隙中不考虑游离态气体，其扩散模型表示了小直径球形孔隙边界的扩散量与小直径球形孔隙内气体变化量相等[95]，小直径球形孔隙中瓦斯扩

散控制方程为

$$\frac{\partial c}{\partial t} = \frac{D_i}{r^2} \frac{\partial}{\partial r}\left(r^2 \frac{\partial c}{\partial t}\right) \tag{4.33}$$

大直径球形孔隙扩散模型表示了大直径球形孔隙边界的扩散量等于大直径球形孔隙内气体变化量与微孔隙向大孔隙的扩散量之和[96],大直径球形孔隙中煤层气扩散控制方程为

$$\frac{\partial C}{\partial t} = \frac{D_a}{R^2} \frac{\partial}{\partial R}\left(R^2 \frac{\partial C}{\partial R}\right) - \frac{3(1-\phi_a)D_i}{r_0}\left(\frac{\partial c}{\partial r}\bigg|_{r=r_0}\right) \tag{4.34}$$

式中,D_a 为大直径球形孔隙扩散系数,m^2/s;D_i 为小直径球形孔隙扩散系数,m^2/s;R 为大直径球形孔隙半径,m;C 为大直径球形孔隙中气体浓度,mol/m^3;c 为小直径球形孔隙中吸附气体浓度,mol/m^3;ϕ_a 为大直径球形孔隙率;r 为小直径球形孔隙半径,m;r_0 为微孔隙半径,m。

两级扩散理论为突出煤体(碎粒煤和糜棱煤)的瓦斯运移产出奠定了理论基础,充分说明此类煤瓦斯抽采困难。抽采初期的大量喷孔现象,是由于钻孔周围卸压圈内瓦斯的涌出,之后抽采量的急剧降低表明卸压圈瓦斯被大部分抽出,进入了扩散阶段,造成衰减系数极大。

三、围岩抽采层瓦斯运移产出机理

围岩抽采层是指邻近煤层的顶底板岩层,该岩层可通过人工改造形成多级、多类裂缝网络与煤层沟通,成为瓦斯运移产出的产层,早期被称为"虚拟储层"[46, 97-99]。围岩抽采层经水力强化改造后形成的裂缝网络与煤层沟通的范围远远大于本煤层钻孔,瓦斯由煤层解吸、扩散、渗流到这一产层后被快速抽出,相当于在围岩中建立了一条瓦斯运移的高速通道。

围岩水力强化工艺多布置顶(底)板顺层钻孔,该工艺通过在距煤层一定范围的顶(底)板位置实施平行于煤层的钻孔并进行水力强化,达到间接获得煤储层中瓦斯的目的(图 4.10)。

(一)GSI≥45 的硬煤储层-围岩瓦斯运移过程

围岩强化后,随着瓦斯抽采的进行,煤储层中压力降低,当硬煤中储层压力降低到临界解吸压力时,瓦斯开始从煤储层基质表面解吸出来,然后由微孔隙扩散到裂隙[此过程遵从 Fick 第二定律,微孔隙扩散进入裂隙的气体量可通过公式(4.19)表达],由煤中裂隙渗流至围岩中裂隙[此阶段可用煤储层裂隙中气、水两相渗流方程(4.31)进行描述],最后再由围岩裂隙以气、水两相流形式运移至钻孔后产出。围岩渗透率较大,不考虑启动压力梯度的影响,为线性渗流,瓦斯运移符合达西定律,其气、水两相流可用方程(4.29)描述。GSI≥45 的硬煤-围岩中瓦斯的

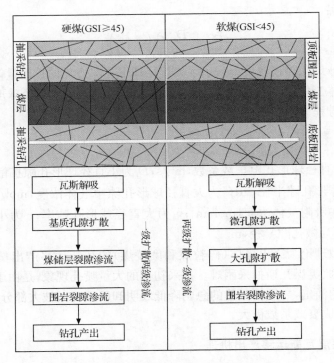

图 4.10　围岩缝网改造瓦斯运移产出过程

运移可以概括为"解吸—扩散—两级渗流"。

（二）GSI＜45 的软煤储层-围岩瓦斯运移过程

随着瓦斯抽采的进行，煤储层中压力降低，当软煤中储层压力降低到瓦斯临界解吸压力时，瓦斯开始解吸，然后由小直径球形孔隙扩散至大直径球形孔隙［此过程可用小直径球形孔隙中瓦斯扩散控制方程（4.33）描述］，再由大直径球形孔隙扩散至围岩［此过程可用大直径球形孔隙中瓦斯扩散控制方程（4.34）描述］，在围岩中以气、水两相渗流形式运移至钻孔产出［此阶段用气、水两相流方程（4.29）进行描述］。GSI＜45 的软煤-围岩中瓦斯的运移可以概括为"解吸—两级扩散—渗流"。

瓦斯的运移产出远非以往认为的那样是单纯线性渗流，还存在纯粹的扩散、低速非线性渗流及可能的高速非线性渗流。就我国的煤储层而言，瓦斯的运移产出能够形成线性渗流的并不多见。储层强化增透的目的是尽可能使瓦斯的产出处于线性或高速非线性渗流状态。查明瓦斯的运移产出机理，结合储层的结构与力学性质，是强化工艺选择、参数优化的前提和基础。

采用围岩水力强化工艺，对软煤来说，避开了抽采钻孔的成孔和维护问题，解决了无法直接采用水力强化措施改变其渗透性的问题;对硬煤而言,该工艺可以同时在围岩和煤层中形成立体裂隙网络,通过围岩实现了间接抽采煤层瓦斯。

第四节　瓦斯运移产出数值模拟

瓦斯运移产出数值模拟技术,是一项利用现代数值方法,采用系列偏微分方程组来定量描述煤储层中瓦斯的运移产出过程,再通过离散化方法把连续函数转变成离散函数,进一步求解偏微分方程组,从而模拟瓦斯的产出过程及产出数量。准确的瓦斯运移产出数值模拟对井下水力强化工艺选择和效果评价有重要的指导作用。

一、GSI≥45 煤储层瓦斯运移产出数值模拟

GSI≥45 的煤储层几何模型可以概化为基质孔裂隙模型,瓦斯的运移产出过程为"解吸—扩散—渗流"。基质块内部瓦斯依靠扩散进行运移,其运移数理模型如式(4.17)、式(4.18)所示;裂隙内的瓦斯和水依靠渗流进行运移,其运移数理模型如式(4.31)、式(4.32)所示。

(一)煤储层基质孔隙中瓦斯运移数值模拟

1. 定解条件

1) 初始条件

当 $t=0$ 时,瓦斯体积浓度为

$$C_i\mid_{t=0} = \frac{\phi_i M P_0}{Z R T \rho_{\mathrm{gsc}}} + \frac{\rho_{\mathrm{coal}} V_L P_0}{P_0 + P_L} = C(P_0) \tag{4.35}$$

2) 边界条件

边界条件分为外边界条件和内边界条件两大类,其中外边界条件是指煤储层外边界所处的状态,内边界条件是指煤层气生产井所处的状态。

内边界条件

$$C_i\mid_{r=r_{\mathrm{w}}} = \frac{\phi_i M p_{\mathrm{wf}}}{Z R T \rho_{\mathrm{gsc}}} = C_i(p_{\mathrm{wf}}) \tag{4.36}$$

外边界条件

$$C_i\mid_{r=r_{\mathrm{e}}} = \frac{\phi_i M p_{\mathrm{e}}}{Z R T \rho_{\mathrm{gsc}}} + \frac{\rho_{\mathrm{coal}} V_L p_{\mathrm{e}}}{p_{\mathrm{e}} + P_L} = C_i(p_{\mathrm{e}}) \tag{4.37}$$

式中,r_{e} 为有效供给半径,m;r_{w} 为钻孔半径,m;p_{e} 为初始储层压力,MPa;p_{wf} 为井底流压,MPa;ρ_{gsc} 为天然气密度,g/m³;ρ_{coal} 为煤密度,t/m³;P_L 为兰氏压力,MPa;V_L 为兰氏体积,m³;T 为绝对温度,K;R 为气体常量,J/(mol・K);Z 为压缩因子,

无量纲。

2. 模型求解

1) 煤层基质孔隙差分网格的划分

煤层微孔在球向上进行均匀网格划分,并采用点中心差分格式(图 4.11)。

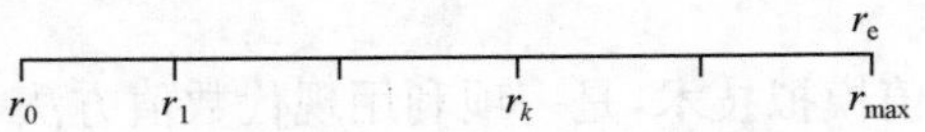

图 4.11 煤层基质孔隙球向均匀网格剖分示意图

r 方向上各网点的求取

$$\begin{cases} r_0 = 0 \\ r_k = k\ \dfrac{r_e}{k_{max}} \end{cases} \quad k = 1, 2, 3, \cdots, k_{max} \tag{4.38}$$

2) 差分格式的推导

利用 $C_i(r_i, t)$ 关于 t 的一阶向后差商和关于 r_i 的二阶差商,写出式(4.17)在点 $(i, n+1)$ 的差分格式为

$$D_i \frac{C_{i+1}^{n+1} - 2C_i^{n+1} + C_{i-1}^{n+1}}{\Delta r_i^2} = \frac{C_i^n - C_i^n}{\Delta t} \tag{4.39}$$

令 $\delta = \dfrac{\Delta r_i^2}{D_i \Delta t}$,则式(4.39)可写为 $C_{i+1}^{n+1} - (2+\delta)C_i^{n+1} + C_{i-1}^{n+1} = -\delta C_i^n$

若令 $\lambda = 2 + \delta, d_i = -\delta C_i^n$,则可写为 $C_{i+1}^{n+1} - \lambda C_i^{n+1} + C_{i-1}^{n+1} = d_i$

3) 气体扩散量的计算

$$q_i = -\frac{A_i \phi_i D_i}{V_i}\ \frac{\partial C_i}{\partial r_i}\bigg|_{r_i = r_k} = -\frac{3\phi_i D_i (C_{k+1}^{n+1} - C_k^{n+1})}{r_i (r_{k+1} - r_k)} \tag{4.40}$$

式中,q_i 为气体扩散量,m^3。

(二)煤储层裂隙中瓦斯运移数值模拟

1. 定解条件

要对偏微分方程组(4.31)获得定解,还需要设置初始条件和边界条件。初始条件是取某一时刻作为模拟的初始时间点,给出这一时刻 p_w、p_g、S_w、S_g 的数值。边界条件包括内边界条件和外边界条件。内边界条件为井壁,边界条件包括该处 p_w、p_g、S_w、S_g 的数值和源汇项等。

1) 初始条件

时间为零时,各处的地层压力均为初始地层压力,各处的气相饱和度均为初始气相饱和度:

$$p_{fg}(x, y, z)\big|_{t=0} = p_{fg}(x, y, z, 0), \quad S_g(x, y, z)\big|_{t=0} = S_g(x, y, z, 0) \tag{4.41}$$

2）边界条件

内边界条件

$$p_{r_w} = p_{wf}(x,y,z,t) \tag{4.42}$$

外边界条件

$$\begin{cases} p_{fg}(x,y,z,t)\big|_{(x,y,z)\in \Gamma} = P_e(x,y,z,t) \\ \dfrac{\partial S_g}{\partial n}\bigg|_{\Gamma} = 0 \end{cases} \tag{4.43}$$

式中，Γ 为三维煤层气藏外边界；n 为外边界的外法线方向。

3）源汇项

方程（4.31）中考虑启动压力后的源汇项 q_g、q_w，计算方法如下：

$$q_g = \frac{2\pi h k k_{r_g}\rho_g}{\mu_g\left(\ln\dfrac{r_e}{r_w}+S\right)}\left[p_g - p_{wf} - \lambda_g(r_e - r_w)\right] \tag{4.44}$$

$$q_w = \frac{2\pi h k k_{r_w}\rho_w}{\mu_w\left(\ln\dfrac{r_e}{r_w}+S\right)}\left[p_w - p_{wf} - \lambda_w(r_e - r_w)\right] \tag{4.45}$$

2. 模型求解

描述瓦斯运移的偏微分方程是一个复杂、高阶非线性方程，目前一般采用有限差分法进行求解。其基本原理是利用导数的概念，将未知数 p_w、p_g、S_w 和 S_g 对空间或时间微分式转化成偏导数的形式，形成非线性方程组，进一步转变为线性方程组，通过矩阵求解上面的几个未知数。

1）离散差分

煤储层采用长方体单元进行剖分，并将格点置于长方体单元中心处，设长方体三边长分别是 Δx、Δy、Δz（图 4.12）。

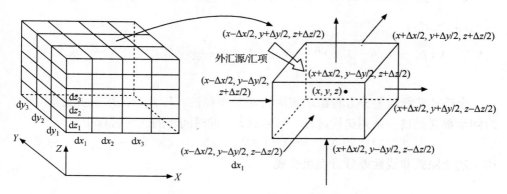

图 4.12　煤储层差分示意图

　　对时间进行离散是通过将整个时间划分成多个时间段,通过前后时间段间的数据传递进行计算。

　　2）非线性差分方程组的建立

　　根据图 4.12,采用中心差值对偏微分方程组(4.31)进行差分,方程左端采用空间差分,右端进行时间差分:

$$\frac{\partial Q_r(i,j,k)}{\partial m} = \frac{Q_r\big|_{m=m+\frac{\Delta i}{2}} - Q_r\big|_{m=m-\frac{\Delta i}{2}}}{\Delta m}, \qquad m \text{ 分别取 } x,y,z \qquad (4.46)$$

　　对偏微分方程组(4.31)进行差分,并引入线性算子、Hamiton 算子进行简化,即可得到偏微分方程组(4.31)的非线性差分方程组(4.47),即

$$\begin{cases} \nabla A_g \, \nabla(p_g - \rho_g gh - \lambda_g L) + V_{i,j,k} q_{mi,j,z} - V_{i,j,k} q_{gi,j,z} = \dfrac{V_{i,j,k}}{\Delta t}\big[(\phi \rho_g S_g)_{i,j,k}^{n+1} \\ \quad - (\phi \rho_g S_g)_{i,j,k}^{n}\big] \\ \nabla A_w \, \nabla(p_w - \rho_w gh - \lambda_w L) - V_{i,j,k} q_{wi,j,z} = \dfrac{V_{i,j,k}}{\Delta t}\big[(\phi \rho_w S_w)_{i,j,k}^{n+1} - (\phi \rho_w S_w)_{i,j,k}^{n}\big] \end{cases}$$
$$(4.47)$$

式中

$$A_g = \frac{\rho_g k k_{r_g}}{\mu_g}, \quad A_w = \frac{\rho_w k k_{r_w}}{\mu_w}, \quad V_{i,j,k} = \Delta x_i \Delta y_j \Delta z_k$$

　　3）全隐式解法

　　由于方程(4.30)中含有气相压力 p_g、水相压力 p_w、气相饱和度 S_g 及水相饱和度 S_w,因此必须先对其线性化,使之转化成线性差分方程组,然后再用全隐式方法求解。

　　全隐式非线性差分方程组形式如式(4.48)所示,即

$$\begin{cases} \nabla A_g^{n+1} \, \nabla(p_g - \rho_g gh - \lambda_g L)^{n+1} + V_{i,j,k} q_{mi,j,z}^{n+1} - V_{i,j,k} q_{gi,j,z}^{n+1} = \dfrac{V_{i,j,k}}{\Delta t}\big[(\phi \rho_g S_g)_{i,j,k}^{n+1} \\ \quad - (\phi \rho_g S_g)_{i,j,k}^{n}\big] \\ \nabla A_w^{n+1} \, \nabla(p_w - \rho_w gh - \lambda_w L)^{n+1} - V_{i,j,k} q_{wi,j,z}^{n+1} = \dfrac{V_{i,j,k}}{\Delta t}\big[(\phi \rho_w S_w)_{i,j,k}^{n+1} - (\phi \rho_w S_w)_{i,j,k}^{n}\big] \end{cases}$$
$$(4.48)$$

　　全隐式非线性差分方程组求解的方法是牛顿法。用此方法求解方程时,每一时间步都要经过一系列迭代过程。从 t^n 到 t^{n+1} 的时间步的迭代过程中

$$X^{k+1} = X^{n+1} = X^k + \bar\delta X, \quad |X^{k+1} - X^k| < \varepsilon \qquad (4.49)$$

则上述全隐式非线性差分方程组变成

$$\begin{cases} \nabla A_g^{k+1} \ \nabla (p_g - \rho_g gh - \lambda_g L)^{k+1} + V_{i,j,k} q_{mi,j,z}^{k+1} - V_{i,j,k} q_{gi,j,z}^{k+1} = \dfrac{V_{i,j,k}}{\Delta t} \big[(\phi \rho_g S_g)_{i,j,k}^{k} \\ \quad + \overline{\delta} (\phi \rho_g S_g) - (\phi \rho_g S_g)_{i,j,k}^{n} \big] \\[4pt] \nabla A_w^{k+1} \ \nabla (p_w - \rho_w gh - \lambda_w L)^{k+1} - V_{i,j,k} q_{wi,j,z}^{k+1} = \dfrac{V_{i,j,k}}{\Delta t} \big[(\phi \rho_w S_w)_{i,j,k}^{k} \\ \quad + \overline{\delta} (\phi \rho_w S_w) - (\phi \rho_w S_w)_{i,j,k}^{n} \big] \end{cases}$$

$$(4.50)$$

对方程组进行全隐式线性化展开。基于前人研究,处理参数取值和边界条件,根据调和平均值求出绝对渗透率;基于气、水各自相对渗透率及毛管压力与饱和度之间的相互对应关系曲线,可以利用线性差值数值方法,求出气、水相对渗透率及饱和度。方程组的求解过程中,按照上游权优先原则,将求解变量及系数归并到相应的节点上。最终,可通过矩阵计算求解本时段的四个变量,再计算出本时段的气、水产量值。由于方程组的系数也参与迭代,在每次迭代求解后都被更新,因而全隐式解法的系数隐式程度高,解的稳定性好,结果精度高。

二、GSI≤45 煤储层瓦斯运移产出数值模拟

(一)模型的定解条件及其无量钢化

1. 定解条件

1)初始条件

当时间 t 为 0 时,大直径球形孔隙与小直径球形孔隙内密度均相等,即

$$\rho|_{t=0} = \rho_i(0, r_i) = \rho_a(0, r_a) \tag{4.51}$$

当时间 t 为 0 时,大直径球形孔隙与小直径球形孔隙内气体浓度均相等,即

$$C_s|_{t=0} = C_s(0, r_i) \tag{4.52}$$

2)边界条件

大直径球形孔隙与小直径球形孔隙假设内部边界无自由气体流动,即气体浓度不随半径而变化,则

$$\frac{\partial C}{\partial R} = 0 \bigg|_{(t,0)}, \quad \frac{\partial c}{\partial r} = 0 \bigg|_{(t,0)}, \quad V_v \frac{\partial \rho_a}{\partial t} = -3 V_p D_a \frac{\partial C}{\partial R} \bigg|_{R=R_a} \tag{4.53}$$

式中,C 为大直径球形孔隙中气体浓度,mol/m^3;c 为小直径球形孔隙中气体浓度,mol/m^3;R 为大直径球形孔隙半径,m;r 为小直径球形孔隙半径,m。

2. 模型无量纲化

针对大小直径球形孔隙[100,101],引入无量纲变量或参数

$$\gamma_a = \frac{R}{R_a}, \quad \gamma_i = \frac{r}{R_i}, \quad \rho_D = \frac{\rho}{\rho_0}, \quad \tau = \frac{D_a t}{R_a^2}, \quad \alpha = \frac{R_a^2 D_i}{D_a R_i^2},$$

$$\beta = \frac{3(1-\phi_a)\phi_i}{\phi_a} \frac{R_a^2 D_i}{D_a R_i^2} = \frac{3(1-\phi_a)\phi_i}{\phi_a} \alpha \tag{4.54}$$

大、小直径球形孔隙无量纲后方程变成

$$\frac{\partial C_a^*}{\partial \tau} = \frac{1}{\gamma_a^2} \frac{\partial}{\partial \gamma_a} \left(\gamma_a^2 \frac{\partial C_a^*}{\partial \gamma_a} \right) - \beta \frac{\partial C_i^*}{\partial \gamma_i} \bigg|_{\gamma_i=1}, \quad \frac{\partial C_i^*}{\partial \tau} = \frac{\alpha}{\gamma_i^2} \frac{\partial}{\partial \gamma_i} \left(\gamma_i^2 \frac{\partial C_i^*}{\partial \gamma_i} \right) \tag{4.55}$$

1）初始条件

$$C_0^* = C_i^*(0,\gamma_i) = C_a^*(0,\gamma_a), \quad C_s(0,\gamma_i) = C_{s0}$$

$$\rho_{D_0} = \rho_{D_i}(0,\gamma_i) = \rho_{D_a}(0,\gamma_a) \tag{4.56}$$

2）边界条件

$$\frac{\partial C_a^*}{\partial \gamma_a} = 0,(\tau,0), \quad \frac{\partial C_i^*}{\partial \gamma_i} = 0,(\tau,0), \quad V_v = \frac{\partial C_a^*}{\partial \tau} = -3V_p\phi_a \frac{\partial C_a^*}{\partial \gamma_a} \bigg|_{\gamma_a=1}$$

$$\tag{4.57}$$

$$\frac{\partial \rho_{D_a}}{\partial \gamma_a} = 0,(\tau,0), \quad \frac{\partial \rho_{D_i}}{\partial \gamma_i} = 0,(\tau,0), \quad \rho_{D_i}(\tau,1) = \rho_{D_a}(\tau,1),$$

$$V_v \frac{\partial \rho_{D_a}}{\partial \tau} = -3V_p\phi_a \frac{\partial \rho_{D_a}}{\partial \gamma_a} \bigg|_{\gamma_a=1} \tag{4.58}$$

（二）模型求解

1. 小直径球型孔隙中扩散数学模型求解

基于以上无量纲变量研究，小直径球形孔隙煤层气扩散的无量纲化方程为

$$\frac{\partial C_i^*}{\partial \tau} = \frac{\alpha}{\gamma_i^2} \frac{\partial}{\partial \gamma_i} \left(\gamma_i^2 \frac{\partial C_i^*}{\partial \gamma_i} \right) \tag{4.59}$$

可以简写成如下格式

$$Q_i - \frac{\partial C_i^*}{\partial \tau} = 0 \tag{4.60}$$

式中，Q_i 为小直径球形孔隙中煤层气的无量纲流量。采用积分有限差分方法，式（4.60）可以转化为

$$\int_V Q_a dV - \frac{\partial}{\partial \tau} \int_V C_a^* dV = 0 \tag{4.61}$$

又因为有限积分体积元是由小直径球形孔隙组成，且假设该坐标系统为球形对称坐标系统，则小直径球形孔隙体积微分方程为

$$dV = \gamma_i^2 d\gamma_i d\theta \sin\omega d\omega \tag{4.62}$$

式中，γ_i 为径向坐标；θ 为方位角；ω 为仰角。把差分格式代入方程得

$$\int_V \frac{\alpha}{\gamma_i^2} \frac{\partial}{\partial \gamma_i} \left(\gamma_i^2 \frac{\partial C_i^*}{\partial \gamma_i} \right) \gamma_i^2 d\gamma_i d\theta \sin\omega d\omega - \frac{\partial}{\partial \tau} \int_V C_i^* \gamma_i^2 d\gamma_i d\theta \sin\omega d\omega = 0 \tag{4.63}$$

因为离散量是以 I 为中心从 $Y_{i(I-1/2)}$ 到 $Y_{i(I+1/2)}$ 延伸的球形，从而上述方程可

以表示为

$$\int_0^\pi \int_0^{2\pi} \int_{\gamma_{I-1/2}}^{\gamma_{I+1/2}} \frac{\alpha}{\gamma_i^2} \frac{\partial}{\partial \gamma_i} \left(\gamma_i^2 \frac{\partial C_a^*}{\partial \gamma_i} \right) \gamma_i^2 \mathrm{d}\gamma_i \mathrm{d}\theta \sin\omega \mathrm{d}\omega -$$

$$\frac{\partial}{\partial \tau} \int_0^\pi \int_0^{2\pi} \int_{I-1/2}^{\gamma_{I+1/2}} C_i^* \gamma_i^2 \mathrm{d}\gamma_i \mathrm{d}\theta \sin\omega \mathrm{d}\omega = 0 \qquad (4.64)$$

假设 α 为常量,求出积分为

$$4\pi\alpha\gamma_{i(I+1/2)}^2 \left(\frac{\partial C_i^*}{\partial \gamma_i} \Big|_{I+1/2} \right) - 4\pi\alpha\gamma_{a(I-1/2)}^2 \left(\frac{\partial C_i^*}{\partial \gamma_i} \Big|_{I-1/2} \right) - \frac{4}{3}\pi \left[\gamma_{i(I+1/2)}^3 - \gamma_{i(I-1/2)}^3 \right]$$

$$\frac{\partial C_i^*}{\partial \tau} = 0 \qquad (4.65)$$

空间导数可以用二阶中心差分近似描述,时间导数可以用向后差分来近似描述。这样在球形表面 $Y_{i(I-1/2)}$ 和 $Y_{i(I+1/2)}$ 处定义几何术语 G,离散的体积假设为

$$G(I-1/2) = 4\pi\alpha\gamma_{i(I-1/2)}^2 / \left[\gamma_{i(D)} - \gamma_{i(I-1)} \right] \qquad (4.66)$$

$$G(I+1/2) = 4\pi\alpha\gamma_{i(I+1/2)}^2 / \left[\gamma_{i(I+1)} - \gamma_{i(D)} \right] \qquad (4.67)$$

$$\mathrm{Vol}(I) = \frac{4}{3}\pi \left[\gamma_{i(I+1/2)^3} - \gamma_{i(I-1/2)^3} \right] \qquad (4.68)$$

综合以上方程,可以得出第 i 个内部球形单元

$$G(I+1/2) \left[C_{i(I+1)}^* - C_{i(D)}^* \right] - G(I-1/2) \left[C_{i(D)}^* - C_{i(I-1)}^* \right] - \mathrm{Vol}(I) \frac{C_{i(D)}^* - \hat{C}_{i(D)}^*}{\Delta \tau} = 0$$

$$(4.69)$$

$$-\Delta \tau G(I+1/2) \left[C_{i(I+1)}^* - C_{i(D)}^* \right] + \Delta \tau G(I-1/2) \left[C_{i(D)}^* - C_{i(I-1)}^* \right]$$

$$+ \mathrm{Vol}(I) C_{i(D)}^* = \mathrm{Vol}(I) \hat{C}_{i(D)}^* \qquad (4.70)$$

式中,$\hat{}$ 表示时间步长。式(4.70)可以简化为

$$A_{I-1} C_{i(I-1)}^* + B_I C_{i(D)}^* + C_{I+1} C_{i(I+1)}^* + C_{i(D)}^* = \hat{C}_{i(D)}^* \qquad (4.71)$$

2. 大直径球型孔隙中扩散数学模型求解

基于以上无量纲变量,大直径球形孔隙中煤层气扩散的无量纲方程[28]为

$$\frac{\partial C_a^*}{\partial \tau} = \frac{1}{\gamma_a^2} \frac{\partial}{\partial \gamma_a} \left(\gamma_a^2 \frac{\partial C_a^*}{\partial \gamma_a} \right) - \beta \frac{\partial C_i^*}{\partial \gamma_i} \Big|_{\gamma_i = 1} \qquad (4.72)$$

大直径球形孔隙中煤层气扩散的无量纲方程可以用通用方程来表示,即

$$Q_a - \frac{\partial C_a^*}{\partial \tau} - Q_{ai} = 0 \qquad (4.73)$$

式中,Q_a 为大直径球形孔隙中煤层气扩散的无量纲流量;Q_{ai} 为从大直径球形孔隙扩散到小直径球形孔隙的煤层气无量纲流量。上述方程可以进一步积分为

$$\int_V Q_a \mathrm{d}V - \frac{\partial}{\partial \tau} \int_V C_a^* \mathrm{d}V - \int_V Q_{ai} \mathrm{d}V = 0 \qquad (4.74)$$

又因为大直径球形孔隙是由大小均一互不重叠的小直径球形孔隙组成,且假

设该坐标系统为球形对称坐标系统,则体积微分方程为

$$dV = \gamma_a^2 d\gamma_a d\theta \sin\omega d\omega \tag{4.75}$$

式中,γ_a 为径向坐标;θ 为方位角;ω 为仰角。把体积微分方程的差分格式代入方程得

$$\int_V \frac{1}{\gamma_a^2} \frac{\partial}{\partial \gamma_a}\left(\gamma_a^2 \frac{\partial C_a^*}{\partial \gamma_a}\right)\gamma_a^2 d\gamma_a d\theta \sin\omega d\omega - \frac{\partial}{\partial \tau}\int_V C_a^* \gamma_a^2 d\gamma_a d\theta \sin\omega d\omega$$

$$- \int_V Q_{ai}\gamma_a^2 d\gamma_a d\theta \sin\omega = 0 \tag{4.76}$$

因为离散量是以 I 为中心从 $\gamma_{i(I-1/2)}$ 到 $\gamma_{i(I+1/2)}$ 延伸的球形,从而方程可以表示为

$$\int_0^\pi \int_0^{2\pi} \int_{\gamma_{I-1/2}}^{\gamma_{I+1/2}} \frac{1}{\gamma_a^2} \frac{\partial}{\partial \gamma_a}\left(\gamma_a^2 \frac{\partial C_a^*}{\partial \gamma_a}\right)\gamma_a^2 d\gamma_a d\theta \sin\omega d\omega$$

$$- \frac{\partial}{\partial \tau}\int_0^\pi \int_0^{2\pi} \int_{\gamma_{I-1/2}}^{\gamma_{I+1/2}} C_a^* \gamma_a^2 d\gamma_a d\theta \sin\omega d\omega - \int_0^\pi \int_0^{2\pi} \int_{\gamma_{I-1/2}}^{\gamma_{I+1/2}} Q_{ai}\gamma_a^2 d\gamma_a d\theta \sin\omega d\omega = 0 \tag{4.77}$$

求出积分得到

$$4\pi\gamma_{a(I+1/2)}^2 \frac{\partial C_a^*}{\partial \gamma_a}\bigg|_{I+1/2} - 4\pi\gamma_{a(I-1/2)}^2 \frac{\partial C_a^*}{\partial \gamma_a}\bigg|_{I-1/2}$$

$$- \frac{4}{3}\pi\left[\gamma_{a(I+1/2)}^3 - \gamma_{a(I-1/2)}^3\right]\frac{\partial C_a^*}{\partial \tau} - \frac{4}{3}\pi\left[\gamma_{a(I+1/2)}^3 - \gamma_{a(I-1/2)}^3\right]Q_{ai} = 0 \tag{4.78}$$

空间导数可以用二阶中心差分近似描述,时间导数可以用向后差分来近似描述,这样在球形表面 $\gamma_{a(I-1/2)}$ 和 $\gamma_{a(I+1/2)}$ 处定义几何术语 G,离散的体积假设为

$$G(I-1/2) = 4\pi\gamma_{a(I-1/2)}^2 / \left[\gamma_{a(I)} - \gamma_{a(I-1)}\right] \tag{4.79}$$

$$G(I+1/2) = 4\pi\gamma_{a(I+1/2)}^2 / \left[\gamma_{a(I+1)} - \gamma_{a(I)}\right] \tag{4.80}$$

$$\mathrm{Vol}(I) = \frac{4}{3}\pi\left[\gamma_{a(I+1/2)}^3 - \gamma_{a(I-1/2)}^3\right] \tag{4.81}$$

综合以上方程,可以得出第 I 个内部球形单元

$$G(I+1/2)\left[C_{a(I+1)}^* - C_{a(I)}^*\right] - G(I-1/2)\left[C_{a(I)}^* - C_{a(I-1)}^*\right]$$

$$- \mathrm{Vol}(I)\frac{C_{a(I)}^* - \hat{C}_{a(I)}^*}{\Delta \tau} - \mathrm{Vol}(I)Q_{ai} = 0 \tag{4.82}$$

$$- \Delta\tau G(I+1/2)\left[C_{a(I+1)}^* - C_{a(I)}^*\right] + \Delta\tau G(I-1/2)\left[C_{a(I)}^* - C_{a(I-1)}^*\right]$$

$$+ \Delta\tau \mathrm{Vol}(I)Q_{ai} + \mathrm{Vol}(I)C_{a(I)}^* = \mathrm{Vol}(I)\hat{C}_{a(I)} \tag{4.83}$$

式中,^表示时间步长。以上方程可以简化为

$$A_{I-1}C_{a(I-1)}^* + B_I C_{a(I)}^* + C_{I+1}C_{a(I+1)}^* = \hat{C}_{a(I)}^* - \Delta\tau Q_{ai} \tag{4.84}$$

三、围岩抽采层中气、水两相达西渗流数值模拟

（一）定解条件

1. 初始条件

时刻 $t=0$ 围岩抽采层中相应气、水压力及其饱和度值为

$$S_g = 0, \quad S_w = 1, \quad p_g(x,y,0) = p_g^0(x,y) \tag{4.85}$$

式中，p_g^0 为初始气相压力，MPa。

2. 边界条件

围岩抽采层数值模拟边界条件分为围岩抽采层中钻孔所处状态的内边界条件和围岩抽采层所处状态的外边界条件。

1）内边界条件

内边界条件又包括两种：抽采孔定抽采量条件和抽采孔定压采量条件。

抽采孔定抽采量内边界条件中产水量、产气量分别为

$$Q_g \frac{q_g}{V_{ij}} = J_g(p_{g_{i,j}} - p_{wf}), \quad Q_w \frac{q_w}{V_{ij}} = J_w(p_{w_{i,j}} - p_{wf}) \tag{4.86}$$

式中

$$J_g = \frac{2\pi k k_{r_g} h}{B_g \mu_g \left(\ln \dfrac{r_e}{r_w} + S\right)}, \quad J_w = \frac{2\pi k k_{r_g} h}{B_w \mu_w \left(\ln \dfrac{r_e}{r_w} + S\right)},$$

$$r_e = 0.28 \frac{\left[(k_y/k_x)^{0.5} \Delta x^2 + (k_x/k_y)^{0.5} \Delta y^2\right]^{0.5}}{(k_y/k_x)^{0.25} + (k_x/k_y)^{0.25}} \tag{4.87}$$

式中，Q_g、Q_w 分别为气、水产量，m^3；J_g、J_w 为气、水开采系数；r_w、r_e 分别为井筒半径和等效供给半径，m；h 为砂岩层厚度，m；S 为表皮系数；Δx 和 Δy 分别为井点所在差分网格的长度和宽度，m。

抽采孔定压内边界条件为

$$p_g \mid_{r=r_w} = p_{wf}, \quad \frac{\partial S_g}{\partial r} \mid_{r=r_w} = 0 \tag{4.88}$$

式中，p_{wf} 为井底流动压力，MPa，如给出井中的动液面位置，则需将其换算成井底流动压力，即

$$p_{wf} = \rho_g g \nabla h + p_{atm} \tag{4.89}$$

其中，∇h 为井中动液面至目的层中心点距离；p_{atm} 为大气压。

2）外边界条件

外边界条件包括三种类型：定压外边界条件、定流量外边界条件及二者综合考虑边界条件。这里采用的是定压外边界条件为

$$p_g \mid_{r=r_w} = p_g^1, \quad \frac{\partial S_g}{\partial r} \mid_{r=r_e} = 0 \tag{4.90}$$

式中，p_g^1 为边界气相压力，MPa；S_g 为煤层气的饱和度，%。

（二）模型求解

根据图 4.12，采用中心差值对偏微分方程组（4.29）进行差分，方程左端采用空间差分，右端进行时间差分。引入线性算子、Hamiton 算子对差分方程组进行简化，即可得到偏微分方程组（4.91）的非线性差分方程组，即

$$\begin{cases} \nabla B_g \, \nabla (p_g - \rho_g gh) + V_{i,j,k} q_{mi,j,z} - V_{i,j,k} q_{gi,j,z} = \dfrac{V_{i,j,k}}{\Delta t} \big[(\varphi \rho_g S_g)_{i,j,k}^{n+1} - (\varphi \rho_g S_g)_{i,j,k}^{n} \big] \\[3mm] \nabla B_w \, \nabla (p_w - \rho_w gh) - V_{i,j,k} q_{wi,j,z} = \dfrac{V_{i,j,k}}{\Delta t} \big[(\varphi \rho_w S_w)_{i,j,k}^{n+1} - (\varphi \rho_w S_w)_{i,j,k}^{n} \big] \end{cases}$$

（4.91）

式中，$B_g = \dfrac{\rho_g kk_{rg}}{\mu_g}$，$B_w = \dfrac{\rho_w kk_{rw}}{\mu_w}$，$V_{i,j,k} = \Delta x_i \Delta y_j \Delta z_k$。

全隐式非线性差分方程组形式如式（4.92）所示，即

$$\begin{cases} \nabla B_g^{n+1} \, \nabla (p_g - \rho_g gh)^{n+1} + V_{i,j,k} q_{mi,j,z}^{n+1} - V_{i,j,k} q_{gi,j,z}^{n+1} = \dfrac{V_{i,j,k}}{\Delta t} \big[(\varphi \rho_g S_g)_{i,j,k}^{n+1} - (\varphi \rho_g S_g)_{i,j,k}^{n} \big] \\[3mm] \nabla B_w^{n+1} \, \nabla (p_w - \rho_w gh)^{n+1} - V_{i,j,k} q_{wi,j,z}^{n+1} = \dfrac{V_{i,j,k}}{\Delta t} \big[(\varphi \rho_w S_w)_{i,j,k}^{n+1} - (\varphi \rho_w S_w)_{i,j,k}^{n} \big] \end{cases}$$

（4.92）

用牛顿法求解方程时，从 t^n 到 t^{n+1} 的时间步的迭代过程中，上述全隐式非线性差分方程组变成

$$\begin{cases} \nabla B_g^{k+1} \, \nabla (p_g - \rho_g gh)^{k+1} + V_{i,j,k} q_{mi,j,z}^{k+1} - V_{i,j,k} q_{gi,j,z}^{k+1} = \dfrac{V_{i,j,k}}{\Delta t} \big[(\varphi \rho_g S_g)_{i,j,k}^{k} + \bar{\delta}(\varphi \rho_g S_g) \\ \quad - (\varphi \rho_g S_g)_{i,j,k}^{n} \big] \\[3mm] \nabla B_w^{k+1} \, \nabla (p_w - \rho_w gh)^{k+1} - V_{i,j,k} q_{wi,j,z}^{k+1} = \dfrac{V_{i,j,k}}{\Delta t} \big[(\varphi \rho_w S_w)_{i,j,k}^{k} + \bar{\delta}(\varphi \rho_w S_w) \\ \quad - (\varphi \rho_w S_w)_{i,j,k}^{n} \big] \end{cases}$$

（4.93）

对方程组进行全隐式线性化展开，处理参数取值和边界条件，通过矩阵计算求解本时段的四个变量，最终计算出本时段的气、水产量值。

四、瓦斯运移产出数值模拟软件的开发

人工求解三维气-水两相的瓦斯运移产出数学模型十分困难，复杂的数学模型求解借助计算机可以有效实现。瓦斯运移产出数值模拟软件基于现代软件设计思想，按照软件所要解决的问题内容及作用，采用自上而下的模块化结构，在 Windows XP 环境下，使用 C♯ 研制开发而成[102]。

（一）软件结构设计

该软件包括四个模块：输入模块、初始化模块、主模块及输出模块。模块之间的关系如图 4.13 所示。

　　输入模块(图 4.14)通过读取参数数据文件获取数据,形成地质模型,为瓦斯运移产出数值模拟提供基础;初始化模块(图 4.15)的主要任务是基于已输入的参数,采用中心插值方法对各个块网格节点进行赋值;主模块(图 4.16)是数值模拟软件的核心部分,主要负责计算机程序化求解;输出模块负责将主模块计算结果通过图形、报告等可视化方式显示出来,可以输出抽放量预测结果、敏感性分析结果、抽放量历史拟合结果。

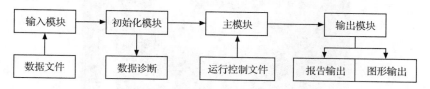

图 4.13　模块之间的相互关系

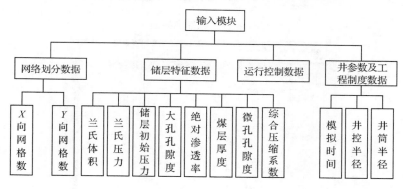

图 4.14　输入模块结构

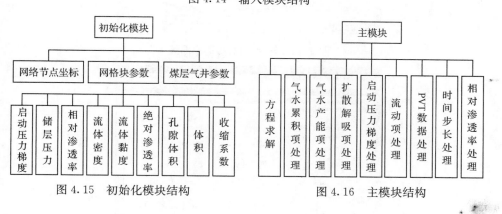

图 4.15　初始化模块结构　　　　　　图 4.16　主模块结构

(二)软件界面设计及实现

　　为方便用户操作,有必要开发出一个可视化的,集数据输入、编辑、运行、结果显示等各项功能于一体的界面。根据前述的界面功能要求,设计并实现软件相关界面如图 4.17～图 4.22 所示。

图 4.17　软件主界面

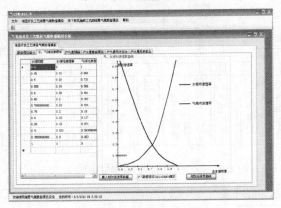

图 4.18　气-水相对渗透率曲线

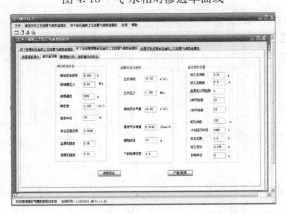

图 4.19　参数输入

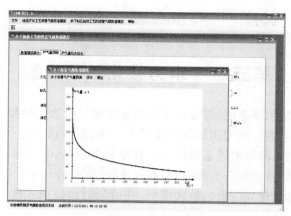

图 4.20　瓦斯抽放量预测

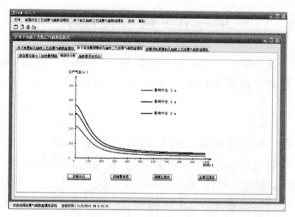

图 4.21　敏感性分析

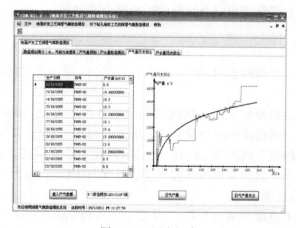

图 4.22　历史拟合

第五章　水力强化数理模型

依据煤岩体结构的不同,煤储层水力强化增透可分为两种类型:水力压裂与水力冲孔出煤卸压增透。水力压裂是在煤层中产生裂缝,适合于硬煤储层和围岩抽采层;水力冲孔出煤卸压增透是通过钻孔冲出部分煤体,增大钻孔的直径,使煤体向钻孔方向产生位移而使应力释放,提高煤体渗透率,适合于软煤储层。本章将依据前述章节的理论,建立二者的数理模型,并研制数值模拟软件,为水力强化提供理论支撑。

第一节　地　应　力

煤岩体结构及其力学性质、地应力是影响压裂的两个主要因素。前述章节已经对煤岩体结构和力学性质进行了详细论述,本节将对地应力进行介绍。

一、地应力概念

地应力是存在于地壳中末受工程扰动的天然应力,也称岩体原始应力、绝对应力或原岩应力。地应力形成原因十分复杂,主要与地球的各种动力作用过程有关,包括板块边界受压、地幔热对流、地球内应力、地心引力、地球旋转、岩浆侵入和地壳非均匀扩容等;另外,温度不均、水压梯度、地表剥蚀或其他物理化学变化等也可引起相应的应力场(表5.1)。重力作用和构造运动是引起地应力的主要原因,尤以水平方向的构造运动对地应力的形成影响最大[103-106]。

二、地应力测量

依据测量基本原理的不同,地应力测量方法可以划分为直接测量法和间接测量法两大类[103]。

直接测量法是由测量仪器直接测量和记录各种应力量,如补偿应力、恢复应力、平衡应力等,并通过这些应力量和原岩应力的相互关系,计算获得原岩应力值。在计算过程中不涉及不同物理量的相互换算,因此不需要知道岩石的物理力学性质和应力应变关系。目前常用的间接测量法有水力压裂法、应力恢复法、刚性包体应力计法、声发射法等。

间接测量法不直接测量应力量,而是借助某些传感元件或某些媒介,测量和记录岩体中与应力有关的某些间接物理量的变化,如岩体中的变形或应变,岩体的密

表 5.1　地应力分类

分类依据	分类		定义
地质年代	古地应力		泛指燕山运动以前的地应力,有时也特指某一地质时期以前的地应力
	现今地应力		目前存在或正在变化的地应力
成因	原地应力	重力应力	指上覆岩层的重力引起的地应力分量
		构造应力	是指导致构造运动、产生构造变形、形成各种构造行迹的那部分应力。在油田应力场的研究中,构造应力常指由于构选运动引起的地应力的增量。构造应力是导致水平方向两个主应力不相等的根本原因
		热应力	由于地层温度发生变化在其内部引起的内应力增量,热应力主要与温度的变化和岩石热学的性质有关
	扰动应力		指由于地表和地下、加卸载或开挖等,引起原地应力发生改变所产生的应力。在油田应力场的研究中,是指钻井、油气开采、注水、注气等在地层中产生的地应力增量
应力方向	垂向主应力		地壳中主要由重力应力构成,基本上呈垂直向的主应力
	水平主应力		主要由地壳中岩石侧向应力和水平向构造应力构成,基本上呈水平向的主应力

度、渗透性、吸水性、电磁、电阻、电容的变化,弹性波传播速度的变化等,然后通过应力与这些量之间的关系计算得到岩体中的应力值。因此,在间接测量法中为了获得应力值,首先必须确定岩体的某些物理力学性质及所测物理量与应力的相互关系,目前常用的间接测量法有钻孔套心应力解除法、声波测井解释法、井壁崩落法、地面微地震法、大地电位法等。

工程应用中不仅要清楚地应力的大小,在有些情况下还要了解地应力的方向,能够测试地应力方向的方法有井壁崩落法、成像测井法、偶极声波测井法等。

（一）水力压裂法

地应力场一般是三向不等压的、空间的、非稳定应力场。地应力可分为垂直应力和两个大小不等的水平应力。水力压裂法测量地应力是将测量段上下用封隔器封隔起来进行测量。

现场水力压裂法是目前进行深部绝对应力测量的最直接方法,它是根据试验

测得的地层破裂压力、瞬时停泵压力、裂缝重张压力反算地应力,其基本假设为
①测量段岩石是均质各向同性的线弹性体,渗透性很低;②水力压裂的模型可简化
为一个无限大岩石平板中有一个圆孔,圆孔轴线与垂向应力平行,在平板内作用着
两个水平主应力 σ_H 和 σ_h(图 5.1);③水力压裂的初裂缝是平行于孔轴的竖直缝;
④有相当长的一段裂缝面和最小水平主应力方向相互垂直。

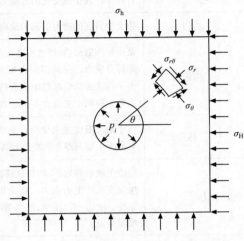

图 5.1　井壁受力的力学模型

　　根据弹性理论,岩石平板上的应力分布可以写为[104]:

$$
\begin{cases}
\sigma_r' = \dfrac{\sigma_H + \sigma_h}{2}\left(1 - \dfrac{r_i^2}{r^2}\right) + \dfrac{\sigma_H - \sigma_h}{2}\left(1 + \dfrac{3r_i^4}{r^4} - \dfrac{4r_i^2}{r^2}\right)\cos2\theta + \dfrac{r_i^2}{r^2}p_i - \alpha p_0 \\[3mm]
\sigma_\theta' = \dfrac{\sigma_H + \sigma_h}{2}\left(1 + \dfrac{r_i^2}{r^2}\right) - \dfrac{\sigma_H - \sigma_h}{2}\left(1 + \dfrac{3r_i^4}{r^4}\right)\cos2\theta + \dfrac{r_i^2}{r^2}p_i - \alpha p_0 \\[3mm]
\tau_{r\theta} = \dfrac{\sigma_H - \sigma_h}{2}\left(1 - \dfrac{r_i^2}{r^2}\right)\left(1 + \dfrac{3r_i^2}{r^2}\right)\sin2\theta
\end{cases}
\tag{5.1}
$$

式中,σ_r'、σ_θ' 和 $\tau_{r\theta}$ 为径向、切向有效主应力和剪切应力,MPa;θ 为井眼周围某点径
向与最大水平主应力方向的夹角(°);p_i 为井眼中的液体压力,MPa;p_0 为地层孔
隙压力,MPa;σ_H、σ_h 为最大、最小水平主应力,MPa;r_i 为井筒孔眼半径,m;r 为距
井眼中心的距离,m。在井壁上,有 $r = r_i$,则公式(5.1)可以改写成

$$
\begin{cases}
\sigma_r' = p_i - \alpha p_0 \\[2mm]
\sigma_\theta' = (\sigma_H + \sigma_h) - 2(\sigma_H - \sigma_h)\cos2\theta - p_i - \alpha p_0 \\[2mm]
\tau_{r\theta} = 0
\end{cases}
\tag{5.2}
$$

　　地层破裂是当注入流体压力达到一定值时,使岩石所受的周向应力超过其抗
拉强度而造成的,即 $\sigma_\theta' = -S_t$(S_t 为拉伸强度)。随 p_i 增大 σ_θ' 变小,当 p_i 增大到一定
程度时,σ_θ' 将变成负值,即岩石所受周向应力由压缩变为拉伸,当拉应力大到足以

克服岩石的抗拉强度时,地层则产生破裂。破裂发生在 σ'_θ 最小处,即 $\theta = 0$ 或 $\theta = 180°$ 处,此时 σ'_θ 为

$$\sigma'_\theta = 3\sigma_\mathrm{h} - \sigma_\mathrm{H} - p_i - \alpha p_0 \tag{5.3}$$

将式(5.3)代入岩石的拉伸强度准则 $\sigma'_\theta = -S_\mathrm{t}$,即可得岩石产生拉伸破坏时的井内流体压力(即地层破裂压力)与地应力和岩体抗拉强度之间的关系为

$$p_\mathrm{f} = 3\sigma_\mathrm{h} - \sigma_\mathrm{H} - \alpha p_0 + S_\mathrm{t} \tag{5.4}$$

图 5.2 所示为一典型的现场水力压裂测试曲线[103],从中可以确定以下应力值:

(1)破裂压力 p_f。压力最高值,反映了流体压力克服地应力和抗拉强度使地层破裂形成裂缝;

(2)延伸压力 p_pro。压力趋于平缓的点,为裂缝向远处扩展所需的压力;

(3)瞬时停泵压力 p_s。当裂缝延伸到离开井壁应力集中区,进行瞬时停泵时记录的压力。由于此时裂缝仍开启,瞬时停泵压力与垂直裂缝的最小水平地应力 σ_h 平衡,即有

$$p_\mathrm{s} = \sigma_\mathrm{h} \tag{5.5}$$

此后,随着停泵时间的延长,流体向裂缝两边渗滤,使压力进一步下降。

(4)裂缝重张压力 p_r。瞬时停泵后重新开泵向井内注入流体,使闭合的裂缝重新张开时的压力。由于使闭合裂缝张开不需克服岩石的抗拉强度,则重张压力为

$$p_\mathrm{r} = p_\mathrm{f} - S_\mathrm{t} \tag{5.6}$$

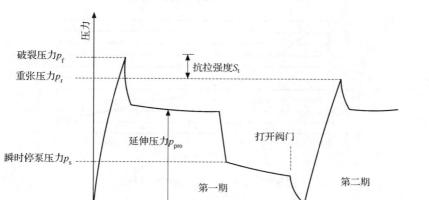

图 5.2　水力压裂测试曲线

因此,只要通过水力压裂测得地层的破裂压力、瞬时停泵压力和裂缝重张压力,结合地层孔隙压力的测定,利用式(5.4)～式(5.6)即可确定地层某深处的最

大、最小水平主地应力,即

$$\begin{cases} \sigma_h = p_s \\ \sigma_H = 3\sigma_h - p_f - \alpha p_0 + S_t \end{cases} \tag{5.7}$$

上覆地层压力可以由密度测井数据求得。这样,地层某深处的三个主地应力即可确定。

某井原地应力实测压力曲线如图 5.3 所示。最小地应力即裂缝的闭合压力,是压裂设计所必需的参数之一。在地应力测试的四个循环中,选取破裂、闭合效果好的 2～3 个循环(第一、第二和第四),分析其关井段的压降数据,可以采用时间平方根法求取闭合压力。图 5.4 为第一循环闭合压力分析图,从图中切线交点可得到闭合压力为 12.70MPa,同样方法可得到第二循环和第四循环压力分析图,地应力测试分析结果如表 5.2 所示。

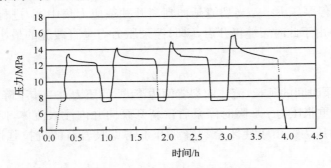

图 5.3　某井原地应力实测压力曲线

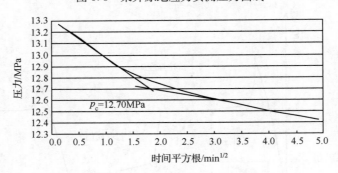

图 5.4　第一循环闭合压力分析图

表 5.2　地应力分类

参数	第一循环	第二循环	第四循环	平均值
闭合压力 p_c/ MPa	12.70	13.04	13.89	13.21
破裂压力 p_f/MPa	13.44	14.09	15.60	14.38
压力点深度/m		759.76		

（二）声波测井解释法

根据声波时差及密度测井资料可计算地层泊松比、弹性模量等力学参数，然后间接求得地应力大小[108,109]。

1. 垂向地应力

垂向地应力是由上覆地层重力引起的，随地层密度和深度而变化，可由密度测井资料求取：

$$\sigma_{\mathrm{v}} = \int_0^H \rho(h) g \mathrm{d}h \tag{5.8}$$

式中，σ_{v} 为垂向地应力，MPa；h 为地层埋藏深度，m；$\rho(h)$ 为地层密度随地层深度变化的函数，kg/m³。

2. 水平地应力

通过测井资料计算水平应力有多种模型，其针对性和实用性有一定差异。

1）黄氏模型

黄荣樽和庄锦江[110]在多年研究基础上得出了计算地应力的公式

$$\begin{cases} \sigma_{\mathrm{h}} = \left(\dfrac{\nu}{1-\nu} + \gamma \right)(\sigma_{\mathrm{v}} - \alpha p_0) + \alpha p_0 \\ \sigma_{\mathrm{H}} = \left(\dfrac{\nu}{1-\nu} + \beta \right)(\sigma_{\mathrm{v}} - \alpha p_0) + \alpha p_0 \end{cases} \tag{5.9}$$

式中，γ、β 为反应两个水平方向上构造应力大小的两个常数，无量纲，对于给定地区是个定值，但随地区而异；ν 为岩石静态泊松比，无量纲；α 为 Biot 系数（有效应力系数），无量纲。

该模型认为地下岩层的地应力主要由上覆岩层压力和水平方向的构造应力产生，且水平方向的构造应力与上覆岩层的有效应力成正比。该模型考虑了构造应力的影响，可以解释在我国常见的三向应力不等且最大水平应力大于垂直应力的现象。但该模型没有考虑地层刚性对水平地应力的影响，对不同岩性地层中地应力的差别考虑不充分。

2）组合弹簧模型

在分析黄氏模型存在不足的基础上，假设岩石为均质、各向同性的线弹性体，并假定在沉积及后期构造运动过程中，地层和地层之间不发生相对位移，所有地层两水平方向的应变均为常数。由广义胡克定律得

$$\begin{cases} \sigma_{\mathrm{h}} = \dfrac{\nu}{1-\nu}(\sigma_{\mathrm{v}} - \alpha p_0) + \dfrac{E\varepsilon_{\mathrm{h}}}{1-\nu^2} + \dfrac{\nu E\varepsilon_{\mathrm{H}}}{1-\nu^2} + \alpha p_0 \\ \sigma_{\mathrm{H}} = \dfrac{\nu}{1-\nu}(\sigma_{\mathrm{v}} - \alpha p_0) + \dfrac{E\varepsilon_{\mathrm{H}}}{1-\nu^2} + \dfrac{\nu E\varepsilon_{\mathrm{h}}}{1-\nu^2} + \alpha p_0 \end{cases} \tag{5.10}$$

式中，E 为弹性模量，由测井资料求取，MPa；ε_{h}、ε_{H} 为岩层在最小和最大水平应力

方向的应变,无量纲,在同一断块内 ε_h 和 ε_H 为常数。

组合弹簧模型有一定的物理基础,但该模型忽略了岩层的非线弹性特性,所假设的各岩层水平方向应变相等属特例。

3) 多孔弹性水平应变模型

基于广义胡克定律,可以得出

$$\begin{cases} \sigma_h = \dfrac{\nu}{1-\nu}(\sigma_v - \alpha_{vert}p_0) + \dfrac{E\varepsilon_h}{1-\nu^2} + \dfrac{\nu E\varepsilon_H}{1-\nu^2} + \alpha_{hor}p_0 \\[3mm] \sigma_H = \dfrac{\nu}{1-\nu}(\sigma_v - \alpha_{vert}p_0) + \dfrac{E\varepsilon_H}{1-\nu^2} + \dfrac{\nu E\varepsilon_h}{1-\nu^2} + \alpha_{hor}p_0 \end{cases} \tag{5.11}$$

式中, α_{vert} 、 α_{hor} 分别为垂直和水平方向上的有效应力系数。

该模型是在组合弹簧经验模型的基础上,引入地层的各向异性,认为垂直和水平方向上有效应力的系数不相等。

4) 分层地应力计算模型

葛洪魁[111]提出了一组地层应力经验关系式,分别适用于水力压裂垂直缝和水平缝。适用于水力压裂裂缝为垂直裂缝(最小地应力在水平方向)的模型为

$$\begin{cases} \sigma_v = \displaystyle\int_0^H \rho(h)g\,dh \\[3mm] \sigma_h = \dfrac{\nu}{1-\nu}(\sigma_v - \alpha p_0) + K_h\dfrac{EH}{1+\nu} + \dfrac{\alpha_T E\Delta T}{1-\nu} + \alpha p_0 \\[3mm] \sigma_H = \dfrac{\nu}{1-\nu}(\sigma_v - \alpha p_0) + K_H\dfrac{EH}{1+\nu} + \dfrac{\alpha_T E\Delta T}{1-\nu} + \alpha p_0 \end{cases} \tag{5.12}$$

适用于水力压裂裂缝为水平裂缝(最小地应力在垂直方向)的模型为

$$\begin{cases} \sigma_v = \displaystyle\int_0^H \rho(h)g\,dh \\[3mm] \sigma_h = \dfrac{\nu}{1-\nu}(\sigma_v - \alpha p_0) + K_h\dfrac{EH}{1+\nu} + \dfrac{\alpha_T E\Delta T}{1-\nu} + \alpha p_0 + \Delta\sigma_h \\[3mm] \sigma_H = \dfrac{\nu}{1-\nu}(\sigma_v - \alpha p_0) + K_H\dfrac{EH}{1+\nu} + \dfrac{\alpha_T E\Delta T}{1-\nu} + \alpha p_0 + \Delta\sigma_H \end{cases} \tag{5.13}$$

式中, α_T 为膨胀系数,无量纲; H 为地层深度,m; ΔT 为地层温度的变化,(°); h 为深度变量,m; $\rho(h)$ 为 h 深度处的地层密度,kg/m³; K_h 、 K_H 为最小、最大水平主应力方向的构造系数,在同一区块视为常数,无量纲; $\Delta\sigma_h$ 、 $\Delta\sigma_H$ 为考虑地层剥蚀的最小和最大水平应力附加量,同一地区视为常数,MPa。

该模型有如下几个特点:

(1) 考虑因素比较全面。包括了上覆岩层重力、地层孔隙压力、地层岩石的泊松比和弹性模量、地层温度变化、构造应力对水平地应力的影响。

(2) 适用范围广。适用于三向地应力不等的地区,而且既适用于水力压裂裂缝为垂直裂缝的情况,也适用于水力压裂裂缝为水平裂缝的情况。

（3）模型中各参数物理含义明确。

（4）比较符合地应力分布变化规律。

（5）模型中的各参数比较容易获取。

（三）声发射法

材料在受到外荷载作用发生破坏时，其内部贮存的应变能快速释放产生弹性波，从而发出声响，称为声发射。1950年，德国人凯塞尔发现多晶金属的应力从其历史最高水平释放后，再重新加载，当应力未达到先前最大应力值时，很少有声发射产生，而当应力达到和超过历史最高水平后，则大量产生声发射，这一现象叫做凯塞尔（Kaiser）效应。从很少产生声发射到大量产生声发射的转折点称为凯塞尔点，该点对应的应力即为材料先前受到的最大应力。后来研究发现许多岩石也具有显著的凯塞尔效应，从而为应用这一技术测定岩体初始应力奠定了基础[103,104]。

声发射凯塞尔效应测量地应力利用了岩石具有记忆的特性，其力学本质是岩石受原地应力作用所形成的特定的微裂缝在达到原地应力载荷作用下重新活动和扩展的反映。岩石凯塞尔效应试验可以测量野外曾经承受过的最大压应力。实验室内一般采用与钻井岩心轴线垂直的水平面内、增量为45°的方向钻取3块岩样，测出3个方向的凯塞尔点处正应力，而后求出最大、最小水平主地应力；由与岩心轴线平行的垂向岩样凯塞尔点处的地应力确定垂向地应力。在实验时，σ_0 的取心位置为标定线（图5.5），实验得到的 β 为标定线与水平最小地应力的夹角[112]。

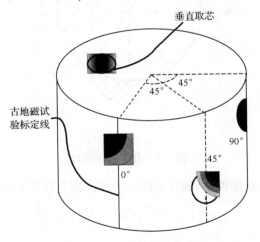

图5.5 声发射试验岩心取样示意图

根据岩心所确定的各个方向的最大压应力，利用公式可以确定地应力的数值，即最大、最小水平主地应力为

$$\begin{cases} \sigma_H = \dfrac{\sigma_{0°} + \sigma_{90°}}{2} + \dfrac{\sigma_{0°} - \sigma_{90°}}{2}(1 + \tan^2 2\beta)^{\frac{1}{2}} + \alpha p_0 \\[3mm] \sigma_h = \dfrac{\sigma_{0°} + \sigma_{90°}}{2} - \dfrac{\sigma_{0°} - \sigma_{90°}}{2}(1 + \tan^2 2\beta)^{\frac{1}{2}} + \alpha p_0 \end{cases} \tag{5.14}$$

式中

$$\tan 2\beta = \frac{\sigma_{0°} + \sigma_{90°} - 2\sigma_{45°}}{\sigma_{0°} - \sigma_{90°}} \tag{5.15}$$

其中，$\sigma_{0°}$、$\sigma_{45°}$ 和 $\sigma_{90°}$ 为 0°、45°和 90°三个水平向岩心凯塞尔点处正应力，MPa。

（四）井壁崩落法

1. 基本原理

地层总是处于三向应力状态，井眼的形成，使其周围的应力重新分布，由于井壁附近应力集中产生剪切破坏，其崩落方向和区域与最小水平主应力方向一致，孔壁崩落形状如图 5.6 所示。

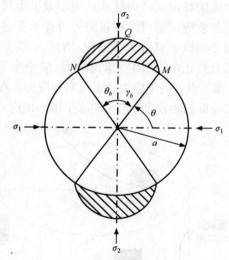

图 5.6　井壁崩落形状

根据莫尔-库仑强度准则，破坏点的应力状态满足以下方程：

$$\begin{aligned} c = (1 + f^2)\left[\left(\frac{\sigma_\theta - \sigma_r}{2}\right)^2 + \tau_{r\theta}^2\right]^{\frac{1}{2}} \\ - f\left(\frac{\sigma_\theta + \sigma_r}{2}\right) \end{aligned} \tag{5.16}$$

式中，σ_θ、σ_r、$\tau_{r\theta}$ 分别为破坏点的周向应力、径向应力和切应力，MPa；c 为黏结力，MPa；f 为内摩擦系数，无量纲。

由于

$$\sigma_r = \frac{\sigma_1 + \sigma_2}{2}\left(1 - \frac{a^2}{r^2}\right) + \frac{\sigma_1 - \sigma_2}{2}\left(1 - 4\,\frac{a^2}{r^2} + 3\,\frac{a^3}{r^3}\right)\cos 2\theta \tag{5.17}$$

$$\sigma_\theta = \frac{\sigma_1 + \sigma_2}{2}\left(1 + \frac{a^2}{r^2}\right) - \frac{\sigma_1 - \sigma_2}{2}\left(1 + 3\,\frac{a^4}{r^4}\right)\cos 2\theta \tag{5.18}$$

$$\tau_{r\theta} = \frac{\sigma_1 - \sigma_2}{2}\left(1 + 2\,\frac{a^2}{r^2} - 3\,\frac{a^3}{r^3}\right)\sin 2\theta \tag{5.19}$$

测定井壁崩落宽度 $2\theta_b$、深度 r_b，并测定煤岩体的 c 和 ν，并将 M、Q 两点的 σ_θ、σ_r、$\tau_{r\theta}$ 表达式代入式(5.17)～式(5.19)，即可求出 σ_1 和 σ_2。

2. 井壁崩落椭圆的测定

地层层面的倾角和方位角主要利用地层倾角测井在井中进行测量，常用的地层倾角测井仪有哈利伯顿公司的 SED 地层倾角测井仪、斯伦贝谢公司的 HDT 地层倾角测井仪和 SHDT 地层倾角测井仪。

根据 SHDT 地层倾角测井仪测井原理(图 5.7)，地层倾角测井根据三点可以成一平面，用井下仪器在井中测出同一层面的三个或三个以上的点，根据这些点绘

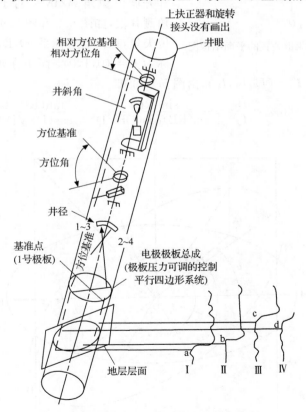

图 5.7　SHDT 地层倾角仪测量记录曲线图

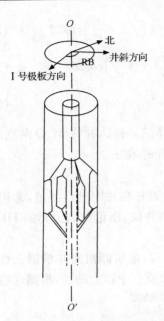

图 5.8　井下测量装置的平面结构图

出地层的层面。从图上可以看出，如果有一地层面，当带有四组电极系的仪器通过该层面时，将测出四条带拐点的电阻率曲线。这四个拐点的深度分别为 Z_1、Z_2、Z_3、Z_4，它们代表地层面上四个点的深度。如果地层是水平的，则 Z_1、Z_2、Z_3、Z_4 相等；如果地层是倾斜的，则 Z_1、Z_2、Z_3、Z_4 不相等，即 Z_1、Z_2、Z_3、Z_4 之间有高度差，也叫高程差，根据这些高度差可绘出一个倾斜的平面[104]。

分别由 I、III 极板和 II、IV 极板组成两套井径测量装置，记录正交的 1、3 臂与 2、4 臂方向的井径 d_{13} 和 d_{24}。

I 号极板相对于井斜方位的方位角 RB 和井斜方位角 AZIM。对于 SHDT 地层倾角测井仪，如图 5.8 和图 5.9 所示，设 I 为单位矢量，在仪器坐标系 $\{O, D, F, A\}$ 中它的坐标为 $I = (0, 1, 0)$，而 I 在坐标系 $\{O, F, B, V\}$ 中的坐标为 $I' = (I_F, I_B, I_V)$，由图 5.9 可知

$$\tan\alpha = \frac{I_F}{I_\theta} = \frac{\sin(\mathrm{RB})}{\cos(\mathrm{RB})\cos(\mathrm{DEVI})} = \frac{\tan(\mathrm{RB})}{\cos(\mathrm{DEVI})} \tag{5.20}$$

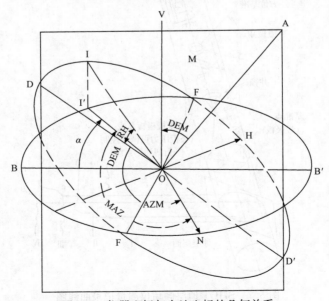

图 5.9　仪器坐标与大地坐标的几何关系

则 I 号板的方位角 PIAZ 为

$$PIAZ = AZIM + \arctan\alpha\left[\frac{\tan(RB)}{\cos(DEVI)}\right] \tag{5.21}$$

若对于 DEVI(井斜角)$<5°$时

$$PIAZ \approx AZIM + RB \tag{5.22}$$

上面确定了 $C_{1\sim3}$ 方位角 PIAZ,崩落椭圆的长轴方位角 β 可以按如下方法确定。

(1) 若 $C_{1\sim3}$ 井径曲线表现为长轴井径时,其长轴方位角

$$\beta = PIAZ \tag{5.23}$$

(2) 若 $C_{2\sim4}$ 井径曲线表现为长轴井径时,其长轴方位角

$$\beta = PIAZ \pm 90° \tag{5.24}$$

(五) 微地震法

微地震法测地应力的技术原理起源于天然地震的监测。水力压裂过程中,地层破裂和错动,必定向外辐射弹性波地震能量,包括纵波和横波,类似于地震勘探中的震源,压裂裂缝的微地震法监测技术就是通过收集这些弹性波信号,结合模型来解释地下裂缝的情况。

在水力压裂过程中,记录这些微地震信号,并根据微地震走时进行震源定位,由微地震震源的空间分布描述裂缝轮廓。微地震震源空间分布在柱坐标系三个坐标面上的投影,可以分别描述裂缝的长度、方位[113,114]。

莫尔-库仑准则可以写为

$$\tau \geqslant \tau_0 + \frac{(\sigma_1 + \sigma_2 - 2p_0)}{2} + \frac{(\sigma_1 - \sigma_2)\cos2\varphi}{2} \tag{5.25}$$

$$\tau = \frac{(\sigma_1 - \sigma_2)\sin2\varphi}{2} \tag{5.26}$$

式中,τ_0 为煤岩体抗剪强度,MPa;p_0 为地层压力,MPa;φ 为最大主应力与裂缝面法向的夹角,(°)。

式(5.25)表示若左侧不小于右侧则发生微地震。可以看出,微地震易于沿已有裂缝面发生,这时 $\tau_0 = 0$。p_0 增大,式右边减小,也会使右侧小于左侧,这使地层压力变化成为微地震发生的必然条件。这两种因素都会引发地震,并且使微震事件在已有裂缝条带上优先发生,这为观测压裂裂缝提供了依据。

微地震测地应力,需要反演产生微地震的准确位置,反演可分为均匀介质和非均匀介质两种情况。对于均匀介质情况,震源坐标的确定大多采用解析法求解。微地震震源定位的解析法主要有:纵横波时差法、同型波时差法、Geiger 修正法,其区别在于微地震资料初至速度的提取。

如图 5.10 所示,检测系统在压裂井周围分布 6 个微地震观测台,压裂形成裂

缝时,沿裂缝面必然产生微地震,通过现场检测即可绘出压裂井裂缝的形态、方位、高度和产状,震源定位公式为

$$
\begin{cases}
t_1 - t_0 = \dfrac{1}{V_{\mathrm{p}}} \sqrt{(x_1 - x_0)^2 + (y_1 - y_0)^2 + z^2} \\[2mm]
t_2 - t_0 = \dfrac{1}{V_{\mathrm{p}}} \sqrt{(x_2 - x_0)^2 + (y_2 - y_0)^2 + z^2} \\[1mm]
\qquad\qquad\vdots \\[1mm]
t_6 - t_0 = \dfrac{1}{V_{\mathrm{p}}} \sqrt{(x_6 - x_0)^2 + (y_6 - y_0)^2 + z^2}
\end{cases}
\tag{5.27}
$$

式中,t_1、t_2、$\cdots$、t_6 为检波器记录到的微震到时,s;t_0 为发震时刻,s;V_{p} 为 P 波的波速,m/s;(x_1, y_1)、(x_2, y_2)、$\cdots$、(x_6, y_6) 为检测站坐标,(m,m);(x_0, y_0) 为震源坐标,(m,m);z 为震源深度,m。

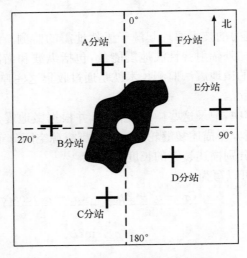

图 5.10　微地震检测技术原理图

　　规定 x 轴沿东西向,向东方向为正方向,y 轴沿南北向,向北方向为正方向,z 轴垂直向下,根据式(5.27)可求得待求的未知数 t_0、x_0、y_0 和 z,把检测结果投影到 xy 平面上,可绘制裂缝的长度和方位,进而确定地应力的方向。

　　（六）大地电位法

　　大地电位法通过测量压裂注入到目的层的工作液所引起的地面电场的变化,来解释压裂裂缝的相关参数。在压裂施工过程中,所用的压裂液相对于地层为一良导体,压裂液电阻率与地层介质电阻率相比差异较大,向地层供电时,破裂面内的压裂液在地层中可看成一个场源,由于它的存在将使原电场的分布形态发生变化,大部分电流集中到低阻带,造成低阻带周围介质的电能密度发生变化。因此,

可以在压裂井周围采用合适的观测系统来测量地下地层电介质变化参数来判断裂缝压裂效果。

在压裂井周围沿同一径向布置两个电极,环绕钻孔布置多组测量电极,采用高精度的电位观测系统测量压裂前后不同方位的电位梯度变化(图5.11)。电位梯度降低最多的方位即水力压裂裂缝方位,经过一定的数据处理达到解释裂缝有关参数的目的[106]。

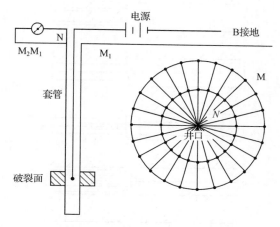

图5.11　地面电位梯度法测量原理图

（七）原位地应力测量

1. 钻孔套心应力解除法

当需要测定岩体中某点的应力状态时,人为地将该处岩体单元和周围的岩体分离,岩体单元上所受的压力将被解除;该单元体的几何尺寸也将产生弹性恢复。应用一定的仪器,测定弹性恢复的应变值或变形值,并且认为岩体是连续、均质和各向同性的弹性体,于是就可以借助弹性理论计算岩体单元所受的应力状态[115,116]。

测量步骤如图5.12所示,即

（1）选点;

（2）钻孔:$\Phi 130mm$,深度一般小于30m;

（3）在孔底打一测量孔:$\phi 36mm$,深度一般为50cm,并洗干净;

（4）安装应变计,与应变仪连接,测记稳定初始读数;

（5）套钻解除,在应力解除过程中,测记应变计读数,至应变完全解除为止;

（6）折断岩心,在室内求取岩石的E_m;

（7）求解,天然应力σ_H、σ_h,而$\sigma_v = \rho gz$。

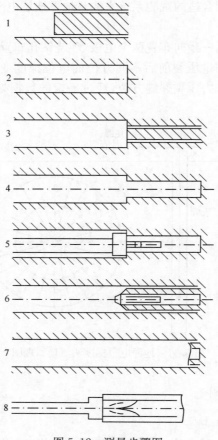

图 5.12 测量步骤图

测量应力解除前后钻孔直径的变化 Δd（图 5.13），采用 36-2 型孔径变形计进行测量。

设天然应力为水平应力场，在其中打一钻孔，则

$$u_a = \frac{R}{E}[(\sigma_1 + \sigma_3) + 2(\sigma_1 - \sigma_3)\cos2\theta] \tag{5.28}$$

如图 5.14 所示，应变计互成 45°，据式（5.28）有

$$\begin{cases} u_a = \dfrac{R}{E}[(\sigma_1 + \sigma_3) + 2(\sigma_1 - \sigma_3)\cos2\theta] \\[2mm] u_b = \dfrac{R}{E}[(\sigma_1 + \sigma_3) + 2(V)\cos2(\theta + 45)] \\[2mm] u_c = \dfrac{R}{E}[(\sigma_1 + \sigma_3) + 2(\sigma_1 - \sigma_3)\cos2(\theta + 90)] \end{cases} \tag{5.29}$$

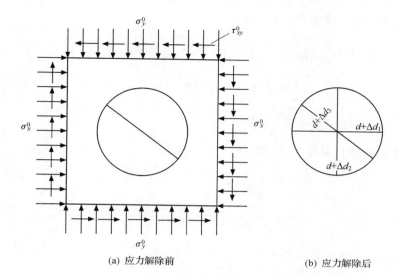

(a) 应力解除前　　　　　　　　(b) 应力解除后

图 5.13　应力解除前后孔径变化

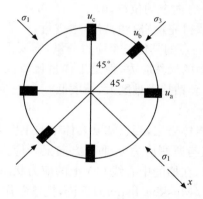

图 5.14　应变计方位图

因为

$$\cos(90+\alpha) = -\sin\alpha, \quad \cos(180+\alpha) = -\cos\alpha$$

则

$$\begin{cases} u_a = \dfrac{R}{E}\left[(\sigma_1+\sigma_3)+2(\sigma_1-\sigma_3)\cos2\theta\right] \\[2mm] u_b = \dfrac{R}{E}\left[(\sigma_1+\sigma_3)-2(\sigma_1-\sigma_3)\sin2\theta\right] \\[2mm] u_c = \dfrac{R}{E}\left[(\sigma_1+\sigma_3)-2(\sigma_1-\sigma_3)\cos2\theta\right] \end{cases} \quad (5.30)$$

用消元法解三元一次方程,得

$$\begin{cases} \sigma_1 = \dfrac{E}{4R}\left[u_a + u_c + \dfrac{1}{\sqrt{2}}\sqrt{(u_a - u_b)^2 + (u_b - u_c)^2} \right] \\ \sigma_3 = \dfrac{E}{4R}\left[u_a + u_c - \dfrac{1}{\sqrt{2}}\sqrt{(u_a - u_b)^2 + (u_b - u_c)^2} \right] \\ \tan2\theta = \dfrac{2u_b - u_a - u_c}{u_a - u_c} \end{cases} \quad (5.31)$$

应变计互为 60°时,可按式(5.32)计算

$$\begin{cases} \sigma_1 = \dfrac{E}{6R}\left[u_a + u_b + u_c + \dfrac{1}{\sqrt{2}}\sqrt{(u_a - u_b)^2 + (u_b - u_c)^2 + (u_c - u_a)^2} \right] \\ \sigma_3 = \dfrac{E}{6R}\left[u_a + u_b + u_c - \dfrac{1}{\sqrt{2}}\sqrt{(u_a - u_b)^2 + (u_b - u_c)^2 + (u_c - u_a)^2} \right] \\ \tan2\theta = \dfrac{-\sqrt{3}(u_b - u_c)}{2u_a - (u_b + u_c)} \end{cases}$$

$$(5.32)$$

式中,u_a、u_b 和 u_c 为三个方向上的位移,m。

　　这种方法要求在能取得完整岩心的岩体中进行,一般至少要能取出大孔直径 2 倍长度的岩心;要测定一点的其他三个应力分量,需要采用三孔交汇法。此方法能较准确地量测出岩体中的天然应力,但是工作量比较大,只能量测浅部(30m 以内)天然应力,深度大了,套钻技术难度大、精度低。

　　2. 应力恢复法

　　应力恢复法仅用于岩体表层,当已知某岩体中的主应力方向时,采用本方法较为方便[117]。其原理是在与所测应力 σ_1 垂直方向上开应力解除槽,围岩应力得到部分解除,应力重新分布,在槽的中心线 OA 上的应力状态如图 5.15 和图 5.16 所示,根据穆斯海里什维里(Muskhe. lishvili)理论,把槽看作一条缝,得到

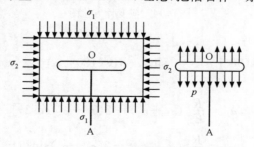

图 5.15　应力解除法刻槽

$$\left.\begin{array}{l} \sigma_{1x} = 2\sigma_1 \dfrac{\rho^4 - 4\rho^2 - 1}{(\rho^2 + 1)^3} + \sigma_2 \\[3mm] \sigma_{1y} = \sigma_1 \dfrac{\rho^6 - 3\rho^4 + 3\rho^2 - 1}{(\rho^2 + 1)^3} \end{array}\right\} \tag{5.33}$$

式中，σ_1、σ_2 为 OA 线上某点 D 上的应力分量，MPa；ρ 为 D 点离槽中心 O 的距离的倒数，m^{-1}。

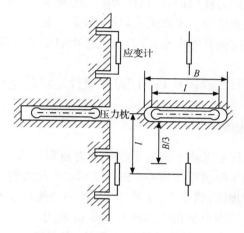

图 5.16　应变计布置图

在槽中埋设压力枕，并由压力枕对槽加压，若施加压力为 p，则在 OA 线上 D 点产生的应力分量为

$$\left\{\begin{array}{l} \sigma_{2x} = -2p \dfrac{\rho^4 - 4\rho^2 - 1}{(\rho^2 + 1)^3} \\[3mm] \sigma_{2y} = 2p \dfrac{3\rho^4 + 1}{(\rho^2 + 1)^3} \end{array}\right. \tag{5.34}$$

当压力枕所施加的力 $p = \sigma_1$ 时，这时 C 点的总应力分量为

$$\left\{\begin{array}{l} \sigma_x = \sigma_{1x} + \sigma_{2x} = \sigma_2 \\ \sigma_y = \sigma_{1y} + \sigma_{2y} = \sigma_1 \end{array}\right. \tag{5.35}$$

可见当压力枕所施加的力 $p = \sigma_1$ 时，则岩体中的应力状态已完全恢复，所求的应力 σ_1 即由 p 值而得知。

应力恢复法测试步骤为

（1）选定试验点，在预开解除槽（宽 B、深 $>B/2$）的中垂线上安装测量元件（$B/3$）。测量元件可以是千分表、钢弦应变计或电阻应变片等；

（2）记录量测元件——应变计的初始读数；

（3）开凿解除槽，记录应变计读数；

（4）埋设压力枕，并用水泥砂浆充填空隙；

（5）达到一定强度以后，连接油泵，施压。随着加压 p 的增加，岩体变形逐步恢复。逐点记录压力 p 与恢复变形（应变）的关系；

（6）假设岩体为理想弹性体，当应变计恢复到初始读数时，此时施加的压力 p 即为所求岩体的主应力。

采用应力恢复法可以不用岩体中的应力应变关系，而直接得出岩体的应力。但若槽壁不是岩体主应力作用面，则在挖槽前的槽壁上存在剪应力，但这种剪应力的作用在应力恢复过程中没有考虑进去，这会导致一定误差；应力恢复时，岩体应力应变关系与应力解除前并不完全相同，这也会影响量测的精度。

第二节　基于 GSI 的水力压裂数理模型

一、水力压裂数理模型概述

煤层气储层水力压裂基本上借鉴了油气水力压裂的理论，压裂裂缝的几何形态和延伸规律是水力压裂理论的核心。20 世纪 50 年代人们开始探索水力压裂裂缝的几何形态和延伸规律；到了 70 年代中期，各种二维模型相继形成；80 年代中后期各种拟三维及全三维模型相继出现并逐步被采用[118]。二维模型只有在上下隔层与产层的应力差较大、裂缝仅在产层中延伸，即裂缝高度固定的情况下才是有效的。二维的 GDK 模型（图 5.17）最早由 Khristianovich 和 Zheltov 于 1955 年提出，并引入动平衡概念，认为高压水的作用可导致裂缝的扩展延伸[119]。其后 Tirant 和 Dupuy 应用动平衡理论给出了 GDK 模型的计算步骤，并根据泵注压裂液的体积平衡条件来获取裂缝的长度。Geertsma 和 Klerk[120] 于 1969 年对这一模型进行修订，考虑了流体滤失的情况。1973 年，Daneshy[121] 在此模型中引入了非牛顿流体效应和支撑剂的输运算法，后来就形成了较为完善的 GDK 模型。

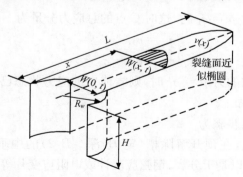

图 5.17　GDK 模型示意图

1961 年 Perkins 和 Kern[122] 提出了 PKN 模型（图 5.18），此模型也是一种等

高模型。Nordgren[123]于 1972 年对此模型作了修订，考虑了流体的滤失情况。后来 Biot、Carter[124]、Williams[125]等又对 PKN 模型进行了完善，并沿用至今。

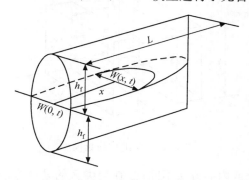

图 5.18　PKN 模型示意图

对于压裂过程中裂缝高度出现窜层的情况，1982 年 Van Eekelan[126]提出了拟三维模型，即用 PKN 模型解决其横向扩展速度，而用 GDK 模型解决其垂向延伸问题；Advani 等[127]利用有限元方法对层状对称介质中的垂向线性裂缝扩展进行了研究；Settari 和 Cleary[128]基于 PKN 和 GDK 模型形成了拟三维(P3D)模型，并用有限差分方法求解；1985 年 Palmer 等[129,130]考虑了地层垂直方向上各层中最小水平应力的差异，提出了一个比较完善的拟三维模型(图 5.19 和图 5.20)；另外，Bouteca[131]也对拟三维模型进行了研究。

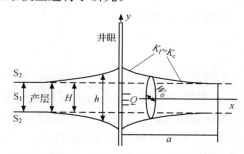

图 5.19　Palmer 模型的裂缝几何形态示意图

全三维模型真实地反映了水力压裂裂缝的几何形态及岩体的三维变形和缝内流体的二维流动，主要体现在裂缝的垂向和水平延伸，更接近于实际情况。Clifton 等[132]及 Cleary 等[133]建立的模型是目前被人们普遍接受的全三维模型。Clifton 认为压裂液的流动和地层的弹性变形决定了裂缝几何形态的变化，仅裂缝尖局部区域受到断裂机制的影响，并由位错理论推导出裂缝宽度与缝内压力的关系。由于裂缝的长度及高度远远大于裂缝的宽度，因此压裂液在缝内的流动一般模拟为沿多孔平板的层流流动。Cleary 模型与 Clifton 模型相似，主要区别为：①裂缝表

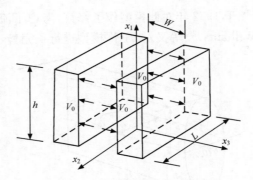

图 5.20　裂缝内流场模型

面积分方程的离散化或内插方法不同;②在裂尖区的处理方法上有所不同。通过实验室测定,Bouteca[131]首次验证了水力压裂过程中裂缝的延伸范围是沿最大水平主应力方向的椭圆形,结合 Shah 和 Kobagashi 的椭圆裂缝形变理论和二维的流体流场,形成了一套简捷实用的全三维裂缝形态预测模型。在此基础上,Lee 和 Jantz[134]提出了三维水力压裂裂缝传播和二维支撑剂输运耦合模型。

对于全三维模型的研究,国内涉及不多,陈勉等[135]考虑了弯曲裂缝中流体流动的曲率效应,提出了全三维水力压裂延伸模型中缝宽方程的计算方法,并建立了非均匀条件下全三维水力压裂理论模型[136];孙聚晨和杜长安[137]与美国德州大学联合开展了关于全三维水力压裂设计程序的研究及编程工作,所开发的软件是我国目前为数不多的全三维水力压裂软件之一。

二、裂缝几何模型

裂缝延伸过程中其几何尺寸的计算是水力压裂设计的关键,受岩石力学性质、地应力、压裂液性能及施工参数的影响。在进行煤层压裂裂缝模型选择时,首先要对裂缝的几何形状进行预测,是形成水平裂缝、垂直裂缝,还是形成复杂裂缝,以及裂缝是否被限制在煤层之中。对于裂缝延伸模拟的发展,经历了一个由简单到复杂、由二维到三维逐步完善的过程。目前在石油及煤层气领域常用的设计模型主要有二维(PKN、GDK)、拟三维和真三维模型。不论何种模型,都是将排量、施工时间及流体滤失量与裂缝尺寸联系起来。

(一)GDK 模型

选择 GDK 模型并结合煤体的 GSI 值对压裂裂缝参数进行计算,由于该模型考虑了水平面上的平面应变,压裂层域上下遮挡层存在着滑动效应,其计算的裂缝宽度更为合理。

GDK 模型的基本假设为

（1）地层均质、各向同性，岩石在水平面上发生线弹性应变；

（2）裂缝中压裂液作层流运动；

（3）裂缝高度固定，且与缝长无关；

（4）注液排量固定，考虑滤失；

（5）裂缝缝宽截面为矩形，侧向为椭圆形；

（6）依据裂缝内的流动阻力来确定扩展方向的流体压力梯度。

$$p(0,t) - p(x,t) = p_f - p = \frac{12\mu Q}{H_f} \int_0^x \frac{\mathrm{d}x}{W^3(x,t)} \tag{5.36}$$

式中，$p(0,t)$ 为 t 时刻缝口压力，Pa；$p(x,t)$ 为 t 时刻长方向 x 处的压力，Pa；p_f 为裂缝尖端破裂压力，Pa；μ 为压裂液黏附，mPa·s；Q 为排量，m³/min；H_f 为裂缝高度，m；$W^3(x,t)$ 为 t 时刻裂缝长方向 x 处的裂缝宽度，m；p 为垂直于断面的地应力，Pa。

England 和 Green 提出了一个平面应变条件下在缝内任意分布的作用在缝壁面上的正压力 p 与缝宽 W 的关系的通用公式

$$W(x) = \frac{8(1-\nu^2)L}{\pi E} \left(\int_{f_L}^1 \frac{f_2 \mathrm{d}f_2}{\sqrt{f_2{}^2 - f_1{}^2}} \int_0^{f_2} \frac{p f_1 \mathrm{d}f_1}{\sqrt{f_2 - f_1}} \right) \tag{5.37}$$

式中，L 为裂缝半长，m；$f_L = x/L$，无量纲量；f_1 和 f_2 都是缝长的系数（$-L \leqslant x \leqslant L$）。

而 Barenblatt 认为在均质脆性固体中处于动平衡的裂缝，作用在缝壁上的液体正压力，会使裂缝边界处的壁面光滑的闭合，对线性的裂缝有

$$\left(\frac{\partial W}{\partial x} \right)_{x=L} = 0 \tag{5.38}$$

在忽略地层抗张强度的条件下，结合式（5.36）和式（5.37）可以得到缝中液体压力分布的必要条件为

$$\int_0^L \frac{p(x)\mathrm{d}x}{\sqrt{L^2 - x^2}} = \frac{\pi}{2}\sigma \tag{5.39}$$

式中，σ 为垂直于缝壁的液体压力，MPa。

根据 Zheltov 和 Khristianovithde 的建议，满足式（5.39）的液体压力分布是不连续的，即

$$p_f = p_0 \qquad 0 \leqslant \frac{x}{L} \leqslant \frac{L_0}{L} \tag{5.40}$$

$$p_f = 0 \qquad \frac{L_0}{L} \leqslant \frac{x}{L} \leqslant 1 \tag{5.41}$$

式中，L_0 为未承压段缝长，m。

根据式（5.41）可得

$$\frac{L_0}{L} = \sin \frac{\pi}{2} \frac{\sigma}{p} = f' \tag{5.42}$$

式中，$f' = \frac{x}{L}$，无量纲。

由式(5.37)可得井眼处最大缝宽为

$$W(0,t) = \frac{2(1-\nu)L\Delta p}{G} \tag{5.43}$$

式中，G 为剪切模量，Pa；Δp 为缝内外压差，Pa。

结合式(5.36)，液体在裂缝中的流动阻力可以近似表示为

$$\int_0^{L_0} \frac{\mathrm{d}x}{W^3(x,t)} \approx \frac{7}{4}(1-f')^{-1/2} \tag{5.44}$$

单翼裂缝体积为

$$V = H_f LW(0,t)\int_0^1 (1-\lambda^2)^{1/2}\mathrm{d}\lambda = \frac{\pi}{4}H_f LW(0,t) \tag{5.45}$$

式中，V 为裂缝体积，m³；$\lambda = x/L$，无量纲。

结合式(5.44)，将 $W(0,t)$ 及 $(1-f')^{-1/2}$ 以 Δp 的形式表达出来，可以得到

L 为全缝长时

$$W(0,t) = 2.27\left[\frac{(1-\nu)\mu QL^2}{GH_f}\right]^{1/4} \tag{5.46}$$

L 为半缝长时

$$W(0,t) = 1.91\left[\frac{(1-\nu)\mu QL^2}{GH_f}\right]^{1/4} \tag{5.47}$$

根据质量守恒定律

$$\frac{\mathrm{d}V}{\mathrm{d}t} = Q - Q_L - V_{sp}\frac{\mathrm{d}A}{\mathrm{d}t} \tag{5.48}$$

其中滤失量 Q_L 为

$$Q_L = \int_0^A v_L\mathrm{d}A = \int_0^A v_L\frac{\mathrm{d}A}{\mathrm{d}\tau}\mathrm{d}\tau = C(\mathrm{GSI})\int_0^A \frac{\mathrm{d}A}{\mathrm{d}\tau}\frac{\mathrm{d}\tau}{\sqrt{t-\tau}} \tag{5.49}$$

式中，τ 为缝中某点开始滤失的时间，min；t 为裂缝扩展时间，min；v_L 为垂直于缝面的滤失速度，可由式(5.50)表示

$$v_L = \frac{C(\mathrm{GSI})}{\sqrt{t-\tau}} \tag{5.50}$$

滤失面积 $A = 2H_f L$，裂缝体积 $V = \frac{\pi}{2}H_f LW(0,t)$

结合式(5.48)经简单处理可以得到

$$\frac{\mathrm{d}L}{\mathrm{d}t} = \frac{Q}{H_f}\left[\frac{2}{\pi W(0,t) + 8V_{sp}}\right]\mathrm{e}^{\alpha_L^2}\mathrm{erfc}\,\alpha_L \tag{5.51}$$

积分式(5.51)可得全缝长为

$$L = \frac{Q}{16\pi H_f C\,(\mathrm{GSI})^2}\left[\pi W(0,t_p)+8V_{sp}\right]\left(\frac{2\alpha_L}{\sqrt{\pi}}-1+\mathrm{e}^{\alpha_L^2}\,\mathrm{erfc}\,\alpha_L\right) \quad (5.52)$$

式中，$W(0,t_p)$ 为停泵时缝口宽度，m；t_p 为停泵时间，min；$C(\mathrm{GSI})$ 为综合滤失系数，$\mathrm{m/min}^{1/2}$；V_{sp} 为初滤失量，m^3；$\alpha_L = \dfrac{8C(\mathrm{GSI})\sqrt{\pi t}}{4W(0,t_p)\pm 15V_{sp}}$；erfc 为误差补偿函数。

（二）PKN 模型

PKN 模型是基于垂直平面的平面应变理论的压裂裂缝几何模型，其裂缝几何尺寸的计算是以地层岩石线弹性理论为依据，裂缝内外压力差（$p-S$）形成缝宽 W，压应力 S 是与裂缝壁垂直的地层最小主应力，压力 p 是裂缝内的流体压力[138]。

PKN 模型的基本假设为：

（1）裂缝高度恒定，与裂缝长度无关；

（2）与线性裂缝延展方向垂直的纵截面中流体压力 p 为一常数；

（3）垂直平面具有岩石的刚度，在外在流体压力 p 的作用下产生一定的变形，即对于裂缝扩展方向上的每一个垂直纵截面相对独立变形，互不干扰；

（4）在这些纵截面中，每一个纵截面为一个椭圆形状，把缝高 H、流体压力 p 及对应点的裂缝宽度联系起来，其裂缝中心最大宽度的关系式为

$$W(x,t) = \frac{(1-\nu)H\Delta p}{G} \quad (5.53)$$

式中，W 为缝宽，m；H 为裂缝高度，m；Δp 为缝内外压差，为 $p-\sigma_m$，MPa，其中 σ_m 为垂直于截面的最小主应力，MPa；G 为剪切模量，GPa；ν 为泊松比。

（5）用在一个狭窄的椭圆形流动通道中的流动阻力来确定裂缝扩展方向或 x 方向上的流体压力梯度，牛顿压裂液层流的流动方程为

$$\frac{\partial \Delta p}{\partial x} = -\frac{64}{\pi}\frac{q\mu}{W^3 H} \quad (5.54)$$

式中，q 为流量，$\mathrm{m}^3/\mathrm{min}$；$\mu$ 为流体黏度，$\mathrm{mPa\cdot s}$；其他同上。

（6）在没有特殊理由的情况下，裂缝内流体压力沿缝长方向逐渐降低，当趋向裂缝末端时认为压力等于地层最小水平主应力，即 $x=L$ 时，$p=\sigma_m$。

考虑裂缝宽度增长速度对液体流量的影响和流体在地层中滤失的某点的连续方程为

$$\frac{\partial q}{\partial x}+\frac{\pi H}{4}\frac{\partial W}{\partial t}+q_1 = 0 \quad (5.55)$$

式中，q_1 为该点单位缝长上的滤失，即

$$q_1 = \frac{2HC(\mathrm{GSI})}{\sqrt{t-\tau(x)}} \quad (5.56)$$

关于 $W(x,t)$ 的非线性偏微分方程为

$$\frac{G}{64(1-\nu)H\mu}\frac{\partial^2 W^2}{\partial^2 x^2}-\frac{\partial W}{\partial t}-\frac{8C(\mathrm{GSI})}{\pi\sqrt{t-\tau(x)}}=0 \tag{5.57}$$

其中,式(5.57)满足 $W(x,0)=0$ 的条件。

边界条件

当 $t=0$ 时

$$W(x,0)=0 \tag{5.58}$$

当 $x>L$ 时

$$W(x,t)=0 \tag{5.59}$$

对于单翼裂缝

$$q(0,t)=q_0 \tag{5.60}$$

$$-\frac{\partial W^4(0,t)}{\partial x}=\frac{256\mu(1-\nu)q}{\pi G} \tag{5.61}$$

对于双翼裂缝

$$q(0,t)=\frac{1}{2}q_0 \tag{5.62}$$

$$-\frac{\partial W^4(0,t)}{\partial x}=\frac{128\mu(1-\nu)q}{\pi G} \tag{5.63}$$

PKN 模型对长时间压裂作业最为适用,在该种情况时,选用式(5.64)效果较好,即

$$\frac{\partial q}{\partial x}+q_1=0 \tag{5.64}$$

由此导出方程

$$L\int_0^1\frac{\mathrm{d}\lambda}{\sqrt{t-\tau(x)}}=\frac{q_0}{2HC(\mathrm{GSI})} \tag{5.65}$$

式中, $\lambda=x/L$ 为无量纲参数; τ 为一个由 $\lambda=x/L$ 确定的数,即 $\tau[L(t')]=t',0<t'<t$。于是得到了 PKN 模型带有滤失的缝长和流量分布公式

$$L=\frac{q_0\sqrt{t}}{2\pi HC(\mathrm{GSI})} \tag{5.66}$$

$$q(x)=q_0\left[1-\frac{2}{\pi}\arcsin\left(\frac{x}{L}\right)\right] \tag{5.67}$$

结合式(5.53)和式(5.54),整理得到缝口最大缝宽表达式为

$$W(0,t)=\alpha\left[\frac{Q\mu(1-\nu)L}{G}\right]^{\frac{1}{4}} \tag{5.68}$$

沿缝长方向的最大缝宽分布表达式为

$$W(x,t)=W(0,t)\left(1-\frac{x}{L}\right)^{\frac{1}{4}} \tag{5.69}$$

根据 PKN 模型的假设,垂直于裂缝缝长方向上的截面为椭圆形,即沿缝长方向是由一个个相互独立、互不干扰的众多椭圆形裂缝构成,于是可得到这些椭圆形垂直截面的缝宽分布方程,即

$$W(x_0,z) = 2W(x_0,0)\sqrt{\frac{1}{4} - \frac{z^2}{H^2}}, -\frac{H}{2} \leqslant z \leqslant \frac{H}{2} \tag{5.70}$$

式中,z 为距离裂缝中点的垂向距离,m;$W(x_0,0)$ 为缝长方向上 x_0 点处,距离裂缝中点的距离为 0 时的裂缝宽度,m;H 为储层的有效厚度,m;$W(x_0,z)$ 为缝长方向上 x_0 点处裂缝在垂直平面缝高方向上的宽度分布,m。

截面的平均液体流速为

$$v_s = \frac{4q}{\pi Wh} \tag{5.71}$$

式中,v_s 为缝长方向某 x 处的液体流速,m/min;q 为流量,m³/min;W 为缝长方向某 x 处的缝宽,m;h 为裂缝高度,为一定值,一般为储层的有效厚度,m。

（三）拟三维裂缝模型

前述二维压裂模型裂缝计算,由于方法简便,在压裂设计过程中被广泛使用,但有些情况下不仅要考虑裂缝横向缝长的变化,也要考虑裂缝在垂向上高度的变化,同时为了避免全三维压裂设计在计算中工作量过大且需求参数过多的情况,这就需要建立在允许条件下简化的三维裂缝模型,即拟三维裂缝模型。拟三维裂缝模型的共同特点是缝长的延伸大于缝高方向的延伸,且把裂缝内压裂液的三维流动简化成二维或一维流动。这里介绍的是用 GDK 模型求解裂缝的垂向缝高扩展问题,而用 PKN 模型求解裂缝的横向缝长扩展问题。

对于裂缝在同一均质岩性岩层中的扩展,拟三维裂缝几何模型作出了如下假设:

（1）地层是均质的,目的层与顶板岩层及底板岩层具有相同的弹性模量 E 及泊松比 ν;

（2）裂缝的垂直剖面和水平剖面始终是椭圆形的,即在缝长方向上裂缝宽度和裂缝高度作椭圆形变化,如图 5.21 所示;

（3）目的层与顶底板岩层之间的应力差较小,近似趋近为零;

（4）目的层、顶板岩层和底板岩层为均质连续岩体;

（5）压裂液为牛顿流体,且压裂液在裂缝内作层流流动;

（6）缝高延伸较慢,裂缝内的液体流动近似一维流动;

（7）压裂排量恒定,停泵时假定裂缝停止扩展。

1. 连续性方程

沿缝长方向上某 x 处垂直剖面的流量变化 $q(x,t)$ 等于液体的滤失量 $q_1(x,t)$

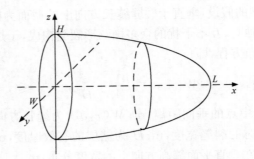

图 5.21　拟三维裂缝空间几何形态分布示意图

及由于裂缝扩展而导致的裂缝垂直椭圆剖面面积的变化率 $\mathrm{d}A(x,t)/\mathrm{d}t$，根据物质守恒定律，忽略液体压缩性的影响可得到

$$-\frac{\partial q(x,t)}{\partial x} = q_1(x,t) + \frac{\mathrm{d}A(x,t)}{\mathrm{d}t} \tag{5.72}$$

式中，$q_1(x,t) = 2h(x)\dfrac{C(\mathrm{GSI})}{\sqrt{t-t_s(x)}}$；$A(x,t) = \displaystyle\int_{-h(x,t)/2}^{h(x,t)/2} W(x,z,t)\mathrm{d}z$。

2. 压降方程

裂缝扩展方向与液体的流动方向相同，考虑裂缝截面椭圆形的相似特点，结合诺特（Nolte）平行板中的液体流动压降方程，引入形状因子 $\Phi(n')$，从而得到该模型沿缝长方向上某一 x 位置处的压降方程，当压裂液为牛顿压裂液时压降方程为

$$\frac{\mathrm{d}p}{\mathrm{d}x} = -\frac{12q(x)\mu}{h(x)\Phi(1)W_0^3} \tag{5.73}$$

式中，形状因子 $\Phi(1)$ 为

$$\Phi(1) = \int_{-\frac{1}{2}}^{\frac{1}{2}} \left(\frac{W}{W_0}\right)^3 \mathrm{d}\left[\frac{y}{h(x)}\right] = \frac{1}{2}\int_{-\frac{1}{2}}^{\frac{1}{2}} \left[1-\left(\frac{2y}{h(x)}\right)^2\right]^{\frac{3}{2}} \mathrm{d}\left[\frac{2y}{h(x)}\right] \approx \frac{3\pi}{16} \tag{5.74}$$

将式(5.86)代入到式(5.85)得

$$\frac{\mathrm{d}p}{\mathrm{d}x} = -\frac{64q(x)\mu}{\pi h(x)W_0^3} \tag{5.75}$$

3. 裂缝长度方程

引入压裂液效率因子，建立考虑压裂液在裂缝内滤失的缝长计算新方法，并应用该方程来计算裂缝扩展过程中缝长随时间的增量：

$$L = 0.365\left[\frac{Gq^3\eta^3}{(1-\nu)\mu h^4}\right]^{1/5} t^{4/5} \tag{5.76}$$

式中，L 为裂缝长，m；μ 为压裂液黏度，Pa·s；q 为平均排量，$\mathrm{m}^3/\mathrm{min}$；$G$ 为剪切模量，MPa；t 为压裂时间，min；η 为压裂液效率，无量纲；h 为裂缝高度，m。

由于 $\eta = \dfrac{WhL}{qt} = \dfrac{1}{x^2}\left[\mathrm{e}^{x^2}\,\mathrm{erfc}(x) + \dfrac{2x}{\sqrt{\pi}} - 1\right]$，可得到全缝长公式为

$$L = 0.365\left[\frac{Gq^3}{(1-\nu)\mu h^4}\right]^{1/5}\left\{\frac{1}{x^2}\left[\mathrm{e}^{x^2}\,\mathrm{erfc}(x) + \frac{2x}{\sqrt{\pi}} - 1\right]\right\}^{3/5} t^{4/5} \qquad (5.77)$$

式中，$x = \dfrac{2C(\mathrm{GSI})}{W}\sqrt{\pi t}$；

当 $x > 4$ 时，$\eta = \dfrac{W}{\pi C(\mathrm{GSI})\sqrt{t}}$，可得到全缝长公式为

$$L = 0.365\left[\frac{Gq^3}{(1-\nu)\mu h^4}\right]^{1/5}\left[\frac{W}{\pi C(\mathrm{GSI})\sqrt{t}}\right]^{3/5} t^{4/5} \qquad (5.78)$$

4. 裂缝高度方程

该拟三维的缝高方程采用不考虑滤失情况下的 GDK 几何模型，通过引入压裂液效率，建立考虑压裂液在裂缝内滤失的缝高计算方法，并应用该方程来计算裂缝在扩展过程中缝高随时间的增量，即

$$h = 0.562^2\left[\frac{Gq^3\eta^3}{(1+\nu)\mu}\right]^{1/3}\frac{1}{L^2}t^{4/3} \qquad (5.79)$$

式中，h 为裂缝高度，m；L 为裂缝长，m；ν 为泊松比，无量纲；μ 为压裂液黏度；q 为平均排量，$\mathrm{m^3/min}$；G 为剪切模量，MPa；t 为压裂时间，min；η 为压裂液效率，无量纲。

由于 $\eta = \dfrac{WhL}{qt} = \dfrac{1}{x^2}\left[\mathrm{e}^{x^2}\,\mathrm{erfc}(x) + \dfrac{2x}{\sqrt{\pi}} - 1\right]$，可得到缝高公式为

$$h = 0.562^2\left[\frac{Gq^3}{(1+\nu)\mu}\right]^{1/3}\left\{\frac{1}{x^2}\left[\mathrm{e}^{x^2}\,\mathrm{erfc}(x) + \frac{2x}{\sqrt{\pi}} - 1\right]\right\}\frac{1}{L^2}t^{4/3} \qquad (5.80)$$

当 $x > 4$ 时，$\eta = \dfrac{W}{\pi C(\mathrm{GSI})\sqrt{t}}$，可得到缝高公式为

$$h = 0.562^2\left[\frac{Gq^3}{(1+\nu)\mu}\right]^{1/3}\left(\frac{W}{\pi \mathrm{CGSI}\sqrt{t}}\right)\frac{1}{L^2}t^{4/3} \qquad (5.81)$$

5. 裂缝宽度方程

拟三维裂缝的缝宽相当于沿裂缝缝长方向上各点 x 处按照二维模型计算方法得到的缝宽。裂缝端口在某一 t 时刻的最大缝宽为

$$W(0,t) = \frac{(1-\nu)H(0,t)\Delta p}{G} \qquad (5.82)$$

缝宽 $W(x,0,t)$ 沿缝长方向上分布为

$$W(x,0,t) = W(0,t)\left[1 - \left(\frac{x}{L}\right)^2\right]^{\frac{1}{2}} \qquad (5.83)$$

沿缝长方向 x 处，缝宽 $W(x,z,t)$ 在缝高 z 方向上的分布为

$$W(x,z,t) = W(x,0,t)\left\{1 - \left[\frac{2z}{h(x,t)}\right]^2\right\}^{\frac{1}{2}},\ -\frac{h(x,t)}{2} \leqslant z \leqslant \frac{h(x,t)}{2}$$

$$(5.84)$$

式中，z 为缝高上某一位置到裂缝水平面的垂直距离，m。

（四）三维裂缝模型

1. 连续性方程

沿裂缝长度方向取一长度为 Δx 的单元体，由体积守恒定律得[138,139]：

$$\frac{2h(x,t)C_t(\mathrm{GSI},x,t)}{\sqrt{t-\tau(x)}} + \frac{\partial A(x,t)}{\partial t} + \frac{\partial q(x,t)}{\partial x} = 0 \tag{5.85}$$

式中，$A(x,t) = \int_{-h(x,t)/2}^{h(x,t)/2} W(x,z,t)\mathrm{d}z$ 为 t 时刻缝内 x 处的横截面面积，m²；$h(x,t)$ 为 t 时刻缝内 x 处的裂缝总高度，m；$C_t(\mathrm{GSI},x,t)$ 为 t 时刻缝内 x 处的综合滤失系数，m/s$^{0.5}$；$\tau(x)$ 为 t 时刻压裂液到达缝内 x 处所需的时间，s；$q(x,t)$ 为 t 时刻缝内 x 处的流量，m³/s。

2. 压降方程

考虑到裂缝横截面与椭圆相近的特点，参照诺特对平行板中流体流动的压降方程引入管道形状因子 $\Phi(n')$，则三维裂缝中的压降方程可表示为

$$\frac{\partial p(x,t)}{\partial x} = -2^{n+1}\left[\frac{(2n+1)q(x,t)}{n\Phi(n)h(x,t)}\right]^n \frac{k}{W(x,0,t)^{2n+1}} \tag{5.86}$$

式中，$\Phi(n) = \int_{-0.5}^{0.5}\left[\frac{W(x,z,t)}{W(x,0,t)}\right]^m \mathrm{d}\left[\frac{z}{h(x,t)}\right]$，$m = \frac{2n+1}{n}$；$p(x,t)$ 为 t 时刻缝内 x 处的压力，MPa；$W(x,z,t)$，$W(x,0,t)$ 为 t 时刻缝内 x 处横截面上 z 处、中心处的宽度，m；n 为压裂液流性指数，无量纲；k 为压裂液稠度系数，mPa·s^n。

3. 裂缝宽度方程

当裂缝上下都不穿层时，裂缝内净压（流压-最小水平主应力）分布为

$$p(z) = p_f(x,t) - S, \qquad -l \leqslant z \leqslant l \tag{5.87}$$

式中，$p_f(x,t)$ 为 t 时刻缝内 x 处液体的流压，MPa。

当裂缝上下都穿层时，裂缝内净压分布为

$$p(z) = \begin{cases} p_f(x,t) - S_1, & Z_a \leqslant z \leqslant l \\ p_f(x,t) - S_2, & Z_b \leqslant z \leqslant z_a \\ p_f(x,t) - S_3, & -l \leqslant z \leqslant z_b \end{cases} \tag{5.88}$$

式中，$l = \frac{h(x,t)}{2}$；$z_a = \frac{H_p + h_1(x,t)h_u(x,t)}{2}$；$z_b = \frac{-H_p - h_1(x,t) + h_u(x,t)}{2}$；$S_1$、$S_2$、$S_3$ 分别为煤层、盖层和底层的最小水平主应力，MPa；$h_1(x,t)$、$h_u(x,t)$ 为 t 时刻缝内 x 处的下延缝高、上扩缝高，m；H_p 为压裂层厚度，m。

设 $p(z) = f(z) + g(z)$，其中 $f(z)$、$g(z)$ 分别为裂缝壁面上的偶、奇分布应力函数，即

$$f(z) = \begin{cases} p_f - (S_2 + S_3)/2 \\ p_f - (S_2 + S_3)/2 \\ p_f - S_1 \\ p_f - S_1 \\ p_f - (S_1 + S_2)/2 \\ p_f - (S_1 + S_2)/2 \end{cases} \qquad g(z) = \begin{cases} (S_2 + S_3)/2 & -z_b \leqslant z \leqslant l \\ (S_2 + S_3)/2 & -z_a \leqslant z \leqslant -z_b \\ 0 & 0 \leqslant z \leqslant -z_a \\ 0 & z_a \leqslant z \leqslant 0 \\ -(S_1 + S_2)/2 & z_b \leqslant z \leqslant z_a \\ -(S_1 + S_2)/2 & -l \leqslant z \leqslant z_b \end{cases}$$

$$(5.89)$$

式中，下标 1、2 和 3 分别表示当宽度剖面中心在产层、盖层和底层。

根据 England 和 Green 公式计算宽度剖面上任一坐标 z 处的宽度为

$$W(x, z, t) = -16 \frac{1 - \nu^2(z)}{E(z)} \int_{|z|}^{l} \frac{F(\xi) + zG(\xi)}{\sqrt{\xi^2 - z^2}} d\xi \qquad (5.90)$$

式中，$F(\xi) = -\dfrac{\xi}{2\pi} \displaystyle\int_0^\xi \dfrac{f(z)}{\sqrt{\xi^2 - z^2}} dz$；$G(\xi) = -\dfrac{1}{2\pi\xi} \displaystyle\int_0^\xi \dfrac{zg(z)}{\sqrt{\xi^2 - z^2}} dz$；$W(x, z, t)$ 为 t 时刻缝内 x 处横截面上 z 处的宽度，m。

4. 裂缝高度方程

由于缝内承受的净压可能并不是中心对称，裂缝在上下盖层延伸的程度也不一样。因此，裂缝内任一垂直横截面上的裂缝两端的应力强度因子也可能不相等，由线弹性断裂力学理论，当裂缝上下都不穿层时，裂缝上下两端的应力强度因子相等，得

$$K_{IC1} = \frac{1}{\sqrt{\pi l}} \int_{z_b}^{l} (p_f - S_1) \sqrt{\frac{l - z}{l + z}} dz = (p_f - S_1) \sqrt{\pi l} \qquad (5.91)$$

式中，K_{IC1} 为煤层的断裂韧性，mPa · m$^{0.5}$。

当上下都穿层时，裂缝横截面上的上下两端的应力强度因子可由式（5.92）和式（5.93）计算，即

$$K_{IC2} = \frac{1}{\sqrt{\pi l}} \left(\int_{-l}^{z_b} + \int_{z_b}^{z_a} + \int_{z_a}^{l} \right) p(z) \sqrt{\frac{l + z}{l - z}} dz \qquad (5.92)$$

$$K_{IC3} = \frac{1}{\sqrt{\pi l}} \left(\int_{l}^{z_a} + \int_{z_a}^{z_b} + \int_{z_b}^{-l} \right) p(z) \sqrt{\frac{l - z}{l + z}} dz \qquad (5.93)$$

式中，K_{IC2}、K_{IC3} 分别为顶板和底板的岩石断裂韧性，mPa · m$^{0.5}$。

将（5.89）分别代入式（5.92）、式（5.93），可得

$$\sqrt{\pi l} K_{IC2} = (S_3 - S_1) \left(\sqrt{l^2 - z_b^2} - l \arcsin \frac{z_b}{l} \right)$$

$$- (S_2 - S_1) \left(\sqrt{l^2 - z_a^2} - l \arcsin \frac{z_a}{l} \right) + \pi l \left(p_f - \frac{S_2 + S_3}{2} \right) \qquad (5.94)$$

$$-\sqrt{\pi l}K_{IC3} = (S_3 - S_1)\left(\sqrt{l^2 - z_b^2} + l\arcsin\frac{z_b}{l}\right) -$$

$$(S_2 - S_1)\left(\sqrt{l^2 - z_a^2} + l\arcsin\frac{z_a}{l}\right) - \pi l\left(p_f - \frac{S_2 + S_3}{2}\right) \quad (5.95)$$

三、压裂液滤失

水力压裂过程中,压裂液的功用主要是造缝和携砂,但是在水力裂缝向前延伸的过程中,由于裂缝内外压差的存在,部分压裂液通过缝壁向地层滤失是不可避免的。一般情况下,在注入液量不变的情况下,滤失量越大,对裂缝体积和压裂液效率的影响就越大。在裂缝性地层中施工时,携砂液的滤失会使缝中的砂比增加,当砂比增加到一定程度时,将会出现砂堵,使施工压力急剧上升以至被迫停泵。并且随着时间的增加,滤失速度也在不断地变化,因此裂缝不同位置处及同一位置处不同时刻的压裂液流量、压力和缝宽等都与滤失密切相关。

压裂液的滤失性是影响压裂液造缝能力的一项重要指标,是水力压裂设计时确定裂缝几何尺寸的最关键因素之一。其主要受到缝内外压差 Δp、岩体结构、压裂液黏度、滤失面积和滤失时间等因素影响,压裂液总的滤失量的多少反映为综合滤失系数。综合滤失系数主要受三种因素控制:压裂液黏度引起的滤失、地层流体及地层体积压缩性引起的滤失和具有造壁性的压裂液引起的滤失[138,141]。

(一)压裂液黏度引起的滤失

在裂缝性煤储层中,压裂液的黏度对滤失起着至关重要的作用,当压裂液垂直地滤失于多孔介质中时,利用达西渗滤方程可以导出滤液的滤失系数 C_1,即

$$C_1 = 0.17\left(\frac{k\Delta p\phi}{\mu_a}\right)^{\frac{1}{2}} \quad (5.96)$$

式中,C_1 为滤失系数,$m/min^{1/2}$;Δp 为缝内外压差,MPa;ϕ 为地层孔隙度,无量纲;μ_a 为压裂液视黏度,$mPa \cdot s$;t 为滤失时间,min。

根据式(3.33)可得滤失系数 C_1 为

$$C_1 = 0.17\left\{\frac{\left[0.00837 + 3.48e^{-0.0148(GSI-GSI_c)^2}\right]\Delta p\phi}{\mu_a}\right\}^{\frac{1}{2}} \quad (5.97)$$

则滤失速度 v_1 为

$$v_1 = \frac{C_1}{\sqrt{t}} = 0.17\left\{\frac{\left[0.00837 + 3.48e^{-0.0148(GSI-GSI_c)^2}\right]\Delta p\phi}{\mu_a t}\right\}^{\frac{1}{2}} \quad (5.98)$$

(二)地层流体及地层体积压缩性引起的滤失

当压裂液黏度与地层流体黏度接近于相等时,地层流体及储层体积的压缩性

对压裂液滤失起着控制作用,这是因为缝内压力大于地层流体压力时,原有的孔隙尺寸要扩张,从而让出一部分空间使得压裂液滤失进来。如果已知地层综合压缩系数 C_t,则有滤失系数 C_2 为

$$C_2 = 0.136 \Delta p \left(\frac{kC_t \phi}{\mu_f} \right)^{\frac{1}{2}} \tag{5.99}$$

式中,C_2 为地层流体及地层体积压缩性引起的滤失系数,m/min$^{1/2}$;C_t 为综合压缩系数,MPa^{-1};μ_f 为地层中可流动流体的黏度,mPa·s;其他符号同上。

将式(3.32)代入式(5.99)可得滤失系数 C_2 为

$$C_2 = 0.136 \Delta p \left\{ \frac{\left[0.00837 + 3.48 e^{-0.0148(GSI-GSI_c)^2} \right] C_t \phi}{\mu_f} \right\}^{\frac{1}{2}} \tag{5.100}$$

则滤失速度 v_2 为

$$v_2 = \frac{C_2}{\sqrt{t}} = 0.136 \Delta p \left\{ \frac{\left[0.00837 + 3.48 e^{-0.0148(GSI-GSI_c)^2} \right] C_t \phi}{\mu_f t} \right\}^{\frac{1}{2}} \tag{5.101}$$

（三）具有造壁性的压裂液引起的滤失

部分含有胶体、悬浮体(如硅粉、煤粉等)的压裂液在滤失的同时,会在缝壁面上生成滤饼,可有效地降低滤失速度。根据净失水量测得的滤失曲线,有滤失系数 C_3 为

$$C_3 = \frac{0.005m}{A} \tag{5.102}$$

式中,C_3 为具有造壁性的压裂液造成的滤失系数,m/min$^{1/2}$;m 为斜率,ml/min$^{1/2}$;A 为滤纸或岩心薄片面积,cm^2。

（四）综合滤失系数

对整个滤失过程而言,压裂液的滤失同时受到以上三种机理的控制,利用压降法可以得到煤储层压裂液的综合滤失系数 C 为

$$\frac{1}{C} = \frac{1}{C_1} + \frac{1}{C_2} + \frac{1}{C_3} \tag{5.103}$$

一般采用活性水压裂或清洁压裂液,可以忽略压裂液造壁性引起的滤失系数,综合滤失系数为

$$C = \frac{2C_1 C_2}{C_1 + \sqrt{C_1^2 + 4C_2^2}} \tag{5.104}$$

针对具有不同结构的煤储层进行水力压裂时,由于煤储层孔裂隙发育程度的不同造成了渗透率的不同,以致水力压裂时不同结构煤体中压裂液的综合滤失系数也随之变化。结合定量表征具有不同煤体结构的 GSI 与渗透率的关系,利用上

述压裂液滤失系数计算公式,可以得到煤体在进行水力压裂时压裂液的综合滤失系数及滤失速度,为水力压裂参数优化应用奠定基础。

四、破裂与延伸压力

煤储层水力强化过程中的破裂压力是指开启煤储层裂缝的最小压力,是水力压裂方案设计的基础。根据破裂压力可以确定管汇、井下及井口装置,确定施工时的最高泵压、泵注排量及需用水力压裂设备的功率。

(一)破裂压力预测模型

为准确地预测地层破裂压力,国内外学者提出了许多不同的数学模型和方法,它们都各有其优点和局限性。在破裂压力预测模型中,使用最广泛的是 Hubbert-Willis 模型[142]和 Haimson-Fairhurst 模型[143]。本书根据煤岩体的 GSI 值,对破裂压力模型进行如下修订。

$$p_f = \left(\frac{2\nu}{1-\nu} - \sigma_1 + 3\sigma_2 \right)(\sigma_z - \alpha p_p) + \alpha p_p$$

$$- \frac{\sigma_{ci}}{2} \left\{ m_i \exp\left(\frac{GSI - 100}{28} \right) - \sqrt{\left[m_i \exp\left(\frac{GSI - 100}{28} \right) \right]^2 + 4\exp\frac{GSI - 100}{9}} \right\}$$

$$(5.105)$$

(二)施工压力

水力压裂施工压力主要受到煤储层破裂压力、管路摩阻及压裂液自重力的影响。因此,施工压力可以由式(5.106)求取。

$$p_{wh} = p_f + \Delta p_f - \rho g H \times 10^{-6} \tag{5.106}$$

式中,p_{wh} 为压裂施工压力,MPa;Δp_f 为压裂液在高压管中的摩阻损失,MPa;ρ 为压裂液密度,kg/m³;g 为重力加速度,m/s²;H 为高压泵组和压裂孔口高差,m。

依据流体力学可以得到管流中压裂液摩阻的通用公式为

$$\Delta p_f = \lambda \frac{L\nu^2}{2Dg} \times 10^{-2} \tag{5.107}$$

式中,λ 为摩擦阻力系数,无量纲,可根据阻力系数与雷诺数关系曲线查得;L 为高压管路长度,m;ν 为高压水在高压管路中的流速,m/s,可根据压裂时的排量与流速的关系公式 $\nu = Q/15\pi D^2$ 求得,Q 为压裂施工排量,m³/min;D 为管路内径,m;g 为重力加速度,m/s²。

(三)裂缝延伸压力

裂缝延伸压力是指压裂裂缝在长、宽、高三个方向扩展所需要的缝内流体压力。当裂缝形成,压裂液侵入,井眼附近的应力集中即被释放,裂缝延伸所需的压力要超过垂直于裂缝壁面的原有应力才得以使裂缝扩展。基于此,这里可以把裂缝重张压力作为裂缝的延伸压力,其计算公式为

$$p_E = 3\sigma_h - \sigma_H - \alpha p_0 \tag{5.108}$$

式中,p_E 为裂缝延伸压力,MPa。

定量表征煤体结构的 GSI 的引入,可以更好的计算不同煤体的抗拉强度,进而求取具有不同 GSI 值的煤体的破裂压力及压裂施工压力,为单井煤储层水力压裂工艺参数的优化选择奠定了基础,实现了压裂的一井一法。

第三节 卸压增透理论模型

水力强化的另一增透措施是采用高压水射流冲出一定煤体,实现卸压增透,这是软煤储层增透的必由之路,因为这类储层不能通过水力压裂造缝增透。水力冲孔卸压增透模型如图 5.22 所示,钻孔周围的煤体在围压的作用下产生位移,使钻孔周围产生破坏(破碎区),在破碎区内部是塑性区,距钻孔较远的地方为弹性区[144]。

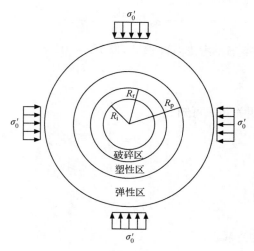

图 5.22 钻孔平面应变模型

一、相关方程

(一)广义 Hoek-Brown 准则

广义 Hoek-Brown 准则的极坐标形式可表示为

$$\sigma'_\theta = \sigma'_r + \sigma_{ci} \left(\frac{m_b}{\sigma_{ci}} \sigma'_r + s \right)^a \tag{5.109}$$

式中，σ'_θ 为环向应力，MPa；σ'_r 为径向应力，MPa。

（二）渗流场分析

假定钻孔周围无限大介质渗透系数在各个方向相同，根据对称性可知只有沿径向的渗流方向。根据地下水连续性方程及达西定律，由地下水渗流产生的径向渗透力为

$$F_r = \frac{\rho g \zeta (h_i - h_0)}{\ln(b/R_i)} \frac{1}{r} \tag{5.110}$$

式中，ρ 为水体密度，kg/m^3；h_i 为半径为 R_i 处的水头，m；h_0 为足够远处（$r = b$，工程上一般 b 取 R_i 的 30 倍即可）的水头，m；ζ 为煤岩体等效孔隙水压力系数。

（三）平衡方程

根据弹性力学的相关知识，由钻孔周围煤体的微元体受力，可得平衡微分方程为

$$\sigma'_r - \sigma'_\theta + r \frac{\mathrm{d}\sigma'_r}{\mathrm{d}r} = F_r \tag{5.111}$$

为了简化计算，本书不考虑其渗透力，取 $F_r = 0$。

（四）几何方程

由弹性力学的相关知识可知

$$\begin{cases} \varepsilon_r = \dfrac{\mathrm{d}u}{\mathrm{d}r} \\ \varepsilon_\theta = \dfrac{u}{r} \\ \gamma_{r\theta} = 0 \end{cases} \tag{5.112}$$

（五）应力-应变关系

在弹性范围内，应力-应变关系满足

$$\begin{cases} \varepsilon_r = \dfrac{1 - \mu^2}{E} \left(\sigma'_r - \dfrac{\mu}{1 - \mu} \sigma'_\theta \right) \\ \varepsilon_\theta = \dfrac{1 - \mu^2}{E} \left(\sigma'_\theta - \dfrac{\mu}{1 - \mu} \sigma'_r \right) \\ \gamma_{r\theta} = \tau_{r\theta} = 0 \end{cases} \tag{5.113}$$

在塑性区和破碎区满足广义 Hoek-Brown 准则。

二、钻孔周围的应力场分布

（一）弹性区的应力分布

在弹性区煤体处于弹性状态，与屈服准则无关，在基本假设的基础上根据钻孔所处的应力状态、边界条件可求得钻孔周围的拉梅（Lame）解为

$$\sigma'_{re} = \sigma'_0 - (\sigma'_0 - \sigma'_{rd})\left(\frac{R_p}{r}\right)^2 \tag{5.114}$$

$$\sigma'_{\theta e} = \sigma'_0 + (\sigma'_0 - \sigma'_{rd})\left(\frac{R_p}{r}\right)^2 \tag{5.115}$$

式中，σ'_{rd} 为弹塑性交界面的径向应力，MPa；σ'_{re} 为弹性区的径向应力，MPa；$\sigma'_{\theta e}$ 为弹性区的环向应力，MPa；σ'_0 为原岩应力，MPa；R_p 为弹性区内边界半径。

（二）破碎区应力分布

在破碎区，煤体满足广义的 Hoek-Brown 准则及平衡微分方程，联立式（5.109）和式（5.111）可得

$$\sigma_{ci}\left(\frac{m_b}{\sigma_{ci}}\sigma'_{rr} + s_b\right)^a = r\frac{d\sigma'_{rr}}{dr} \tag{5.116}$$

经整理可以得到

$$\frac{1}{m_b(1-a)}\left(\frac{m_b}{\sigma_{ci}}\sigma'_{rr} + s_b\right)^{1-a} = \ln r + C_1 \tag{5.117}$$

式中，C_1 为常数；σ'_{rr} 为破碎区径向应力，MPa；s_b 为破碎岩体性质常数；其余符号同前。

由孔壁处的径向应力为 p_0，即 $r = R_i$ 时，$\sigma'_{rr} = p_0$，由此，通过式（5.117）可求得

$$C_1 = \frac{1}{m_b(1-a)}\left(\frac{m_b}{\sigma_{ci}}p + s_b\right)^{1-a} - \ln R_i \tag{5.118}$$

从而可得

$$\sigma'_{rr} = \frac{\sigma_{ci}}{m_b}\left[m_b(1-a)\ln\frac{r}{R_i} + \left(\frac{m_b}{\sigma_{ci}}p_0 + s_b\right)^{1-a}\right]^{\frac{1}{1-a}} - \frac{\sigma_{ci}}{m_b}s_b \tag{5.119}$$

将式（5.119）代入式（5.111）可求得

$$\sigma'_{\theta r} = \frac{\sigma_{ci}}{m_b}\left[m_b(1-a)\ln\frac{r}{R_i} + \left(\frac{m_b}{\sigma_{ci}}p_0 + s_b\right)^{1-a}\right]^{\frac{1}{1-a}}$$

$$- \frac{\sigma_{ci}}{m_b}s_b + \sigma_{ci}\left[m_b(1-a)\ln\frac{r}{R_i} + \left(\frac{m_b}{\sigma_{ci}}p_0 + s_b\right)^{1-a}\right]^{\frac{a}{1-a}} \tag{5.120}$$

式中，$\sigma'_{\theta r}$ 为破碎区的环向应力，MPa；R_i 为钻孔半径，m；其余符号同前。

（三）塑性区应力

在塑性区的煤体依然满足广义 Hoek-Brown 准则及平衡微分方程，同样联立式（5.109）、式（5.111）可得

$$\sigma_{ci}\left(\frac{m_b}{\sigma_{ci}}\sigma'_{rp}+s_b\right)^a = r\frac{\mathrm{d}\sigma'_{rp}}{\mathrm{d}r} \tag{5.121}$$

经整理可以得到

$$\frac{1}{m_b(1-a)}\left(\frac{m_b}{\sigma_{ci}}\sigma'_{rp}+s_b\right)^{1-a} = \ln r + C_2 \tag{5.122}$$

与破碎区不同的是，在塑性区与破碎区的交界面上，$r=R_p$ 时，有 $\sigma'_{rp}=\sigma'_{re}$，从而可以求得常数 C_2：

$$C_2 = \frac{1}{m_b(1-a)}\left\{\frac{m_b}{\sigma_{ci}}\left[\sigma'_0-(\sigma'_0-\sigma_{rd})\left(\frac{R_p}{r}\right)^2\right]+s\right\}^{1-a}-\ln R_p \tag{5.123}$$

整理可得塑性区的径向应力为

$$\sigma'_{rp}=\frac{\sigma_{ci}}{m_b}\left(\left\{\frac{m_b}{\sigma_{ci}}\left[\sigma'_0-(\sigma'_0-\sigma'_{rd})\left(\frac{R_p}{r}\right)^2\right]+s\right\}^{1-a}+\ln\frac{r}{R_p}\right)^{\frac{1}{1-a}}-\sigma_{ci}s/m_b$$
$$\tag{5.124}$$

将式（5.124）代入式（5.111）可求得塑性区的环向应力为

$$\sigma'_{\theta p}=\frac{\sigma_{ci}}{m_b}\left(\left\{\frac{m_b}{\sigma_{ci}}\left[\sigma'_0-(\sigma'_0-\sigma'_{rd})\left(\frac{R_p}{r}\right)^2\right]+s\right\}^{1-a}+\ln\frac{r}{R_p}\right)^{\frac{1}{1-a}}$$

$$-\sigma_{ci}s/m_b+\sigma_{ci}\left(\left\{\frac{m_b}{\sigma_{ci}}\left[\sigma'_0-(\sigma'_0-\sigma'_{rd})\left(\frac{R_p}{r}\right)^2\right]+s\right\}^{1-a}+\ln\frac{r}{R_p}\right)^{\frac{a}{1-a}} \tag{5.125}$$

三、钻孔周围的场位移分布

（一）弹性区位移

在弹性区有边界条件

$$\begin{cases} r=R_p, & \sigma'_{re}=\sigma'_{rp}=\sigma'_{rd} \\ r\rightarrow\infty, & \sigma'_{re}=\sigma'_0 \end{cases} \tag{5.126}$$

联立几何方程［式（5.109）］、应力-应变关系［式（5.110）］、弹性区的应力及边界条件［式（5.121）］求得弹性区的位移为

$$u_e = \frac{(1+\mu)}{E}\left[\sigma'_0 r(1-2\mu)+\frac{R_p^2}{r}(\sigma'_0-\sigma'_{rd})\right] \tag{5.127}$$

（二）塑性区及破碎区位移

由非关联流动法则，剪胀角可通过式（5.128）确定，即

$$\sin\varphi = (\varepsilon_r + \varepsilon_\theta)/(\varepsilon_r - \varepsilon_\theta) \tag{5.128}$$

通过变化式(5.128)可写为

$$\varepsilon_r + N\varepsilon_\theta = 0 \tag{5.129}$$

式中，$N=(1+\sin\varphi)/(1-\sin\varphi)$，在塑性区中表示为 N_p，在破碎区中表示为 N_r；φ 为剪胀角，可通过实验获取。

将几何方程(5.112)代入式(5.129)可得

$$\frac{\partial u_p}{\partial r} + N_p \frac{u_p}{r} = 0 \tag{5.130}$$

对式(5.130)求解可得

$$u_p = C_3 r^{-N_p} \tag{5.131}$$

由弹塑性交界面上的位移连续性条件 $r = R_p$ 时，$u_p = u_e$，则有

$$\frac{(1+\mu)}{E} R_p [(2-2\mu)\sigma'_0 - \sigma'_{rd}] = C_3 R_p^{-N_p} \tag{5.132}$$

可以求得常数 C_3 为

$$C_3 = \frac{(1+\mu)}{E} [(2-2\mu)\sigma'_0 - \sigma'_{rd}] R_p^{1+N_p} \tag{5.133}$$

从而求得塑性区的位移为

$$u_p = \frac{(1+\mu)}{E} [(2-2\mu)\sigma'_0 - \sigma'_{rd}] R_p^{1+N_p} r^{-N_p} \tag{5.134}$$

同理，由非关联流动法则和几何方程及塑性区与破碎区交界面上的位移连续条件 $r = R_r$ 时，$u_p = u_r$，可求得破碎的位移为

$$u_r = \frac{(1+\mu)}{E} [(2-2\mu)\sigma'_0 - \sigma'_{rd}] R_p^{1+N_p} R_r^{N_r-N_p} r^{-N_r} \tag{5.135}$$

式中，R_r 为破碎区半径，m。

四、钻孔塑性区及破碎区半径

对广义 Hoek-Brown 准则进行变换，令

$$S_1 = \frac{\sigma'_1}{m_b \sigma_{ci}} + \frac{s}{m_b^2} \tag{5.136}$$

$$S_3 = \frac{\sigma'_3}{m_b \sigma_{ci}} + \frac{s}{m_b^2} \tag{5.137}$$

则广义 Hoek-Brown 准则可表示为

$$S_1 = S_3 + m_b^{2a-1} S_3^a \tag{5.138}$$

由于钻孔的钻进，钻孔周围的应力重新分布，此时钻孔周围的环向应力 σ'_θ 为最大主应力，径向应力 σ'_r 为最小主应力。因此，有

$$S_\theta = \frac{\sigma'_\theta}{m_b \sigma_{ci}} + \frac{s}{m_b^2} \tag{5.139}$$

$$S_r = \frac{\sigma_r'}{m_b \sigma_{ci}} + \frac{s}{m_b^2} \tag{5.140}$$

联合平衡微分方程(5.111)及式(5.109)可得

$$\frac{d\sigma_r'}{dr} = \frac{1}{r} \sigma_{ci} \left(\frac{m_b}{\sigma_{ci}} \sigma_r' + s \right)^a \tag{5.141}$$

$$\frac{dr}{r} = \frac{d\sigma_r'}{\sigma_{ci} (\sigma_r m_b / \sigma_{ci} + s)^a} \tag{5.142}$$

采用 S_θ、S_r 形式表示,则上式可表示为

$$\frac{dr}{r} = \frac{ds_r}{m_b^{2a-1} s_r^a} \tag{5.143}$$

对式(5.143)进行积分结合边界条件 $r = R_i$ 时,有 $\sigma_r = P_0$,则有

$$S_r = S_{R_i} = \frac{s}{m_b^2} + \frac{P_0}{m_b \sigma_{ci}} \tag{5.144}$$

经整理可以得到:

$$r = R_i \exp \left[S_r / \left(\frac{s}{m_b^2} + \frac{P_0}{m_b \sigma_{ci}} \right) \right]^{1-a} \tag{5.145}$$

由式(5.140)和式(5.145)可以看出,只要求得弹塑性交界面处的径向应力,就可求得塑性区半径。

在弹塑性交界面处即 $r = R_p$ 处满足广义 Hoek-Brown 准则,且有 $\sigma_r' = \sigma_{rd}'$,结合式(5.114)和式(5.115)有

$$\sigma_{rd}' + \sigma_\theta' = 2\sigma_0' \tag{5.146}$$

$$\sigma_\theta' = \sigma_{rd}' + \sigma_{ci} \left(\frac{m_b}{\sigma_{ci}} \sigma_{rd}' + s \right)^a \tag{5.147}$$

联立式(5.146)和式(5.147)可得

$$2\sigma_0' = 2\sigma_{rd}' + \sigma_{ci} \left(\frac{m_b}{\sigma_{ci}} \sigma_{rd}' + s \right)^a \tag{5.148}$$

由式(5.148)可以看出,弹塑性交界面处的径向应力不能求得解析解,只能通过数值方法求得其数值,本书采用牛顿迭代法求解。

首先假设方程为

$$f(x) = 0 \tag{5.149}$$

则迭代式可表示为

$$x_{k+1} = x_k - \frac{f(x_k)}{f'(x_k)} \tag{5.150}$$

根据 Hoek-Brown 准则及式(5.143)和式(5.144)可以构造出径向应力的迭代式为

$$\sigma'_{r_{k+1}} = \sigma'_{r_k} - \frac{2(\sigma'_0 - \sigma'_{r_k}) - \sigma_{ci}\left(m_b\dfrac{\sigma'_k}{\sigma_{ci}} + s\right)^a}{2 + am_b\left(m_b\dfrac{\sigma'_k}{\sigma_{ci}} + s\right)^{a-1}} \tag{5.151}$$

迭代初值 σ'_{rd1} 采用 $a=0.5$ 时的计算结果，即

$$\sigma'_{rd1} = \frac{1}{8}\left[8\sigma'_0 + m_b\sigma_{ci} - \sqrt{\sigma_{ci}(m_b{}^2\sigma'_b + 16\sigma'_0 m_b + 16\sigma_{ci}s)}\right] \tag{5.152}$$

根据式(5.151)及式(5.152)在给定条件下进行迭代，直到迭代所求出的值达到要求精度，即可认为所求的值为弹塑性交界面处的径向应力 σ_{rd}。

将 $\sigma_r = \sigma_{rd}$ 代入式(5.140)，有

$$S_r = S_{R_r} = \frac{\sigma_{rd}}{m_b\sigma_{ci}} + \frac{s}{m_b^2} \tag{5.153}$$

将式(5.153)代入式(5.145)可求得塑性区的半径，其表达式为

$$R_p = R_i\exp\left[\left(\frac{\sigma'_{rd}}{\sigma_{ci}} + \frac{s}{m_b}\right)\Big/\left(\frac{s}{m_b} + \frac{P_0}{\sigma_{ci}}\right)\right]^{1-a} \tag{5.154}$$

在塑性区范围内，煤体强度的软化模量为

$$\varepsilon_{\theta r} - \varepsilon_{\theta e} = \frac{\sigma'_c - \sigma'_{cr}}{Q} \tag{5.155}$$

式中，Q 为软化模量，MPa；σ'_c 为峰值应力，MPa；$\varepsilon_{\theta r}$ 为峰值应力所对应的应变；σ'_{cr} 为残余应力，MPa；$\varepsilon_{\theta e}$ 为初始残余应力所对应的应变。

在 $r=R_d$ 处，由弹性区的位移、几何方程及应力-应变关系联立求解，同理由破碎区的位移、几何方程及应力-应变关亦可求得

$$\varepsilon_{\theta e} = \frac{1+\mu}{E}\left[(2-2\mu)\sigma'_0 - \sigma'_{rd}\right] \tag{5.156}$$

$$\varepsilon_{\theta r} = \frac{(1+\mu)}{E}\left[(2-2\mu)\sigma'_0 - \sigma'_{rd}\right]\left(\frac{R_p}{R_r}\right)^{1+N_p} \tag{5.157}$$

联立式(5.155)、式(5.156)及式(5.157)可得

$$\left(\frac{R_p}{R_r}\right)^{1+N_p} = \frac{(\sigma'_c - \sigma'_{cr})E}{Q\left[(2-2\mu)\sigma'_0 - \sigma'_{rd}\right](1+\mu)} + 1 \tag{5.158}$$

由式(5.158)可以求得破碎区半径为

$$R_r = R_p\left\{\frac{(\sigma'_c - \sigma'_{cr})E}{Q\left[(2-2\mu)\sigma'_0 - \sigma'_{rd}\right](1+\mu)} + 1\right\}^{\frac{-1}{1+N_p}} \tag{5.159}$$

求得塑性区及破碎区半径后即可求得钻孔周围塑性区和破碎区的应力分布。

五、渗透率分布

煤体内应力降低，孔隙度增大，渗透率提高，当煤体满足 Hoek-Brown 准则，发生屈服破坏后，渗透率将发生显著性的提高。

弹性阶段

$$K = K_0 e^{-\beta(\sigma_{ii}/2 - ap_0)} \tag{5.160}$$

式中，K 为煤体渗透率，m/d；K_0 为初始渗透率，m/d；β 为应力敏感因子。

塑性屈服阶段

$$K = \xi_1 K_0 e^{-\beta(\sigma_{ii}/2 - ap_0)} \tag{5.161}$$

式中，ξ_1 为屈服突跳倍数，无量纲；其他符号同前。

破坏阶段

$$K = \xi_2 K_0 e^{-\beta(\sigma_{ii}/2 - ap_0)} \tag{5.162}$$

式中，ξ_2 为破坏突跳倍数，无量纲。

水力冲孔冲出部分煤体后，钻孔体积增大，由式(5.127)、式(5.134)和式(5.135)可知，煤体将向钻孔方向产生位移，使孔隙度增大，同时使钻孔孔壁在一定半径范围内发生破坏和塑性变形[式(5.154)和(5.159)]，使应力释放，从而使该区域内渗透率增大[式(5.161)和式(5.162)]，从而达到卸压增透的目的。

第四节　水力强化数值模拟

水力强化数理模型复杂、计算繁琐，人工计算不仅耗时长，而且容易出错。为此，基于数理模型，编写程序对水力强化进行模拟，使计算快速便捷，结果准确可靠，水力强化数值模拟软件界面如图 5.23 所示。

图 5.23　水力强化数值模拟软件界面

一、水力压裂数值模拟

（一）水力压裂数值模拟软件总体设计

1. 总体设计

煤矿井下水力压裂软件的功能是由计算机根据所输入压裂的基本地质参数和施工工艺参数,进行岩石参数、管路摩阻、滤失系数和裂缝几何尺寸的计算。以前述章节的计算模型为基础,进行各个子模块的程序开发,该软件的整体框架结构和主界面如图 5.24 和图 5.25 所示。

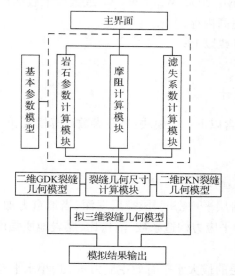

图 5.24　水力压裂软件模块结构图

图 5.25　水力压裂数值模拟软件主界面

2. 软件开发与运行环境

煤矿井下水力压裂数值模拟软件开发环境是基于 Windows XP 计算机系统，采用 Microsoft Visual C++6.0（简称 VC6.0）与 Matlab7.0 联合开发而成。软件开发过程中，充分采用了 VC6.0 可视化界面开发快捷、美观与 Matlab7.0 计算速度快、数据运算量大和绘图方便的优点。本软件界面简洁、使用方便、简单易学、可移植性好，能应用于大多数操作系统且其对运行系统的整体性能要求不高。相对而言，相同情况下，较高的硬件系统性能配置可加快软件的计算速度、缩短运算时间、提高运行效率。具体运行环境如下：

操作系统：Windows 2000、Windows XP 或其以上版本；

内存：512 M 或更高内存；

CPU：Pentium Ⅲ 或以上；

显卡：16 位或以上。

（二）共用模块设计

共用模块主要包含以下 3 个模块：岩石参数计算模块、摩阻计算模块和滤失系数计算模块。

该模块的功能：

1. 岩石参数计算模块

基本参数：上覆岩层平均密度、压裂层埋深、当地重力加速度、煤岩孔隙压力、毕奥特（Biot）常数、水平应力构造系数、泊松比、煤岩地质强度因子 GSI、三轴力学试验参数 m_i 和 σ_{ci}。

功能：计算压裂层的最大水平有效主应力 σ'_x、最小水平有效主应力 σ'_y、垂向有效主应力 σ'_z、破裂压力和裂缝延伸压力。

岩石参数计算模块界面如图 5.26 所示。

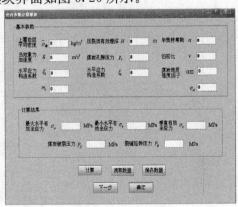

图 5.26　岩石参数计算模块界面

2. 摩阻计算模块

基本参数：管路摩擦系数、管路长度、管路内径、管路接头内径、当地重力加速度、压裂液密度、接头管路面积变化阻力系数、压裂施工有效排量、压裂泵位置标高、压裂孔位置标高。

功能：计算压裂施工管路的摩擦阻力，并利用上述计算模块的计算结果预计最小泵注压力，为压裂施工现场实施提供理论指导。

摩阻计算模块界面如图 5.27 所示。

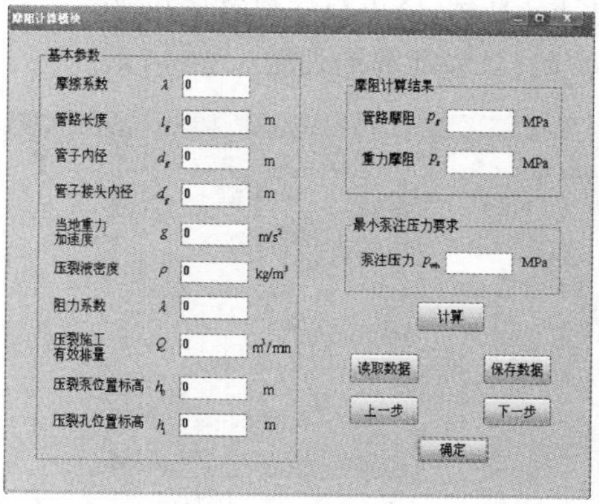

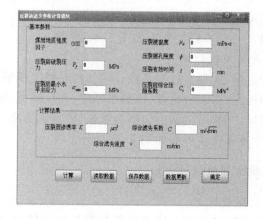

图 5.27　摩阻计算模块界面

3. 滤失系数计算模块

基本参数：煤岩地质强度因子 GSI、压裂层破裂压力、最小水平主应力、压裂层孔隙度、压裂液黏度、压裂有效时间、压裂层综合压缩系数。

功能：计算压裂层渗透率、综合滤失系数及综合滤失速度。

滤失系数计算模块界面如图 5.28 所示。

图 5.28　滤失系数计算模块界面

（三）裂缝几何计算模块设计

裂缝几何计算模块主要包含以下 3 个模块：二维 GDK 裂缝几何模型计算、二维 PKN 裂缝几何模型计算和拟三维裂缝几何模型计算。

1. 二维 GDK 裂缝几何模型计算

基本参数：泵注排量、压裂时长、裂缝高度、综合滤失系数、破裂压力、泊松比、剪切模量、压裂液黏度、估计半缝长、压裂层最小水平主应力。

功能：裂缝几何尺寸的计算，输出包括裂缝长和缝宽。

二维 GDK 裂缝尺寸计算模块界面如图 5.29 所示。

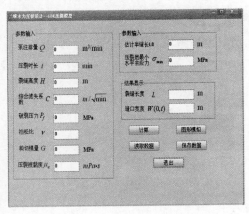

图 5.29　二维 GDK 裂缝尺寸计算模块界面

2. 二维 PKN 裂缝几何模型计算

基本参数：泵注排量、压裂时长、裂缝高度、综合滤失系数、破裂压力、泊松比、剪切模量、压裂液黏度、压裂层最小水平主应力。

功能：裂缝几何尺寸的计算，输出包括裂缝长和缝宽。

二维 PKN 裂缝尺寸计算模块界面如图 5.30 所示。

3. 拟三维裂缝几何模型计算

基本参数：泵注排量、压裂液滤失系数、压裂时间、杨氏模量、破裂压力、压裂层最小水平主应力、泊松比、压裂液黏度、压裂层厚度、预计缝宽、预计缝长。

功能：裂缝几何尺寸的计算，输出包括裂缝长、缝宽和缝高。

拟三维裂缝尺寸计算模块界面如图 5.31 所示。

（四）数值模拟输出模块设计

1. 数值模拟输出模块设计

前述数值模拟软件模块确定了水力压裂数值模拟的输出，该模块主要功能就

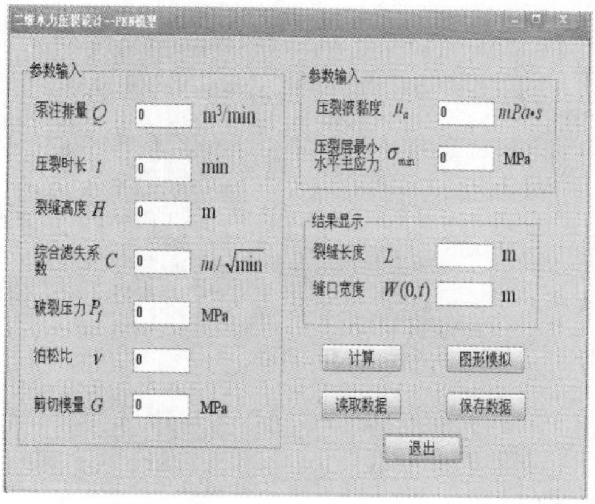

图 5.30 二维 PKN 裂缝尺寸计算模块界面

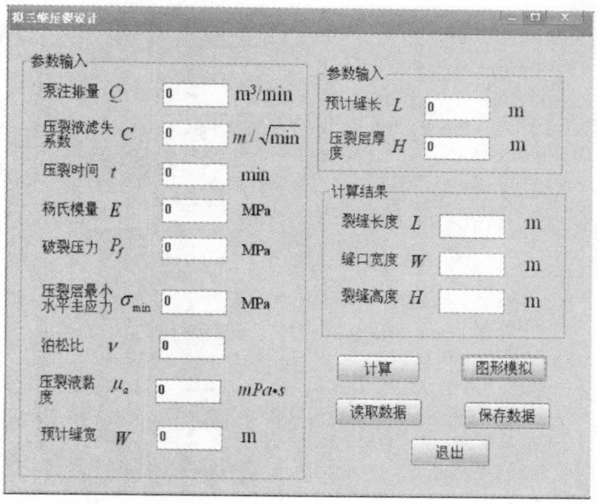

图 5.31 拟三维裂缝尺寸计算模块界面

是把裂缝模型的计算结果通过可视化的方式显示出来,主要包括二维(GDK、PKN)裂缝模型数值模拟和拟三维裂缝模型数值模拟。

二维(GDK、PKN)裂缝模型数值模拟可以模拟动态缝长、动态缝口宽度、动态裂缝剖面、缝口压力等在不同时间的变化,而且还可以模拟缝长方向上缝宽的分布、压裂液在缝内的流速分布云图和压力降云图。由于 PKN 裂缝模型在垂直剖面上的缝宽是随缝高变化的,因此 PKN 模型还可以模拟缝长、缝宽与缝高三者的空间关系云图。

二维裂缝模型数值模拟输出模块界面如图 5.32 和图 5.33 所示。

拟三维裂缝几何模型数值模拟输出主要有线性数值模拟和数值模拟云图,其中线性数值模拟包含动态缝长、动态缝宽和动态缝高,而数值模拟云图包含反映裂缝内压力变化的裂缝横切面云图和裂缝纵切面云图,以及反映缝长、缝高、缝宽三

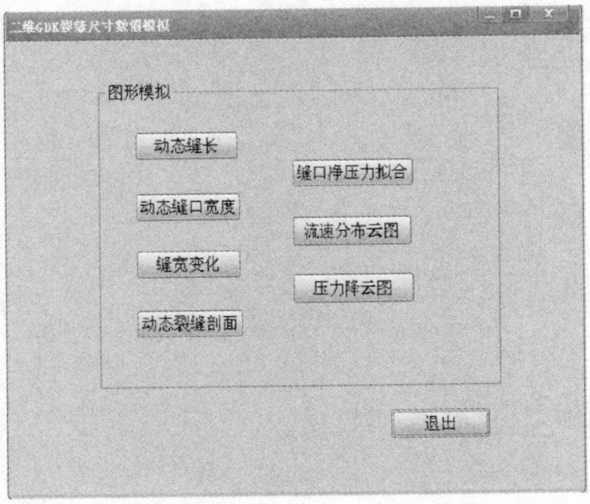

图 5.32　二维 GDK 裂缝数值模拟输出模块界面

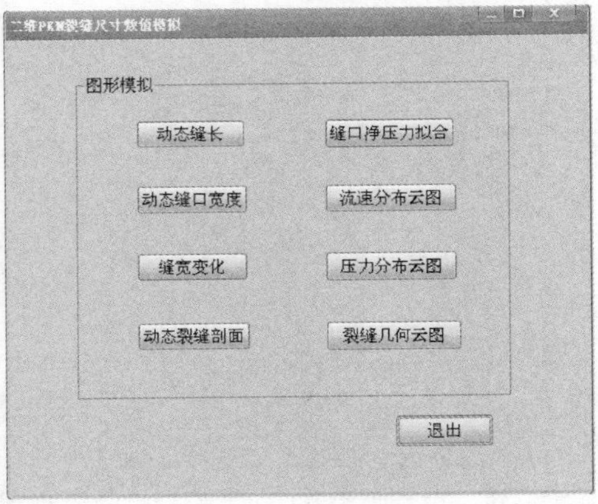

图 5.33　二维 PKN 裂缝数值模拟输出模块界面

者空间关系的裂缝空间云图。

拟三维裂缝数值模拟输出界面如图 5.34 所示。以拟三维裂缝数值模拟输出结果为例,其输出曲线和云图如图 5.35~图 5.40 所示。

2. 数值模拟结果与 PT 模拟结果对比

FracpoPT 软件(简称 PT 软件)是国内外水力压裂数值模拟应用最广的软件之一,其准确性较高。为了验证所开发软件在水力压裂数值模拟中的准确性,应用实例对二者分别计算的裂缝尺寸结果进行了对比。数值模拟结果表明,该软件的模拟结果在实际应用中,具有相当的精确性和实用性。

图 5.34　拟三维裂缝数值模拟

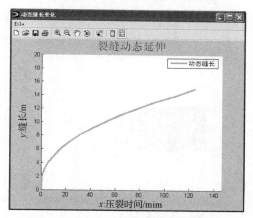

图 5.35　拟三维裂缝缝长数值模拟

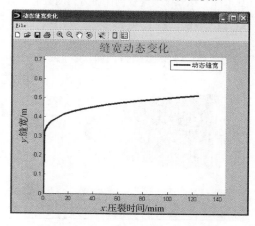

图 5.36　拟三维裂缝缝宽数值模拟

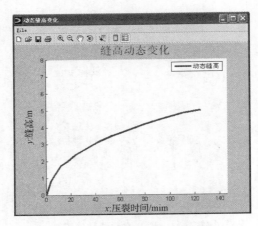

图 5.37　拟三维裂缝缝高数值模拟

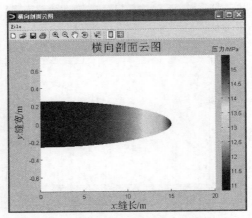

图 5.38　拟三维裂缝横剖面压力云图数值模拟

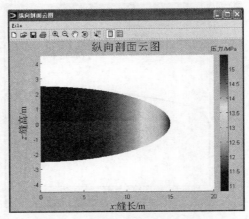

图 5.39　拟三维裂缝纵剖面压力云图数值模拟

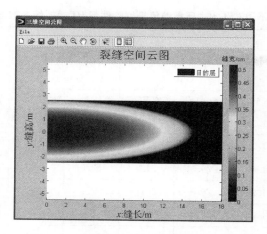

图 5.40　拟三维裂缝空间云图数值模拟

需要输入的主要参数如表 5.3 所示。

表 5.3　主要输入参数

参数	泵注排量 $Q/(\text{m}^3/\text{min})$	裂缝高度 H/m	产层厚度 H/m	泊松比 v
数值	0.2	4	4	0.25
参数	剪切模量 G/MPa	压裂层综合压缩系数 C_t	压裂液密度 $\rho/(\text{kg}/\text{m}^3)$	压裂液黏度 $\mu/(\text{mPa}\cdot\text{s})$
数值	3000	0.08	1000	1.519
参数	上覆岩层平均密度 $\rho/(\text{kg}/\text{m}^3)$	当地重力加速度 $g/(\text{m}/\text{s}^2)$	压裂层深度 H/m	煤岩孔隙压力 $/\text{MPa}$
数值	2300	9.8	500	5.672
参数	水平应力构造系数 ξ_1	水平应力构造系数 ξ_2	毕奥特常数 α	压裂层孔隙度 ϕ
数值	1.056	0.558	0.9	0.044

在表 5.3 中主要参数的基础上,不同 GSI 条件下水力压裂数值模拟软件各个模型数值模拟与 PT 软件模拟结果数据对比如表 5.4~表 5.6 所示。从表格中可以明显地看出,PT 软件只适合于 GSI 较大(岩体比较完整)的储层,无法实现不同煤岩体结构储层的模拟;而水力压裂数值模拟软件可对不同 GSI 的煤体进行计算,亦即可以实现水力压裂数值模拟的一井一法。

表 5.4　不同 GSI 水力压裂数值模拟软件与 PT 模拟结果数据对比 1

压裂时间 t/min	GDK 模型							
	水力压裂数值模拟软件 GSI=52		水力压裂数值模拟软件 GSI=65		水力压裂数值模拟软件 GSI=75		PT 全三维	
	缝长 L/m	缝宽 W/cm	缝长 L/m	缝宽 W/cm	缝长 L/m	缝宽 W/cm	缝长 L/m	缝宽 W/cm
30	11.0	1.57	17.3	1.97	24.3	2.34	24.8	2.11
40	12.9	1.70	20.5	2.14	29.2	2.56	29.7	2.31
50	14.5	1.81	23.3	2.29	33.6	2.75	34.3	2.48
60	16.0	1.90	26.0	2.41	37.7	2.91	38.4	2.63
70	17.4	1.98	28.4	2.52	41.6	3.06	42.3	2.76
80	18.7	2.05	30.7	2.62	45.2	3.19	46.0	2.88
90	19.9	2.12	32.8	2.72	48.7	3.31	49.5	2.98
100	21.1	2.18	34.9	2.80	52.1	3.42	52.9	3.08
110	22.2	2.23	36.9	2.88	55.3	3.52	56.2	3.17
120	23.3	2.29	38.8	2.95	58.4	3.62	59.3	3.26

表 5.5　不同 GSI 水力压裂数值模拟软件与 PT 模拟结果数据对比 2

压裂时间 t/min	PKN 模型							
	水力压裂数值模拟软件 GSI=52		水力压裂数值模拟软件 GSI=65		水力压裂数值模拟软件 GSI=75		PT 全三维	
	缝长 L/m	缝宽 W/cm	缝长 L/m	缝宽 W/cm	缝长 L/m	缝宽 W/cm	缝长 L/m	缝宽 W/cm
30	13.6	1.40	29.1	1.73	70.3	2.15	58.9	0.88
40	15.7	1.50	33.6	1.79	81.2	2.23	71.7	0.89
50	17.6	1.50	37.5	1.84	90.8	2.30	83.1	0.90
60	19.3	1.60	41.1	1.88	99.4	2.35	93.8	0.91
70	20.8	1.60	44.4	1.92	107.4	2.39	103.7	0.92
80	22.2	1.60	47.5	1.95	114.8	2.44	112.1	0.92
90	23.6	1.60	50.3	1.98	121.8	2.47	121.8	0.93
100	24.9	1.70	53.1	2.01	128.4	2.50	130.2	0.93
110	26.1	1.70	55.6	2.03	134.6	2.53	138.3	0.93
120	27.2	1.70	58.1	2.05	140.3.	2.56	145.9	0.94

表 5.6 不同 GSI 水力压裂数值模拟软件与 PT 模拟结果数据对比 3

压裂时间 t/min	三维模型											
	水力压裂数值模拟软件拟三维 GSI=52			水力压裂数值模拟软件拟三维 GSI=65			水力压裂数值模拟软件拟三维 GSI=75			PT 全三维		
	缝长 L/m	缝宽 W/cm	缝高 H/m	缝长 L/m	缝宽 W/cm	缝高 H/m	缝长 L/m	缝宽 W/cm	缝高 H/m	缝长 L/m	缝宽 W/cm	缝高 H/m
30	8.1	0.45	2.7	19.2	0.61	3.6	25.6	0.89	5.0	15.7	0.71	6.6
40	9.1	0.46	3.1	20.6	0.63	4.2	27.9	0.92	5.9	19.1	0.77	7.3
50	10.2	0.47	3.5	21.7	0.64	4.7	29.5	0.94	6.5	22.2	0.84	8.0
60	10.9	0.48	3.7	22.8	0.66	5.1	31.2	0.96	7.1	25.2	0.90	8.5
70	11.7	0.49	4.0	24.0	0.66	5.4	32.9	0.97	7.5	27.8	0.93	9.1
80	12.5	0.50	4.2	25.1	0.68	5.7	34.1	0.99	8.1	31.0	0.95	9.9
90	13.1	0.51	4.5	25.9	0.69	6.1	35.5	1.00	8.6	33.9	0.96	10.2
100	13.7	0.51	4.7	26.9	0.70	6.4	36.9	1.02	8.9	37.4	0.96	10.7
110	14.3	0.52	4.8	27.7	0.70	6.6	38.0	1.03	9.3	40.4	0.96	11.0
120	15.0	0.53	5.1	28.3	0.71	6.9	39.2	1.04	9.7	43.7	0.96	11.4

二、卸压增透数值模拟

（一）卸压增透数值模拟软件总体设计

1. 模块设计

卸压增透模拟是基于 Hoek-Brown 准则,对卸压的范围和增透效果进行模拟计算,其中包括破碎区半径、塑性区半径的计算及弹性区、塑性区和破碎区的应力和位移的计算。软件的整体框架结构示意图如图 5.41 所示。

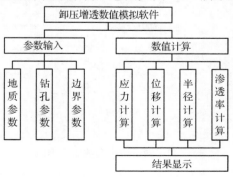

图 5.41 卸压增透数值模拟软件结构图

2. 软件开发与运行环境

卸压增透数值模拟软件是基于 Windows XP 计算机系统,采用 VC 6.0 开发而成。本软件界面简洁,使用方便,可移植性好。具体运行环境如下:

操作系统:Windows 2000、Windows XP 或以上版本;

内存:512 M 或更高内存。

图 5.42 卸压增透数值模拟软件主界面

(二)软件功能介绍

软件界面如图 5.42 所示,软件首先进行地质参数、钻孔参数和边界参数的输入(图 5.43),然后进行迭代计算求取应力,进而求取位移及破碎区半径和塑性区半径,并计算渗透率随半径的变化(图 5.44),最后输出卸压半径及卸压后的渗透率分布曲线(图 5.45)。

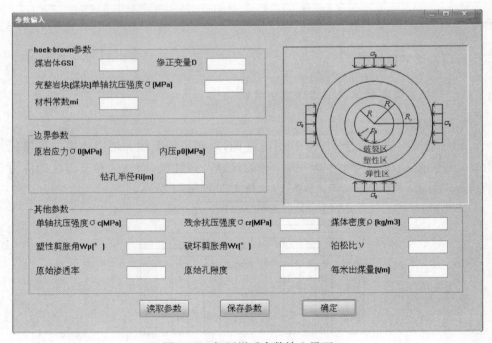

图 5.43 卸压增透参数输入界面

图 5.44　卸压增透计算进程界面

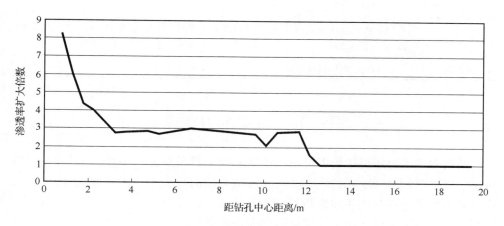

图 5.45　渗透率分布曲线

第六章 水力强化类型与增透机理

以前述章节的理论为基础,基于不同煤体结构的储层增透物理模拟把水力强化分为常规水力压裂、吞吐压裂、水力喷射压裂、水力压冲和水力冲孔五种类型(表6.1),本章重点论述每种强化类型在硬煤、软煤和围岩抽采层中的增透机理。

表 6.1 水力强化类型

强化类型	技术特点	适用性
常规水力压裂	形成单一的张性裂缝	适用于硬煤直接改造和围岩抽采层改造
吞吐压裂	形成洞穴,使煤体卸压增透,同时在洞穴周围的煤体中形成裂缝网络	适用于硬煤和围岩抽采层改造
水力喷射压裂	水力喷射形成洞穴,并在洞穴端部起裂形成裂缝,其定位和定向准确,无需机械封隔,节省作业时间	适用于硬煤和围岩抽采层改造
水力压冲	采用吞吐式或注入式压冲,排出部分煤岩体,使煤岩体卸压	适用于硬煤、软煤的改造和通过围岩抽采层对硬煤和软煤进行改造
水力冲孔	高压水冲击煤体,形成孔洞	适用于软煤改造

第一节 常规水力压裂

所谓常规水力压裂是指以恒定或逐渐增加的排量向地层内注入流体,并携带一定量支撑剂,形成单一的张性支撑裂缝,该裂缝沿最大主应力方向延伸、最小主应力方向张开。这是以往地面和煤矿井下最常见的压裂方式,故称之为常规水力压裂。此压裂工艺仅适用于硬煤储层和围岩抽采层。

一、煤层常规水力压裂增透机理

在采用常规水力压裂对硬煤储层进行改造时,随压裂液的不断注入,煤岩体开始破裂和延伸,在最大主应力方向形成高导流能力的一组裂缝,即径向引张裂缝,整个压裂过程如图6.1所示。

对径向引张裂缝进行力学分析,需把空间问题转变为广义平面问题,以便分析钻孔附近的应力状态。假定:储层为均质各向同性的线弹性多孔介质,忽略煤岩层

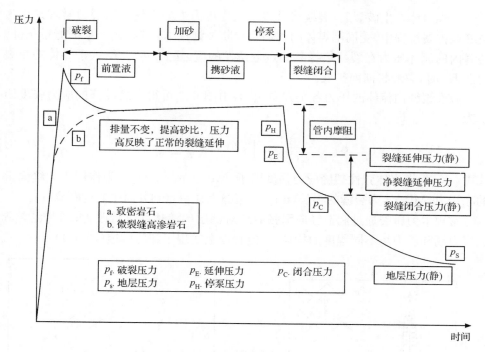

图 6.1　水力压裂典型施工曲线

与压裂液的物理化学作用和钻孔因压裂使煤岩层温度变化而产生附加应力的影响,设地应力的原场有效应力分别为 σ_x'、σ_y' 和 τ(图 6.2),则钻孔周围的主应力可表示为

$$\left.\begin{aligned}\sigma_1' &= \frac{1}{2}(\sigma_x'+\sigma_y') + \frac{1}{2}\sqrt{(\sigma_x'-\sigma_y')^2+4\tau}\\\sigma_2' &= \frac{1}{2}(\sigma_x'+\sigma_y') - \frac{1}{2}\sqrt{(\sigma_x'-\sigma_y')^2+4\tau}\end{aligned}\right\}$$

(6.1)

则最大主应力的方向为裂缝的起裂方向,可表示为

$$\theta = \frac{1}{2}\arctan\left(\frac{2\tau}{\sigma_x'-\sigma_y'}\right)$$

(6.2)

流体在地层介质中流动满足达西定律。随着水力压裂的进行,钻孔内流体压力增大,

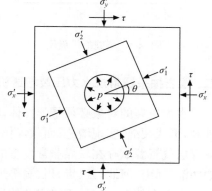

图 6.2　裂缝起裂

压裂液将不断地向地层深部运移,在钻孔壁周围产生压力场。根据张性破裂准则,当岩石中存在的拉应力能够克服地应力和煤体的抗拉强度时,煤体产生初始破裂,进而在钻孔附近形成初始裂缝。

当煤岩体发生破裂后,裂缝将沿着最大主应力方向扩展。断裂力学理论认为裂缝在扩展过程中,受周围煤体的剪切裂缝断裂韧性 K_{IC} 的控制。根据能量条件,裂缝内的流体压力在裂缝边缘某一点上诱发的应力强度因子 K_I 大于煤体的断裂韧性 K_{IC} 时,裂缝将向前扩展。

假设裂缝内流体的压力各个方向相同,由图 6.3 可得裂缝端部的应力强度因子为[145]

$$K_I = \frac{10}{\sqrt{GSI\pi a}} \int_{-a}^{a} p(y) \sqrt{\frac{a+y}{a-y}} dy \tag{6.3}$$

式中,K_I 为煤岩体张性裂缝应力强度因子,MPa·m$^{1/2}$;$p(y)$ 为作用于裂缝面上的净压力,MPa;a 为裂缝的半长,m;y 为裂缝上任一点到井筒中心的距离,m。

常规水力压裂通过制造径向引张裂缝对储层的渗透性进行改善;同时也会造成应力场和压力场不同程度的扰动,一定程度上实现了卸压增透(图 6.4)。

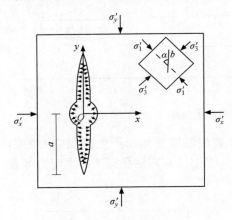

图 6.3 裂缝的扩展图

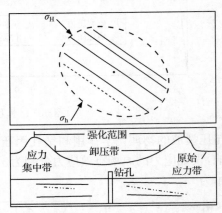

图 6.4 常规水力压裂示意图

二、围岩抽采层常规水力压裂增透机理

水力压裂的对象必须是弹性体,只有弹性体在高压流体的作用下才可能发生破裂,形成裂缝,实现增透;而软煤作为塑性体,本身是不可压裂的。我国半数以上的煤层气资源赋存在软煤非常发育的突出煤层中,特别是中国东部的人口密集区,如两淮、河南、河北;云、贵、川、渝等煤层气资源大省(市)也多发育软煤;山西部分矿区也存在软煤。如果不能突破软煤发育区煤层气地面商业化开发,我国的煤层气产业化进程将严重受阻,其煤矿减灾意义也无从谈起。为此,早在 1998 年苏现波就提出了一种针对软煤储层的煤层气地面开发工艺——"虚拟储层"强化工艺[97]。此工艺的原理来自于煤矿开采中的保护层开采和高位钻孔抽采瓦斯技术,其核心是对煤层的顶底板围岩进行水力强化,制造出类似于保护层开采在煤层顶

底板形成的裂缝一样的裂缝网络，煤层内赋存的瓦斯只需经过短距离的运移即可进入顶底板围岩的裂缝网络从而被抽出，其运移的最大距离为煤层厚度。因为瓦斯不是从真正的煤储层中抽出的，所以把强化了的顶底板围岩层段称为"虚拟储层"。但随后考虑到该层不是一个虚拟的空间体，而是一个实实在在的产层，所以更加直接地采用被人们熟知的"围岩"一词来表征，把这一水力强化对象称为围岩抽采层。

　　除了水敏性极强的泥岩外，围岩的力学强度远远高于煤层，其可改造性强于煤层。在围岩抽采层内进行常规水力压裂，其增透机理与本煤层相同，即形成径向引张裂缝，不同结构的煤体决定了裂缝网络是否进入煤层。对于硬煤储层，在压裂围岩抽采层过程中，当压裂液进入煤体，且其应力强度因子达到煤体的断裂韧度时，裂缝将向煤体内部扩展并继续延伸，实现围压抽采层与煤层一体改造；而软煤改造的仅仅是围岩抽采层，煤层本身只能产生挤胀和穿刺，渗透性不能被改善，但围岩的裂缝网络与煤层的接触面积显著增加，瓦斯的扩散路径显著缩短。

第二节　吞 吐 压 裂

　　煤矿井下吞吐压裂是通过向钻孔内不断注入压裂液进行压裂，然后快速卸压排水排渣，经过反复的压入、排出，开启、延伸煤岩层裂缝，并形成一个多级、多类裂缝网络体系，增大煤岩层的渗透率，提高瓦斯抽采效率，其增透机理涵盖造缝和排出煤岩粉卸压增透两类。吞吐压裂是水力强化中最佳的、能够实现缝网改造的增透方式，适用于硬煤和围岩抽采层改造。

一、缝网改造的增透机理

（一）裸眼洞穴完井的启示

　　煤层气开发中的裸眼洞穴完井，半个世纪以前就诞生了，但直到1977年Amcoco公司利用此法在圣胡安盆地Cahn1井实施后，其潜在优势才被真正认识。之后，众多公司相继采用此技术在圣胡安盆地北部水果地组煤层进行储层改造，取得了良好的效果。具体工艺是在较高的生产压差作用下，利用井眼的不稳定性，在井壁煤岩发生破坏后允许煤块塌落到井筒中，进而形成物理洞穴（自然裸眼洞穴完井）；或者人工施加压力（从地面注气、水），然后突然释放，使井壁煤层发生破坏，再清除井底的煤粉，形成较大尺寸的物理洞穴[146,147]。从现场试验结果看，裸眼洞穴完井的产量远远高于压裂井，一般为压裂井的3～20倍。

　　之后一些学者对裸眼洞穴完井的增透机理进行了系统探讨，如图6.5所示，主要包括以下几个方面。

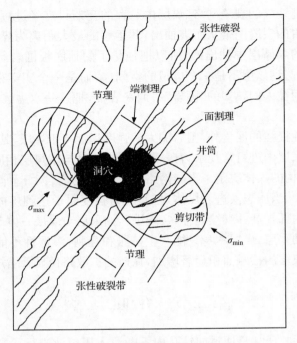

图 6.5　裸眼洞穴完井增透机理

　　洞穴：洞穴是在煤层重复性坍塌和煤屑的清除过程中形成的，其有效直径一般为 3~4m，且其形状不规则。洞穴的形成增大了煤层的裸露面积，消除了煤层在钻井过程中形成的伤害，实现了井筒与煤层的最大限度沟通。

　　破碎带：由于洞穴效应的延续，使洞穴以外的煤层发生张性破裂和剪切破裂，形成一定范围的破碎带。破碎带的有效半径一般为 6~8m。破碎带的形成，使煤层内一些处于封闭状态的原始微裂缝相互沟通，同时也形成一些新的裂缝，使得此带的渗透率明显增加。

　　扰动带：在造洞穴过程中，由于应力释放作用会在剪切破碎带以外产生一定的扰动效果，这种扰动相当于一种压力波的冲击作用，从而在煤层中形成一个半径约60m 的渗透率升高区，即扰动带，其范围与煤层物性和造洞穴的井底压力有关。

　　（二）缝网改造技术

　　缝网改造技术是指采用不同的水力强化措施，如吞吐压裂、分段压裂、水力喷射多点压裂和重复压裂等，最大限度地扰动原始地应力场，从而使裂缝的起裂与扩展不仅仅是储层的张性破坏，还存在剪切、滑移、错断等复杂的力学行为，进而形成径向引张、周缘引张和剪切裂缝。由于应力场不断被扰动，这三类裂缝不断转向，在主干裂缝外还可形成次级和更次一级裂缝。同时强化过程中储层自身形成的脆性颗粒可起到自我支撑作用,壁面位移也可实现裂缝增容。这样就在储层内形成了一个由天然裂缝与人工改造的多级、多类裂缝相互交错的裂缝网络体系,整体上改变了储层三维空间渗透性,而不单单是几条裂缝的导流能力。从而造成裂缝壁面与储层基质块的接触面积最大化,使得流体从任意方向的基质到裂缝的渗流距离最短,为储层流体运移产出提供了最佳、最畅通道。这种以多级、多类裂缝的形成为目的的储层强化技术称缝网改造技术[148](图 6.6)。

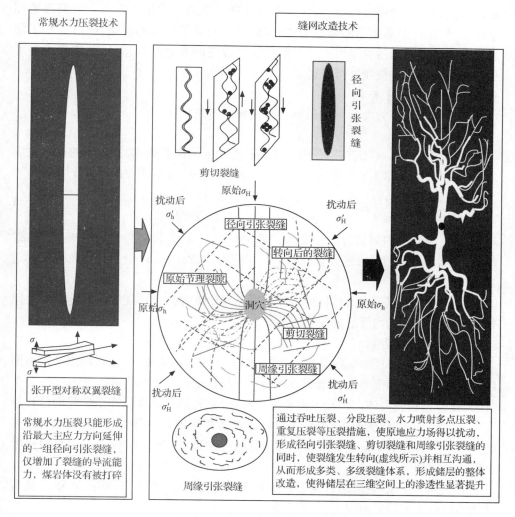

图 6.6　缝网改造增透机理

缝网改造技术是在体积改造或体积压裂技术基础上提出的,其原理与以往的常规水力压裂不同,其理论是颠覆性的,是近几年水力压裂领域的重大突破。这一技术的诞生使得低渗、特低渗储层的油气商业化开发成为现实,正是由于此项技术的应用,才使得页岩气工业得以飞速发展。煤矿井下水力强化中的吞吐压裂是这一技术的移植和延伸。

(三)缝网改造增透机理

针对常规水力压裂裂缝的单一性,垂直于人工裂缝壁面方向的渗透性很差,不足以提供有效的侧向渗透能力,导致压裂井产量低或递减快等现象。缝网改造技术以多级、多类裂缝体系的形成为核心,极大地改善了储层的渗流特性,提高了储层改造效果。吞吐压裂是煤矿井下实现缝网改造的有效技术途径,其增透机理可从三种裂缝的形成机制进行探讨。

1. 径向引张裂缝

径向引张裂缝的力学形成机制与常规水力压裂相同。

2. 剪切裂缝

如图 6.3 所示,假定在钻孔周围存在长度为 b 的微裂缝,裂缝周围的有效主应力大小分别为 σ_1' 和 σ_3',裂缝与主应力 σ_1' 的夹角为 α,剪切应力强度因子[149]为

$$K_{\text{II}} = \frac{10\tau \sqrt{\pi b}}{\sqrt{\text{GSI}}} = \frac{(\sigma_1' - \sigma_3') \sqrt{\pi b}\sin 2\alpha}{2\sqrt{\text{GSI}}} \tag{6.4}$$

式中,K_{II} 为裂缝的剪切应力强度因子,MPa·m$^{1/2}$;α 为裂缝与主应力 σ_1' 的夹角,(°);b 为微裂缝长度,m;τ 为裂缝面上的切应力,MPa;σ_1'、σ_3' 为最大和最小有效应力,MPa。

当 $K_{\text{II}} > K_{\text{IIC}}$($K_{\text{IIC}}$ 为材料的剪性裂缝断裂韧度)时,剪切裂缝将向前扩展。原则上任何压裂方式均可形成此类裂缝。

3. 周缘引张裂缝

在吞吐压裂过程中瞬时停泵,钻孔内的流体压力迅速减小,钻孔周围一定范围内的煤体沿径向的应力平衡遭到破坏,造成钻孔周围的煤体沿钻孔方向产生一个合力,此合力将使煤体向钻孔方向产生位移,离钻孔越近的煤体产生的径向位移越大,由于煤岩体结构弱面发育,位移差将使弱面两侧的煤体分离,产生周缘引张裂缝[150,151]。吞吐压裂是形成周缘引张裂缝的有效途径,重复压裂也可在某种程度上形成此类裂缝。

如图 6.7 所示,假设裂缝面与最小有效主应力 σ_3'(卸荷方向)的夹角为 α,则裂缝面的剪应力 τ 和法向应力 σ_n' 可写为

$$\left. \begin{array}{l} \sigma_n' = \dfrac{1}{2}\left[(\sigma_1' + \sigma_2') + (\sigma_1' - \sigma_2')\cos 2\alpha\right] \\[2mm] \tau = \dfrac{1}{2}(\sigma_1' - \sigma_2')\sin 2\alpha \end{array} \right\} \tag{6.5}$$

假设拉应力 $|\sigma_3'|\sigma_1'$，由式(6.5)可知，法向应力 $\sigma_n' < 0$ 时，裂缝面法向转变为拉应力状态，此时裂缝面的倾角 α 满足

$$\frac{1}{2}\left[(\sigma_1'+\sigma_2')-(\sigma_1'-\sigma_2')\cos2\alpha\right]=\sigma_n'<0 \tag{6.6}$$

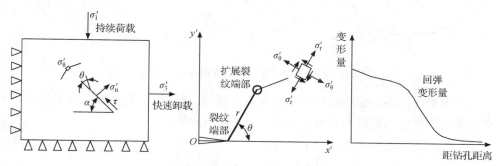

图 6.7 裂缝岩体卸荷拉张变形破坏机制

拉剪应力的同时存在，将产生复合裂纹，裂纹端部 (r,θ) 处的 σ_θ' 可表示为

$$\sigma_\theta'=\frac{1}{\sqrt{2\pi r}}\cos\frac{\theta}{2}\left(\sigma_n'\sqrt{\pi a}\cos^2\frac{\theta}{2}-\frac{3\tau\sqrt{\pi a}}{2}\sin\theta\right) \tag{6.7}$$

对于较短的裂纹，可看做是无限体平面问题，在无限远处有一对压拉组合作用力，则张性裂纹端部的应力强度因子为

$$K_{\mathrm{I}}=\frac{10}{\sqrt{\mathrm{GSI}}}\lim_{r\to0}\left[\sigma_\theta'(2\pi r)^{\frac{1}{2}}\right] \tag{6.8}$$

由式(6.7)和式(6.8)，可得出扩展裂缝 (r,θ) 处的应力强度因子为

$$K_{\mathrm{I}}=\frac{10\sqrt{\pi a}}{\sqrt{\mathrm{GSI}}}\cos\frac{\theta}{2}\left(\sigma_n'\cos^2\frac{\theta}{2}-\frac{3}{2}\tau\sin\theta\right) \tag{6.9}$$

对式(6.9)求偏导，并令其为 0，则

$$2\tau\tan^2\frac{\theta_0}{2}-\sigma_n'\tan\frac{\theta_0}{2}-\tau=0 \tag{6.10}$$

将式(6.10)确定的开裂角 θ_0 代入式(6.9)，得到拉剪作用下的裂纹起裂应力强度因子，即

$$K_{\mathrm{I}}=\frac{10\sqrt{\pi a}}{\sqrt{\mathrm{GSI}}}\cos\frac{\theta_0}{2}\left(\sigma_n'\cos^2\frac{\theta_0}{2}-\frac{3}{2}\tau\sin\theta_0\right)\geqslant K_{\mathrm{IC}} \tag{6.11}$$

式中，K_{IC} 为拉剪应力强度因子临界值，$\mathrm{MPa\cdot m^{\frac{1}{2}}}$。

在卸压过程中形成的此类裂缝是单纯的注入式压裂难以实现的(图6.8)。

4. 裂缝转向与多级裂缝的形成

吞吐压裂、水力喷射分段定点压裂、水平孔分段压裂和重复压裂等都会引起地应力重新分布，后期压裂裂缝将与前期压裂裂缝呈 θ 的方位延伸，从而引起裂缝转向[152,153]。

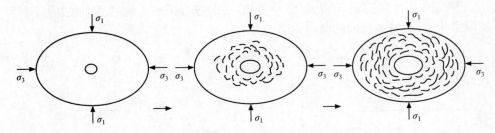

图 6.8　吞吐压裂周缘引张裂缝形成过程示意图

压裂形成的每条裂缝都将产生诱导应力场,造成应力重新分布[154],裂缝在 A 点形成的诱导应力如图 6.9 和式(6.12)～式(6.15)所示。

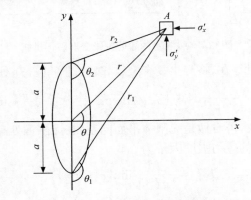

图 6.9　压裂裂缝诱导应力场

$$\sigma'_{x诱导} = p\,\frac{r}{a}\left(\frac{a^2}{r_1 r_2}\right)^{\frac{3}{2}}\sin\theta\sin\frac{3}{2}(\theta_1+\theta_2)+p\left[\frac{r}{(r_1 r_2)^{\frac{1}{2}}}\cos\left(\theta-\frac{1}{2}\theta_1-\frac{1}{2}\theta_2\right)-1\right]$$

$$(6.12)$$

$$\sigma'_{y诱导} = -p\,\frac{r}{a}\left(\frac{a^2}{r_1 r_2}\right)^{\frac{3}{2}}\sin\theta\sin\frac{3}{2}(\theta_1+\theta_2)+p\left[\frac{r}{(r_1 r_2)^{\frac{1}{2}}}\cos\left(\theta-\frac{1}{2}\theta_1-\frac{1}{2}\theta_2\right)-1\right]$$

$$(6.13)$$

$$\sigma'_{z诱导} = \nu(\sigma'_{x诱导}+\sigma'_{y诱导}) \tag{6.14}$$

$$\tau_{x诱导} = p\,\frac{r}{a}\left(\frac{a^2}{r_1 r_2}\right)^{\frac{3}{2}}\sin\theta\cos\frac{3}{2}(\theta_1+\theta_2) \tag{6.15}$$

式中,$\sigma'_{x诱导}$ 为 x 方向诱导有效应力,MPa;$\sigma'_{y诱导}$ 为 y 方向诱导有效应力,MPa;p 为缝内流体压力,MPa;r 为 A 点到坐标原点的距离,m;r_1、r_2 为 A 点到裂缝两个端点的距离,m;θ_1、θ_2 为 A 点和裂缝两个端点的连线与 y 轴的夹角,(°);ν 为泊松比,无量纲。

由式(6.12)～式(6.15),以诱导应力与裂缝中的净压力 p 的比值为纵轴,以

初始裂缝的距离 x 和半缝高 a 的比值为横轴作图(图 6.10),由图可以看出诱导应力的大小随着与初始裂缝间距离的变化而改变,在缝壁面上最大,在距离为 3 倍的半缝高以后,诱导应力变的得很小,可以忽略不计[155]。

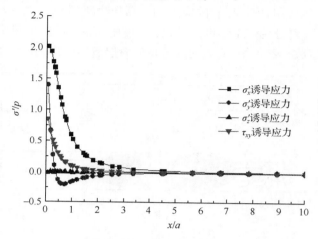

图 6.10　诱导应力变化曲线

诱导应力场和原应力场相互叠加形成复合应力场,裂缝的复杂性决定了诱导应力场的非均一性,从而造成了复合应力场的复杂性。正是由于应力场的不断变化,才使得多级、多类裂缝的形成成为可能。因此,缝网改造的核心是通过改变压裂工艺,最大限度的扰动原始应力场。

二、硬煤储层吞吐压裂增透机理

由地面煤层气开发的裸眼洞穴完井中得到启发,形成的煤矿井下吞吐压裂的增透机理表现为造缝和卸压两个方面。

(一)洞穴增透

对硬煤储层进行吞吐压裂形成的洞穴不仅扩大了井孔与煤岩层的接触面积,也为周缘引张和剪切裂缝的形成创造了条件,同时对应力场进行了充分扰动。

(二)裂缝增透

钻孔周边形成的洞穴,对改善煤储层渗透性贡献有限,只能使储层导流能力提高 5% 左右。吞吐压裂增透的关键是在洞穴形成的同时,在其周围产生了三种裂缝体系:径向引张裂缝、剪切裂缝和周缘引张裂缝,且反复的吞吐可形成多级裂缝。

（三）应力场扰动卸压增透

吞吐压裂能够有效地改造煤岩体的裂缝体系,同时在压裂过程中,由于高压水的破、冲、切、割等作用,使得原有的应力和瓦斯压力重新分布。吞吐压裂后,在洞穴周围的应力可划分为三带:卸压带、应力集中带、原始应力带(图6.11)。由式(5.160)～式(5.162)可知,应力的降低将使储层渗透性得到极大的改善。

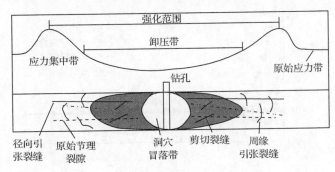

图6.11　扰动后应力分布状态

（四）裂缝自支撑增透

在吞吐压裂过程中,由于裂缝壁面位移使得裂缝壁面凸凹相对,造成增容;吞吐压裂使大量的细粒煤岩粉通过裂缝排出孔外,较大的脆性颗粒滞留在裂缝内起到支撑裂缝的作用,提高了裂缝的导流能力。

三、围岩抽采层吞吐压裂增透机理

围岩抽采层吞吐压裂的增透机理与硬煤储层相同,包括多类、多级裂缝的形成和卸压增透两个方面,但与不同结构煤体的组合结果存在差异。对于硬煤储层,吞吐压裂不仅强化了围岩抽采层,同时也在煤层中形成了多类、多级裂缝,实现围岩-煤储层一体改造;另外,在围岩抽采层形成洞穴冒落带,起到了卸压增透的作用(图6.12)。

对于软煤,在围岩抽采层实施吞吐水力压裂,实现造缝和卸压双重增透,但由于软煤的不可压裂性,这些裂缝与煤层沟通但不会延伸到煤层;当高压水进入煤层后只能形成挤胀和穿刺。这样就在围岩内建立了一个瓦斯运移产出的"高速通道",瓦斯以最短距离扩散至围岩裂缝,最大距离就是煤厚,然后以渗流方式快速产出(图6.13)。

围岩抽采层吞吐压裂不仅以其造缝和卸压双重增透实现瓦斯的高效抽采,更为重要的是为软煤的水力强化提供了一种新途径。这一技术在河南能源化工集团

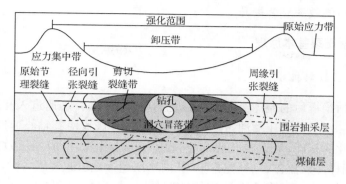

图 6.12　硬煤——围岩抽采层孔吞吐压裂

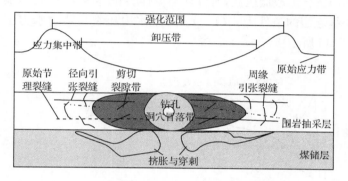

图 6.13　软煤——围岩抽采层孔吞吐压裂

有限公司(以下简称河南煤化)、重庆市能源投资集团有限公司(以下简称重庆能投)得到了成功应用。在河南煤化某矿施工在顶板围岩中的地面水平井,采用水力喷射分段压裂,取得了 $2300m^3/d$ 的产气量,实现了从围岩间接抽瓦斯的突破。重庆能投软煤穿层孔水力压裂取得了前所未有的效果,实际上压开的是顶板的粉砂岩。围岩抽采层水力强化以其钻孔施工简单、可改造性强、适合于任何结构煤体、不易塌孔堵孔、裂缝不易被煤岩粉堵塞和因应力作用闭合等优势,成为煤矿井下水力强化的最佳工艺。

第三节　水力喷射压裂

水力喷射压裂是另外一种可实现缝网改造的压裂工艺,是一种集喷射射孔、水力压裂及酸化、水力自封隔于一体的新型增产改造措施,适用于低渗透直井、水平井的增产改造,是低渗透油气藏压裂增产的一种有效方法。煤矿井下水力压裂成功与否的关键在于封孔,不仅耗时、耗工、成本高,而且存在失败的风险。而水力喷射压裂可实现自我动态封隔,不需要封孔,且可在裸眼井孔中进行,这就使得煤矿井下水力压裂的效率显著提升。

一、水力喷射压裂基本原理

（一）增压致裂机理

水力喷射增压后的流体经喷嘴后转化为高速射流，并迅速进入孔眼。由于孔眼体积有限和水的不可压缩性，孔内流体会挤压射流，致使其轴心速度迅速衰减，巨大动能转化为压能，流速在孔底滞止使压力迅速升高，形成增压效应。与此同时，环空中同样注入流体，以补充排量，孔内增压超过地层起裂压力时，孔眼末端煤岩体就会起裂。由于喷嘴喷出的流体速度较大，根据伯努利（Bernoulli）方程[式(1.1)]，在其周围会形成低压区，所以环空流体会被卷吸进入裂缝，驱使裂缝向前延伸[156]。裂缝起裂的条件为式(1.2)。常规水力压裂与喷射水力压裂的施工压力差异如图 6.14 所示。

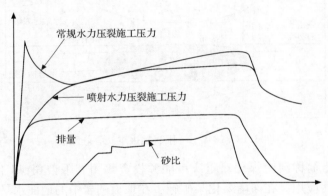

图 6.14　施工压力差异对比图

高速射流在射孔孔道内的速度会渐渐变小。根据伯努利方程和动量守恒定律可以得出图 6.15 所示的压力分布图。

喷射流体所增加的动态压力可表示为

$$p_{增压} = \frac{W_j^2}{\rho g^2 A_j A_f} - \frac{W_f^2}{M^2 \rho g^2 A_f^2} \tag{6.16}$$

式中，$p_{增压}$ 为喷射流体所增加的动态压力，MPa；W_j、W_f 分别为单位时间喷嘴和裂缝内的流体质量，kg；A_j、A_f 分别为喷嘴和裂缝过流断面面积，m²；ρ 为流体介质密度，kg/m³；M 为环空质量的贡献率，可由式(6.17)表达，即

$$M = \frac{W_a}{W_j + W_a} \tag{6.17}$$

式中，W_a 为单位时间环空流体的质量，kg。

当射孔孔眼端部的压力达到一定程度时，将在孔眼端部起裂（图 6.16），根据

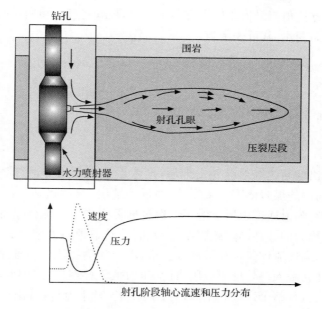

图 6.15　水力喷射压裂压力分布示意图

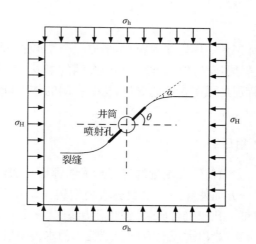

图 6.16　水力喷射压裂裂缝的起裂与延伸

最大拉应力准则,在一定的压力作用下,当最大有效拉伸应力达到煤岩体的抗拉强度时,煤岩体发生断裂,即裂缝起裂,破裂压力可表示为[157]

$$p_f = \frac{1}{4}\{\sigma_h[3 + 6\cos(2\theta)] + \sigma_H[3 - 6\cos(2\theta)]$$
$$- \sigma_v + 2\mu(\sigma_H - \sigma_h)\cos(2\theta) - \alpha p_0 + S_t\} \tag{6.18}$$

式中,σ_v 为垂向地应力,MPa;θ 为射孔孔眼与最大主应力的夹角,(°)。

如果射孔方位角与最大主应力方向不一致，裂缝将产生转向，延伸压力也将随着裂缝的扩展而变化，其可表示为

$$p_E = \frac{1}{4}\{\sigma_h[3 + 6\cos(2\alpha)] + \sigma_H[3 - 6\cos(2\alpha)] -$$

$$\sigma_v + 2\mu(\sigma_H - \sigma_h)\cos(2\alpha) - \alpha p_0\} \tag{6.19}$$

式中，α 为裂缝端部切线与最大主应力的夹角，($°$)。

（二）自我封隔机理

从喷嘴喷出的高速水射流冲击地层，产生巨大的作用力，形成一个纺锤形孔道，并使孔道前端的煤岩体产生微裂缝，降低了地层岩石的起裂压力。同时，射流流体继续作用在喷射通道中形成增压。通过向环空中泵入流体增加环空压力，喷射流体和环空压力的叠加超过破裂压力瞬间，使孔道顶端处地层破裂。水力喷射裂缝一旦形成，高速流体经过孔眼进入孔道，由于喷嘴射流的流速很大，根据伯努利方程，其将在孔眼入口处形成低压，且其压力低于环空压力，因此环空流体在压差作用下流进孔道，整个过程利用水动力学原理实现水力自我封隔，不需要其他封隔措施。

（三）卸压增透

水力喷射压裂首先是在煤岩体内射孔，形成一个梨形的孔洞，然后在这一孔洞底部形成增压，把煤岩层压开产生裂缝。梨形孔洞的形成必定排出部分煤岩体，从而产生卸压增透。特别是强度较低的煤体，这一孔洞的体积将比岩层大，卸压效果更好。

二、硬煤储层水力喷射压裂

水力喷射压裂一方面使钻孔附近的煤层形成纺锤形孔洞，冲出部分煤体，起到卸压增透的作用；另一方面使煤层产生裂缝实现增透。在井下采用常规或吞吐水力压裂时，一次要对整个孔段进行压裂，但由于压裂设备能力有限，排量和压力无法满足裂缝延伸的需要，难以形成有效的长裂缝。而水力喷射具有自我封隔功能，可实现对煤层的定向、多点、多次压裂，并在煤体中产生诱导应力，形成多种类型的裂缝体系，使煤层改造得更为均匀（图 6.17）。瓦斯抽采孔水力作业机的成功研制，使得所有瓦斯抽采孔的水力喷射压裂成为现实，在河南煤化某矿的试验充分说明此工艺的可行性。

三、围岩抽采层水力喷射压裂

在围岩抽采层中实施并进行水力喷射压裂，对于硬煤储层，当围岩裂缝开启、

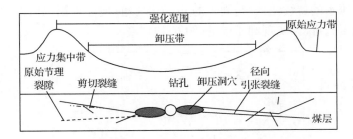

图 6.17　硬煤水力喷射压裂

延伸后,喷射压裂水会通过顶、底板裂缝对煤层进行压裂,实现围岩与煤层的一体造缝增透;对软煤,强化的只是围岩,高压水在煤层内形成挤胀和穿刺(图 6.18),由于围岩的强化,一方面使煤体卸压,改善其渗透性,同时瓦斯扩散到顶板后通过裂缝渗流到钻孔,缩短了扩散的距离。

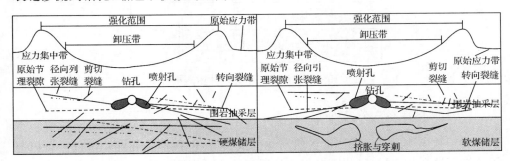

图 6.18　围岩抽采层水力喷射压裂

第四节　水力压冲

水力压冲包括注入式和吞吐式两类。注入式水力压冲是将高压水由注入孔注入,由周边影响范围内的卸压钻孔排出。吞吐式水力压冲与吞吐压裂相同,只是在软煤中的应用存在差异。这是一种实现造缝和卸压双重增透的又一水力强化技术。

一、注入式水力压冲增透原理

(一)硬煤注入式水力压冲

对于硬煤储层而言,注入式水力压冲的第一阶段与常规水力压裂相同,即在煤层内形成张性裂缝,实现增透。如果采用间歇式重复注入压裂,还可扰动应力场,形成径向引张、周缘引张和剪切裂等多级、多类裂缝。

随着高压水的持续注入,与周边的卸压孔沟通,便进入第二阶段,高压水携带煤岩粉从卸压孔排出,实现卸压增透(图 6.19)。

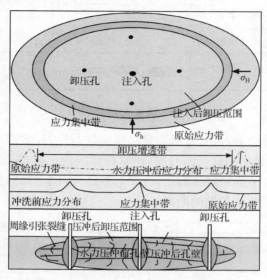

图 6.19　硬煤注入式水力压冲增透机理图

(二)软煤注入式水力压冲

对于软煤注入式水力压冲虽然不能形成裂缝,但在挤胀和穿刺过程中可以与周边卸压钻孔相互导通,将部分煤体从卸压钻孔冲出,实现卸压增透(图 6.20)。

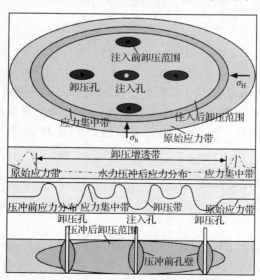

图 6.20　软煤注入式水力压冲压增透机理

（三）围岩抽采层注入式水力压冲

1. 围岩-硬煤水力压冲

在围岩中布置注入孔,在煤层中施工卸压孔进行水力压冲时,第一阶段是造缝,可采用间歇式重复压裂在围岩和煤层中形成多级、多类裂缝网络。当流体与煤层卸压孔沟通后,排出部分煤岩粉,实现第二阶段的卸压增透(图 6.21)。

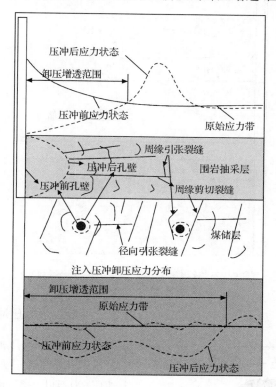

图 6.21　硬煤围岩抽采层孔水力压冲增透机理

2. 围岩-软煤水力压冲

在围岩中布置注入孔,在煤层中施工卸压孔进行水力压冲时,第一阶段是造缝,可采用间歇式重复压裂在围岩中形成多级、多类裂缝网络。当流体与煤层卸压孔沟通后,将部分软煤冲出,实现第二阶段的卸压增透(图 6.22)。

注入式水力压冲存在造缝和卸压增透两种机理,但在实施时要根据煤岩体的结构和力学性质、地应力大小及方向合理布置注入孔和卸压孔的范围和间距,使得改造均衡,不留空白带。

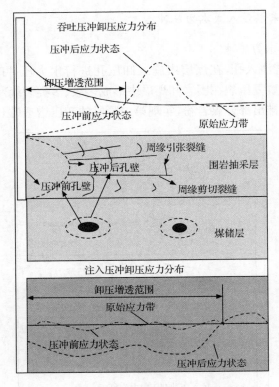

图 6.22　软煤围岩抽采层水力压冲增透机理

二、吞吐式水力压冲增透机理

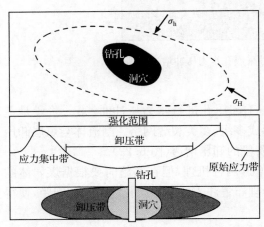

图 6.23　软煤本煤层吞吐压裂增透机理

吞吐式水力压冲与吞吐压裂的施工工艺相同,对于硬煤和围岩等脆性地层,为吞吐压裂;但对于软煤储层则是出煤卸压增透。通过反复的注入、快速卸压(图 6.23),使得部分软煤被带出,实现卸压增透。吞吐可使煤层钻孔中的洞穴体积逐渐增大,由卸压增透理论可知洞穴越大,破碎带和塑性带的半径越大[式(5.154)和式(5.159)],其渗透率越大,改造的范围越大,瓦斯抽采效果越好[式(5.161)和式(5.162)]。

第五节　水　力　冲　孔

　　水力冲孔是指利用高压水射流冲击钻孔周围的煤体，冲出大量的煤体，形成一孔洞。在地应力和瓦斯压力的双重作用下，孔洞周围的煤体向钻孔方向移动，使孔洞附近煤体卸压，同时释放大量瓦斯，增加孔洞周围煤体的透气性，有效地提高了抽放效果，起到综合防突的作用。

　　水力冲孔最先由重庆分院与南桐矿务局合作于 1965 年在南桐鱼田堡矿首次试验成功，之后又在梅田、涟邵、六枝、北票、焦作等矿区应用。涟邵矿物局洪山殿矿蛇形山井用该法揭煤层 34 次，有 31 次安全揭开，有 3 次揭开时发生了强度为 27～214t 的突出。水力冲孔后发生的突出多是由于冲孔不充分或冲孔时煤层不自喷造成的。与超前排放钻孔相比，水力冲孔的优点是冲出煤量多，煤体卸压和排放瓦斯充分。北票矿务局在三宝一井 9B 煤层和台吉三井 10 号、11 号煤层曾对水力冲孔在冲孔过程中煤体的卸压和变形、瓦斯压力和流量等做过初步的考察。目前水力冲孔系统由乳化液泵、压力表、防喷装置和喷头等组成，主要瓶颈在于采用压力低、流量小的乳化液泵，水力冲孔专用设备亟待解决。

　　水力冲孔的作用主要体现在以下三方面：①冲出大量煤体，形成大直径的洞穴，与此同时，洞穴周围煤体向钻孔方向发生大幅度的移动，造成煤体的膨胀变形和顶、底板间的相向位移，引起在孔道影响范围内地应力降低、煤层得到充分卸压、裂隙增加，使煤层透气性大幅度增高，促进瓦斯解吸和排放，大幅度释放了煤层和围岩中的弹性潜能和瓦斯的膨胀能，提高了抽放效果；②湿润煤体，降低煤体弹性势能；③湿润煤体后，可降低煤体中残存瓦斯的解吸速度，减小瓦斯膨胀能。

　　水力冲孔与吞吐式水力压冲的区别在于其不需要进行封孔，但是由于其不能实现在洞穴内高压作用下的快速吞吐作用，不能使煤体产生激动，增透效果稍逊于吞吐式水力压冲。

　　水力冲孔是一种以卸压为核心的增透技术，在以往的瓦斯抽采中得到一定应用。但由于装备能力有限，严重阻碍了这一技术的大规模、高效应用。以往的装备存在如下不足：①压力和流量不匹配。高压难以实现大流量，大流量难以形成高压；②冲孔管是多根连接的，不能连续地快速进退，易造成埋管；③冲孔管直径一般较大，管与孔壁之间的环空体积有限，造成排渣不畅，堵孔埋管现象常见；④就地操作，存在双重危险，即冲孔期间的瓦斯涌出异常和高压水泄露对人员的伤害。为此，作者专门研制了一套具有一定压力和排量的柱塞泵和小直径连续不锈钢管装备，且可实现远程操作，详见第八章。这一装备的现场试验表明，对于软煤可实现高效冲孔，对于硬煤可实现水力喷射定点压裂。与水力压裂泵一并成为煤矿井下水力强化的装备支撑。

第六节　水力强化的多重效应

一、煤储层强化增透

对 GSI≥45 的硬煤来说,在原始状态下很难形成线性渗流,多为扩散或低速非线性渗流,因此都需要经过水力压裂改造消除启动压力梯度,实现扩散-线性渗流产出机制。对 GSI＜45 的软煤而言,通过水力强化出煤卸压实现增透,使瓦斯以线性渗流形式产出。这种造缝和卸压增透机理,在前述章节已进行了详细探讨。

二、抑制瓦斯涌出

煤层含水率增加,使瓦斯由吸附态转化为游离态的过程变得困难,即增大了煤层瓦斯残留量,减少了瓦斯涌出量。以往实践证明水法采煤相对瓦斯涌出量明显比旱法采煤小,仅为后者的 45.3％,煤层含水率提高对瓦斯涌出的抑制作用明显。

(一) 启动压力梯度变化实验

如图 6.24 所示,启动压力梯度随着含水饱和度的增大而增大,说明了水力强化增加煤层含水率有助于抑制瓦斯涌出。

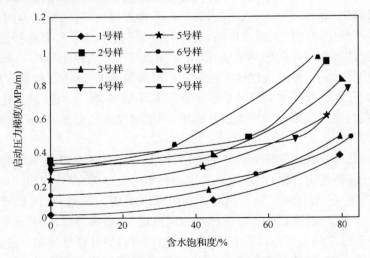

图 6.24　不同渗透率样品的启动压力梯度随含水饱和度的变化

(二) 瓦斯放散初速度变化实验

为验证含水率对煤层瓦斯涌出的影响,室内测试了瓦斯放散初速度 ΔP

（图 6.25）。结果表明，含水状态下的 ΔP 下降达 40％以上，最高超过 65％，也说明了煤层含水饱和度的增加能有效抑制瓦斯的涌出。

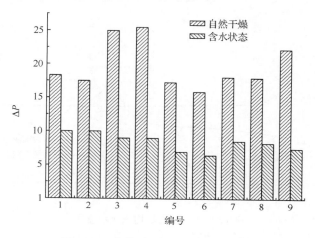

图 6.25　含水对瓦斯放散初速的影响

值得注意的是，煤层注水后，一是增加了启动压力梯度，影响瓦斯的运移；二是水附着在煤体表面，抑制瓦斯的解吸，这是不利于瓦斯产出的。也就是说，水力强化后能够产出的瓦斯，将快速产出；残留的部分在煤炭回采期间将缓慢的产出，减少了回采期间的瓦斯超限事故。最近的研究表明，如果在压裂液中加入一种表面活性剂，增加煤的亲水能力，可有效降低启动压力梯度，同时瓦斯放散初速度也增加 20％。如果是为了实现资源开发目的，加入这一表面活性剂将有利于瓦斯抽采率的提升。

三、改变煤体强度

对硬煤来说，随着含水饱和度的增加，煤的力学强度呈减小趋势；对软煤来说，水力强化有助于提高其力学强度，起到一定的防治煤与瓦斯突出的作用，详见第二章第二节。

四、扰动应力场和压力场

采掘工作面煤岩体在地应力场和瓦斯压力场下，储蓄有大量的弹性变形能，在采掘作业诱导作用下煤岩一旦突然破碎，弹性能就可能瞬间被全部释放，产生各种动力现象。煤与瓦斯突出和冲击地压都是在极限应力条件下煤岩体突然破坏所发生的动力现象。煤矿开采对原地应力分布状态的改变是造成局部应力集中的原因，水力强化是对瓦斯压力场和应力场的扰动过程，促使瓦斯压力场在影响范围内实现均一化，使压裂孔附近一定范围内的应力释放而减小，同时使应力集中带外移,并且减小应力集中的数值,这有助于防治煤与瓦斯突出和冲击地压的发生(图 6.26、图 6.27)。

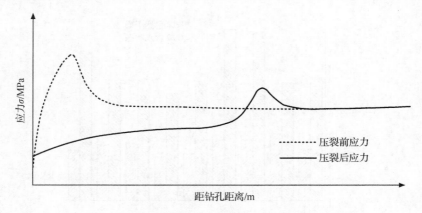

图 6.26　地应力场均一化示意图

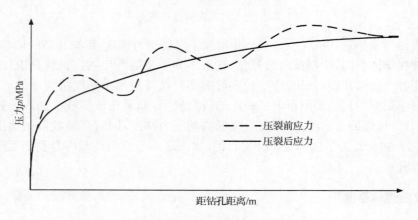

图 6.27　压裂扰动后瓦斯压力场

五、降尘作用

煤尘是煤矿严重灾害之一,主要表现在:矿工吸入煤尘引起的尘肺病和煤尘爆炸,同时可降低设备使用寿命。煤层注水治理煤尘灾害体现在以下三个方面。

(1)经过水力强化后,煤层含水率增加,煤尘润湿后颗粒之间的桥联力增加,使煤尘凝聚变大,加速沉降,使得生产过程中大量减少或消除煤尘。

(2)煤层内部存在许多原生细颗粒,是破碎形成煤尘的主要来源。水力强化后水进入裂隙中,预先湿润和浸泡煤颗粒使其丧失飞扬能力。另外,在毛细作用下水还可以进入微孔隙在煤体表面形成一层水膜,当煤被破碎时也阻止煤尘的产生。

（3）湿润后的煤体塑性增强而脆性减弱,降低了应力集中,煤体脆性破坏转变为塑性变形,减少了煤体破碎为尘粒的可能性。

在水力强化时,在水中加入增加煤亲水能力的表面活性剂,不仅有利于加速瓦斯的产出,更有利于降尘。煤的亲水能力增加,煤尘将被水包裹、团聚、沉降。这是水力强化的又一辅助功能。水力强化的多重功能如图 6.28 所示。

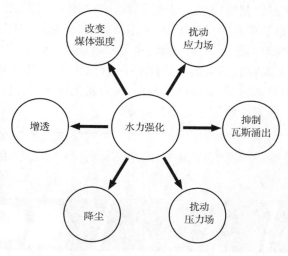

图 6.28　水力强化六重效应

第七章　水力强化工艺

水力强化工艺是以瓦斯抽采工程地质为基础、煤体结构判识为核心、瓦斯运移产出机理为指导，结合矿井的采掘部署，采用顺煤层、穿煤层或围岩抽采层等钻孔布置形式，通过常规水力压裂、吞吐压裂、水力喷射压裂、水力压冲、水力冲孔等增透措施，实现煤层瓦斯高效抽采的一种技术手段(图 7.1)。其主要内容包括：瓦斯抽采工程地质基础资料分析、煤体结构判识、水力强化设计、强化钻孔施工、强化钻孔封孔、强化实施、效果评价等主要工艺步骤。

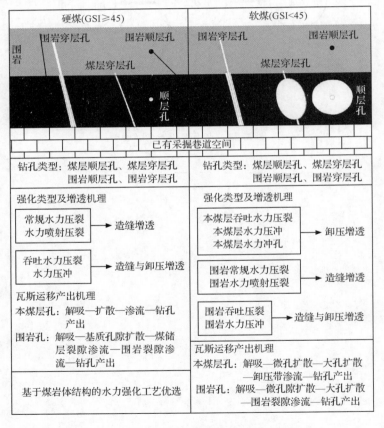

图 7.1　基于煤岩体结构的水力强化工艺优选

第一节 水力强化工艺优选

煤矿井下水力强化工艺可根据煤体结构、钻孔类型和强化类型进行优化组合，满足各矿区多样化地质条件下高效抽采瓦斯的要求。对于水力强化工艺选择，将强化对象区分为硬煤、软煤和围岩；常见的钻孔类型有穿层孔、顺层孔、围岩抽采层孔和多分支孔；强化类型主要有常规压裂、吞吐压裂、水力喷射压裂、水力压冲、水力冲孔五种。可以针对不同矿区的具体地质条件和矿井生产巷道布置方式，选择效果最优的强化方式。

一、本煤层水力强化工艺

（一）硬煤层水力强化

1. 钻孔类型

对 GSI≥45 的硬煤层，可采用本煤层顺层钻孔或穿层钻孔进行水力强化增透。如对于回采工作面可在进风顺槽或回风顺槽施工顺层钻孔进行水力强化，实施增透抽采（图 7.2）；也可在顶、底板岩石巷道施工穿层钻孔对煤层进行水力强化

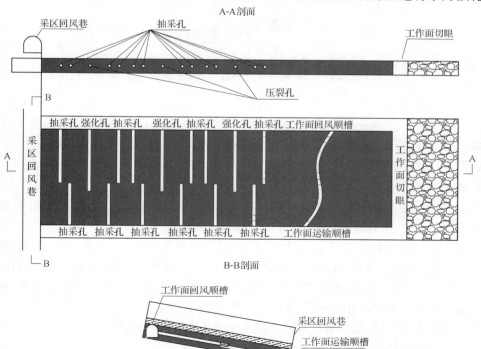

图 7.2 硬煤回采工作面顺层钻孔水力强化抽采

作业(图 7.3)。

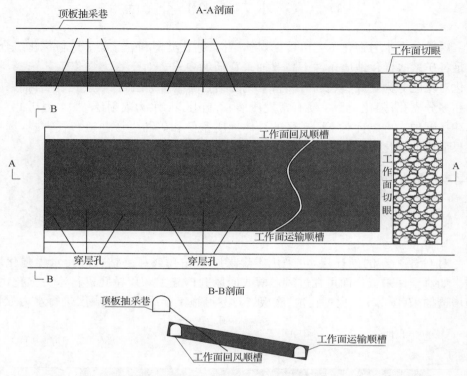

图 7.3　硬煤穿层钻孔水力强化抽采

2. 强化类型

对 GSI≥45 的硬煤层均可采用常规压裂、吞吐压裂、水力喷射压裂、水力压冲、水力冲孔等工艺,具体工艺的确定视设备条件、实施目标、允许施工时间、工艺流程、巷道空间等条件而定。一般而言,可遵循以下原则选用合适的强化工艺类型。

(1)薄煤层可采用常规水力压裂,在注入量一定的条件下,薄煤层滤失少,注入流体上压快,能有效开启裂缝,瓦斯运移产出的距离短。

(2)煤层厚度大、钻孔长,采用水力喷射压裂,可免于封孔,并能定点、定向、均匀开启裂缝,形成缝网,提高煤层的渗透率。其缺点是对设备要求高,作业时间长。

(3)煤层发育一定厚度的软煤分层,易采用吞吐压裂,使软煤层出煤卸压,硬煤层压裂产生裂缝,卸压和裂缝共同作用可提高煤层渗透率。

强化后,硬煤层瓦斯通过解吸—扩散—渗流至钻孔被抽出。

3. 应用实例

河南能源化工集团有限公司演马庄矿开采二$_1$煤层,煤层厚度 3.20～10.65m,

煤体结构 35＜GSI＜60。在二七下山皮带巷穿层钻孔进行连续管水力喷射压裂试验。将水力喷射压裂设备喷头下至硬煤处进行水力喷射压裂。硬煤首先在水射流作用下产生纺锤形孔道,根据伯努利方程可知,喷嘴出口处流速最大,其静压为整个流场的最低值,环空中的流体在压差作用下流入孔道,当孔道末端的静压达到煤体的破裂压力时,在孔道末端便产生裂缝,并随着流体的持续卷吸入而延伸。裂缝形成后,煤体内瓦斯得到突然释放,造成试验期间多次发生剧烈喷孔,试验期间泵出口压力最大 42MPa,流量 0.2m³/min,共注入水量 35.2m³。

水力喷射压裂前抽采浓度为 62.6%,平均单孔日抽采纯量 16.2m³/d;压裂后抽采浓度 80.3%,平均单孔日抽采纯量 28.9m³/d,相比试验前分别提高28.3%、38.9%。

(二) 软煤层水力强化

1. 钻孔类型

软煤层顺层钻孔钻进困难,护孔不易,封孔难。因此,在对软煤层进行水力强化时,一般采用穿层钻孔或围岩抽采层钻孔进行强化。当采用穿层钻孔进行强化时,可将一个穿层钻孔作为强化钻孔实施单孔强化,也可在该钻孔周边施工穿层钻孔(图 7.4 中Ⅰ)或顺层钻孔(图 7.4 中Ⅱ)作为卸压钻孔,进行孔群的增透抽采。

2. 强化类型

对 GSI＜45 的软煤,采用水力压冲(包括吞吐式水力压冲和注入式水力压冲)或水力冲孔增透技术工艺。

(1) 当煤层中有一定比例的夹矸或硬煤、作业时间紧张、卸压范围大时,采用注入式水力压冲增透工艺。通过强化孔和卸压孔的共同作用,一方面使钻孔孔径扩大,钻孔周边煤层在失稳状态下卸压增透;另一方面,卸压钻孔作为煤粉排出的有利通道,保证了出煤效果,最大程度减少了钻孔孔壁的污染。水力压冲增透有效范围大,但卸压孔与强化孔之间的位置关系需结合瓦斯抽采地质特征及应力变化等进行确定。

(2) 当煤层瓦斯含量较大并有一定的自喷能力时,可采用吞吐式水力压冲或水力冲孔增透抽采工艺,吞吐式水力压冲单孔作业有效范围大,增透效果显著,但其对设备要求高;水力冲孔所需设备简单,施工较易,能有效提高单孔抽采纯量,但其单孔增透范围有限,对某一区域进行增透抽采时,作业工程量大。

强化后,软煤层瓦斯通过解吸—微孔扩散—大孔扩散—卸压带渗流至钻孔抽出。

3. 应用实例

1) 水力压冲实例

在河南能源化工集团有限公司新河煤矿 12091 下顶抽采巷 4#钻场进行了水

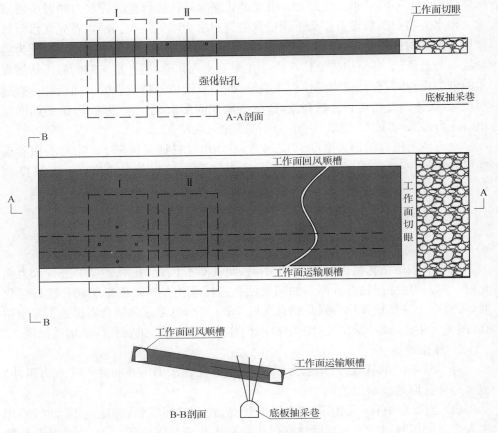

图 7.4　软煤水力压冲强化抽采

力压冲增透抽采瓦斯作业。作业区域为单一厚煤层,厚度 6m,煤体结构 10＜GSI＜45。采用在顶板抽采巷施工下向穿层钻孔掩护煤巷掘进的抽采工艺。设置强化钻孔 1 个,卸压钻孔 4 个,钻孔煤孔段长度为 10～32m。卸压孔环绕强化钻孔,孔底间距 7.5m,采用水力压冲增透抽采工艺,对强化钻孔分三次累计注入水量 115m³,最高作业压力 39MPa,4 个卸压钻孔累计冲出煤量 9t。在之后连续的 3 个月观察期间内,单孔抽采纯量为 86～129m³/d,抽采浓度维持在 40％～98％,相比未强化抽采钻孔,抽采纯量提高 2～6.3 倍,煤层透气性系数提高 7～11 倍。

2) 水力冲孔实例

郑州煤炭工业(集团)有限责任公司大平煤矿所采二$_1$煤层为单一厚煤层,厚度 5～7m,煤体结构 10＜GSI＜30,采用底板抽采巷上向穿层钻孔掩护煤巷掘进,在 21141 底板抽采巷采用瓦斯抽采钻孔水力作业机对 19 个钻孔进行了水力冲孔作业,钻孔煤孔段长度 11～20m。水力冲孔期间,单孔出煤量 3～13t,作业后单孔抽采纯量 39.4～116.5m³/d,抽采浓度维持在 31%～70%,相比未强化抽采钻孔,单孔抽采纯量提高了 2.54～5.6 倍,单孔卸压半径提高 0.4～8.7 倍。

二、围岩抽采层水力强化工艺

(一) 钻孔类型

围岩抽采层钻孔相比煤层抽采钻孔,具有施工易、维护易、有效抽采时间长等特点,同时,围岩较煤层脆性大,水力强化作业后更易形成缝网。因此无论硬煤还是软煤,在现有采掘部署允许的条件下,均不失为一种高效的抽采工艺。

围岩抽采层水力强化工艺钻孔类型可分为两类:第一类是在煤层的顶、底板岩层内施工平行于煤层层面的钻孔,钻孔与煤层的法向距离由岩层岩性、岩层裂隙发育情况、充填物性质、岩石的力学性质等参数确定;第二类可以施工"穿层钻孔",可施工至即将见煤为止,也可穿透整个煤层至顶、底板,具体视施工巷道层位及预选择改造的煤层顶、底板的性质确定,当钻孔穿透煤层时,需将煤层段彻底封固。之后实施水力强化使煤层的顶板破裂与煤层沟通,实现"煤层扩散—顶板渗流"的瓦斯运移产出路径(图 7.5)。同时,也可以组合围岩抽采层钻孔与煤层钻孔,使其共同满足水力强化工艺需求(图 7.1)。

(二) 强化类型

围岩抽采层钻孔可采用常规水力压裂、吞吐压裂、水力喷射压裂、水力压冲等工艺进行煤层增透。

(1) 对 GSI≥45 的硬煤,采用常规水力压裂、水力喷射压裂和吞吐压裂,以形成煤岩层相互沟通的、立体的"缝网"为目的,实现造缝增透抽采,缩短瓦斯解吸扩散、运移产出的直线距离。

(2) 对 GSI<45 的软煤,采用常规水力压裂、水力喷射压裂和吞吐压裂,在围岩抽采层形成裂缝网络,使软煤层的瓦斯运移产出距离最短,最大为煤层厚度。当采用水力压冲增透时,在围岩抽采层中施工强化钻孔以注入高压液体;在煤层中施工卸压钻孔,以出煤卸压,两种钻孔类型共同作用,实现了软煤岩层的造缝增透(图 7.1)。

强化之后,对于硬煤层,瓦斯由解吸—基质孔隙扩散—煤储层裂隙渗流—围岩裂隙渗流至围岩抽采层钻孔抽出;对于软煤层,瓦斯由解吸—微孔隙扩散—大孔扩散—围岩裂隙渗流至围岩抽采层钻孔产出。

(三) 应用实例

1. 围岩抽采顺层钻孔水力强化实例

鹤壁中泰矿业有限公司开采二₁煤层,煤层厚度 6～8m,煤体结构 30<GSI<

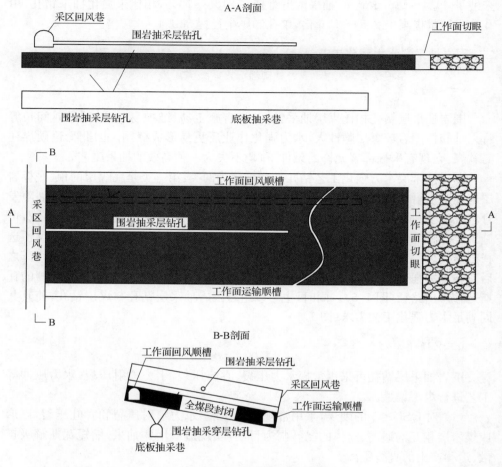

图 7.5　围岩抽采层孔水力强化抽采

60,在 33051 工作面下顺槽乳化液泵站对口上侧 5m 处钻场内,在煤层顶板砂岩内与煤层法向 1m 高度平行煤层施工钻孔,倾角为 0°,孔长 69m。施工完成后下压裂管封孔,测试钻孔自然流量接近于 0,孔口浓度 0.18%(巷道浓度 0.14%)。用水力强化封隔器对围岩抽采顺层钻孔进行封孔,封孔深度 15m,封孔段长度 1.8m,之后进行常规水力压裂,破裂压力 26.3MPa(砂岩抗拉强度 1.17MPa),裂缝延伸压力 13.8MPa,总计注入水量 37m³。

水力强化后,采用 CYT 技术探测了围岩抽采层钻孔强化的有效范围,达 1601m²;围岩抽采层钻孔在统计的 2 个月内抽采纯量可达 91.7～661m³/d,平均 328m³/d,抽采浓度为 15.3%～88.6%,钻孔未发生坍塌堵塞。而强化范围内的煤孔百米钻孔抽采纯量为 36～70m³/d,2 个月内因钻孔垮塌堵塞而衰减。

2. 围岩抽采穿层钻孔应用实例

重庆市能源投资集团有限公司南桐矿业公司先后在南桐、红岩、兴隆等 7 对矿井共计实施围岩穿层水力压裂孔 114 个，抽采纯量提高 36% ~ 2270%，取得了显著的经济效益。

鱼田堡矿 3504W4 段工作面采用水力压裂工艺的穿层预抽孔半径为 18m，控制面积为 1017.9m²/孔。采用水力割缝工艺的穿层预抽孔半径为 2.25m，控制面积为 15.9m²/孔。在 34 采区 −350m 西抽采巷向工作面施工钻孔，平均单孔进尺为 45.21m。压裂和割缝工艺比较结果：钻孔工程量减少了 98.4%，钻孔工期缩短了 97.6%，瓦斯抽采浓度提高了 53%，单孔瓦斯抽采纯量增加了 16.7 倍。

三、围岩抽采层主孔——煤层分支钻孔

（一）钻孔类型

鉴于目前煤矿井下定向钻机难以在突出煤层中钻进这一现实，可在煤层顶板或底板施工主钻孔，然后向煤层施工分支钻孔，实施水力压裂，裂缝与煤层沟通后建立围岩抽采层模式抽采瓦斯(图 7.6、图 7.7)。这些分支孔起到了压裂导向的作用，克服井下单台泵组排量的不足，使得压裂效果显著提升。

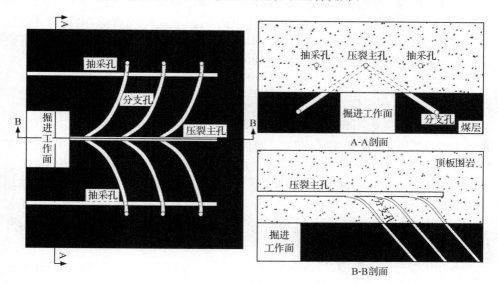

图 7.6　顶板围岩抽采层＋煤层羽状钻孔

（二）强化类型

顶底板主孔＋煤层分支孔可采用常规水力压裂、吞吐压裂和水力压冲等工艺

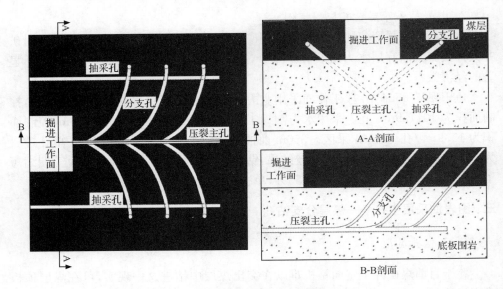

图 7.7　底板围岩抽采层＋煤层羽状钻孔

类型。具体工艺选择要考虑煤层赋存条件、煤体结构和巷道采掘空间等因素。对GSI≥45 的硬煤，当采用常规水力压裂时，可在煤层内及顶、底板内开启、延伸、沟通裂隙，形成抽采缝网，达到体积改造的目的。对 GSI＜45 的软煤，可采用吞吐压裂和水力压冲，以出煤卸压增透为主。不论是硬煤还是软煤，满足条件时，尽量采用底板水力强化主孔＋煤层分支孔，以便更好地进行排渣、排水作业。

（三）应用实例

　　河南能源化工集团有限公司中马村矿 27021 回风巷瓦斯含量 20～25m³/t，瓦斯压力 1.3MPa，严重影响了 27021 回风巷掘进。矿方使用 EXP-23 型钻机在27021 回风巷设计巷道中线，施工分支孔进行抽采，主孔长度 411m，11 个分支孔总长度 783m，其中见煤长度累计 110m。该孔于 2010 年 10 月 3 日开始连抽，瓦斯抽采浓度最高达到 90%，流量 1.17m³/min；2011 年 1 月浓度降到 20% 左右；2011 年4 月浓度和流量几乎为零，不再进行抽采。为了提高钻孔使用效率，决定采用吞吐压裂技术进行增透抽采。

　　吞吐压裂分三个阶段进行，逐级加大注入量，最高压力 13.4MPa，总计注入液量 175m³，在各阶段的排水过程中采取水样，进行了固体含量测试，总计排出固体物为 2.16t。

　　从 2011 年 6 月 14 日至 2011 年 7 月 1 日共 18 天的抽采数据显示，吞吐压裂完成后，最大抽采纯量为 997.9m³/d，最小抽采纯量为 130.3m³/d，平均抽采纯量为 739.8m³/d，累计抽采纯量为 13315.8m³；最大浓度为 99.9 %，最小浓度为

44.1%。取得了较好的抽采效果。

四、围岩抽采层钻孔一孔多用

围岩抽采层钻孔水力强化避免了软煤不可压裂的局限。如图7.8所示,围岩抽采层钻孔(在煤层顶板中,从回风下山向工作面切眼方向施工钻孔),可以作为采前地质探孔,通过水力强化可实现采前预抽、采中、采后抽采,实现一孔四用。

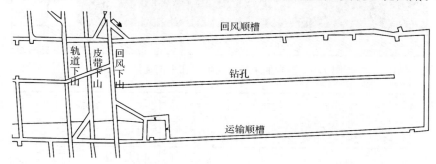

图 7.8　围岩抽采层钻孔示意图

(一)作为地质探孔

围岩抽采层钻孔可以作为地质孔超前探测掘进工作面前方的地质情况,如断层、陷落柱、褶曲的发育、煤厚变化等情况,同时,还可以对矿井水做一个超前探测,特别对掘进工作面的安全掘进具有重要意义。但此孔完钻后必须进行钻孔轨迹测量,否则会造成地质解释的偏差。

(二)作为采前预抽孔

本煤层瓦斯预抽是目前防治掘进工作面和回采工作面瓦斯突出、涌出的主要措施之一。顶、底板围岩抽采层钻孔通过水力强化,形成相互连通的裂缝网络,增大瓦斯流出通道,提高瓦斯的抽采效率,实现掘前、采前预抽(图7.9)。

(三)采中抽采孔

在煤层掘进和回采过程中,顶、底板岩层发生变形形成卸压带,煤岩体原有应力遭到扰动,在煤壁前方的煤体内形成三个应力带:卸压带、应力集中带和原始应力带(图7.10)。由于卸压带的存在,一定程度上扩大了原有水力强化产生的裂缝范围,裂缝进一步延伸,抽采面积也得到扩大。采中阶段由于围岩和煤层的渗透性得到进一步强化,抽采量大幅度上升。

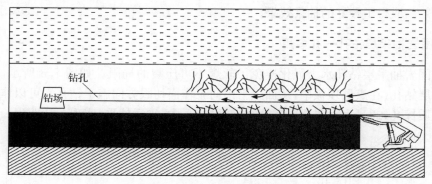

图 7.9　围岩抽采层压裂抽采孔采前瓦斯示意图

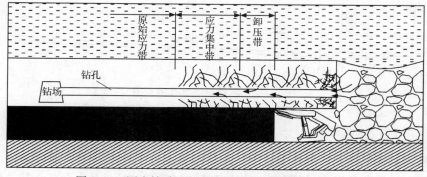

图 7.10　围岩抽采层压裂抽采孔采中瓦斯抽采示意图

（四）采后抽采孔

回采工作面回采结束后形成采空区，采空区上覆岩层移动过程中，根据各岩层运动性质的不同从下至上可以划分为三带：冒落带（垮落带）、裂隙带和弯曲下沉带（图 7.11）。

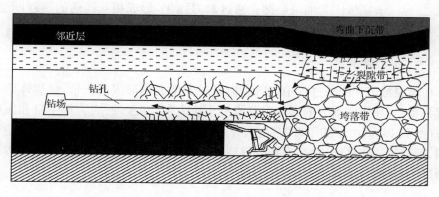

图 7.11　围岩抽采层压裂抽采孔采后瓦斯抽采示意图

上覆岩层在形成三带的过程中产生大量的裂隙,在采空区三带形成的多孔介质空间中,下部的冒落带瓦斯浓度较低并含有大量工作面漏风,高浓度瓦斯主要集中于冒落带顶部和裂隙带中下部。因此,利用顶板水力压裂钻孔可以抽采采空区瓦斯。

由于水力强化所形成的裂隙与采空区三带形成的裂隙贯穿,形成了较大的裂隙带,随着工作面的逐渐推进,采空区上覆冒落带和裂隙带也在跟随工作面向前发育,裂隙范围也越来越广,通过负压抽采可将顶板高浓度瓦斯积聚区的瓦斯抽出。

(五)截流围岩及邻近层瓦斯

在煤层顶、底板围岩抽采层施工钻孔并进行水力强化可以有效地抽采煤层、围岩及邻近层的瓦斯。

围岩抽采层钻孔强化抽采的优势主要体现在:在围岩抽采层中施工钻孔容易,抽采过程中钻孔的维护简单、不宜塌孔堵塞;改变了软煤储层无法在本煤层中水力压裂的现状;实现了地质探测、采前、采中、采后抽采;除了煤层顶、底板直接为强水敏性泥岩和含水层外,对任何煤体结构的储层都适用。这一技术的突破将使钻孔取代岩巷成为现实,将大大降低瓦斯区域消突的成本,显著缩短工程施工时间,提高采掘效率。可以说,煤矿井下水力强化的关键是围岩抽采层强化,只要这一工艺大规模推广,瓦斯区域治理必定有一个里程碑性质的革命。

第二节　水力强化封孔工艺

水力强化的根本在于在查明瓦斯赋存地质条件的基础上,有的放矢地进行强化工艺,地质条件是基础,强化设备是保障,封孔工艺是关键。

一、封孔深度

封孔深度取决于巷道应力集中带的位置,原则是封孔深度必须在应力集中带以内,否则在压裂过程中难以有效"憋压"。

根据前人研究成果,支承压力峰值点至煤壁的距离 R 为

$$R = \frac{m(1-\sin\varphi)}{2f(1+\sin\varphi)}\ln\frac{k\gamma H}{N_0} \tag{7.1}$$

式中, m 为采高,m; φ 为煤体内摩擦角,(°); f 为层面间的摩擦系数,一般取 0.3; k 为支承压力集中系数,巷道两帮取值一般为 $1\sim3$; γ 为岩体重度,N/m³; H 为开采深度,m; N_0 为煤帮的支承压力,MPa,取为煤体的残余强度,可在实验室测定(图 7.12)。

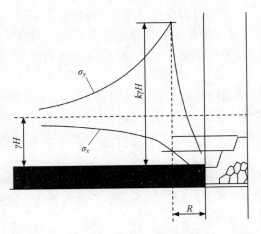

图 7.12　支承压力峰值示意图

巷道两帮应力集中带的范围可用式(7.2)表示,即

$$\begin{cases} L_{\mathrm{I}} = R(1-20\%) \\ L_{\mathrm{II}} = R(1+10\%) \end{cases} \tag{7.2}$$

设应力集中带离煤壁较远的一端为 L_{II},较近的一端为 L_{I},封孔深度为 L_{f},要保证水力强化成功,应满足以下关系:

$$L_{\mathrm{f}} > L_{\mathrm{II}} \tag{7.3}$$

式(7.3)为考虑应力集中带的最佳理论封孔深度,但考虑到裂隙方向与钻孔方向的关系,为保证压裂半径达到一定的要求,要加大封孔深度。

二、封孔方法

"憋压"是实施水力压裂的关键,地面煤层气井的"憋压"主要依靠井口装置,设备已成型且操作简单,而井下钻孔水力压裂主要靠封孔,有以下三种方法。

(一) 水泥浆或化学浆封孔

1."两堵一注"封孔工艺

采用特种膨胀封孔水泥浆或其他封孔材料进行封孔,具体封孔工艺如图 7.13 所示。

封孔段内端(A 段)采用化学浆与棉纱双重封孔方法,在压裂管上焊接两个 $\Phi85\mathrm{mm}$ 圆形堵头,堵头呈圆弧形(图 7.14),两堵头间距 0.5m,其间采用有机浆液(聚氨酯或马丽散等)封孔,其方法是将反应时间适合的有机浆液灌入布(塑料)袋,两头扎紧,绑扎在挡板之间。当压裂管达到封孔深度时,有机浆液反应膨胀封堵钻孔,避免水泥浆封孔时浆液向注水口深处渗流,影响注水。也可以采用泵注的方法

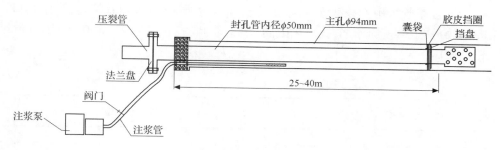

图 7.13　两堵一注封孔示意图

进行里端的封堵。

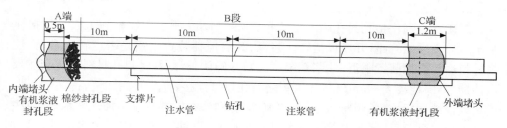

图 7.14　注浆封孔工艺示意图

封孔段外端(C 段)采用有机浆液封孔的方法,其工艺与 A 段封孔工艺相同,堵头开一个槽,以利于安放封孔注浆管(图 7.15)。

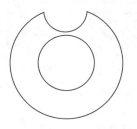

图 7.15　封孔外端堵头示意图

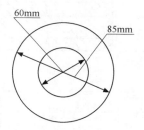

图 7.16　封孔内端堵头示意图

2. 注浆封孔管安装

如图 7.14 中 B 段所示,在压裂管每隔 10m 焊接 1 个Φ85mm 圆形支撑片(图 7.16),起到支撑注水管离开孔壁的作用,支撑片上对称开 4 个槽(图 7.17),以利于安放封孔注浆管和浆液流动。将封孔注浆管安放在支撑片凹槽内,用铁丝与注水管捆扎牢固,随注水管一起伸入孔内距封孔段内端 10m。

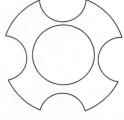

图 7.17　支撑片示意图

封孔注浆管采用 4 分钢管,每根钢管长 3m,两头套丝,采用管箍连接,距孔口 10m 开始钻孔,一周 3 个孔,不在同一圆周上,孔间距 0.2m,孔径为 8mm (图 7.18)。

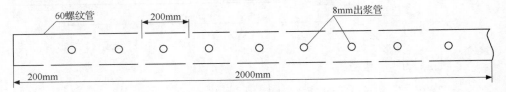

图 7.18　注浆管示意图

3. 注浆封孔

煤矿水力强化钻孔封孔施工工艺布置如图 7.19 所示。注浆施工人员连接注浆泵压风及注浆管路,开压风运转注浆泵;开启搅拌装置观察是否运转正常;将注浆材料运至搅拌装置附近,注浆系统试运转并确认正常后,将封孔材料按比例加入搅拌桶,不停搅拌 5～8min;将注浆管路与孔口管连接,开泵开始注浆;待注浆压力达到设计结束标准,关闭压风停泵,结束单孔注浆;在搅拌装置中加入清水,开启注浆泵进行洗泵,至注浆管出浆为清水时停止;用液压油清洗注浆泵关键部件,以防止生锈。

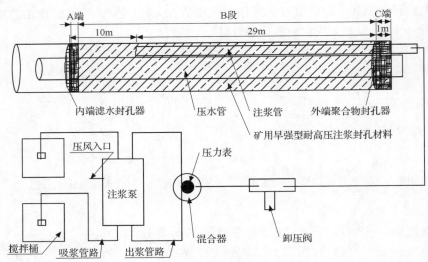

图 7.19　注浆封孔工艺示意图

封孔结束 48h 后可进行水力强化作业,此时,早强型耐高压封孔材料具有较高的强度及密封性能,能使注入压力达到煤岩层破坏极限承载力而不渗漏水,保障了水力强化作业的顺利进行。

（二）封隔器封孔

煤矿井下水力强化的封隔器封孔主要采用扩张式胶囊封隔器。胶囊封隔器要求抗压强度达到 40MPa 以上，扩张系数大于 150%，单节胶筒长度不小于 0.8m，但不宜过长，方便下入和取出，重复使用。研制的专门封隔器如图 8.8 所示。

使用封隔器进行水力强化钻孔封孔时，由于在水压作用下，封隔器膨胀与钻孔壁紧密接触并产生较高的压力，当该压力大于煤层的抗压强度时，钻孔煤壁压碎，致使封孔失败。因此，使用水力封隔器进行强化钻孔封孔时，必须满足以下条件：

$$\sigma_h + \sigma_t < \sigma_c \tag{7.4}$$

式中，σ_h 为最小主应力，MPa；σ_t 为煤体抗拉强度，MPa；σ_c 为煤体抗压强度，MPa。

第三节　水力强化设计与实施

不同煤矿的煤体结构千差万别，施工条件、钻孔类型和强化工艺均不相同，为提高水力强化增透效果，保证安全施工和资料归档，特对水力强化设计、安全防护与施工、总结分析报告编制、水力强化一览表和水力强化效果图等进行规范，为水力强化工艺的推广奠定基础。

一、水力强化设计

水力强化设计内容主要包括：钻孔类型、水力强化方式选择、水力强化钻孔施工原则、强化钻孔封孔、水力强化施工参数确定及优化、资料录取、质量控制等内容，详见附录 1。

二、安全防护与施工

水力强化增透抽采煤层作业为系统工程，需要各不同部门积极配合，要求从现场组织、安全防护、机电管理、监测监控、设备运输、设备安装、避灾路线等各方面制定专门、详细的设计，详见附录 4。

三、总结分析报告

（一）水力强化地点

具体位置、层位、煤体结构、煤层厚度、埋深、瓦斯参数、目前瓦斯抽采现状。

（二）钻孔基本数据

钻孔编号、方位、平面图、剖面图、钻孔穿过岩石和煤层的长度等。

（三）封孔施工过程

封孔方式、材料和封孔深度。

（四）水力强化过程及分析

记录水力强化过程，主要是流量、压力和时间，强化过程中出现的异常，瓦斯浓度变化等。

（五）水力强化效果评价

主要包括水力强化影响范围、抽采瓦斯纯量对比、冲出煤量，瓦斯衰减系数和透气性系数变化。

四、水力强化一览表

水力强化过程中，施工、考察数据多，可通过表 7.1 把水力强化数据表示出来，主要包括钻孔类型、钻孔参数、水力强化施工曲线，强化后瓦斯抽采曲线等。

表 7.1　煤层增透效果评价表

钻孔参数				施工参数					效果分析					
									强化前			强化后		
孔号	孔长/m	方位角/(°)	倾角/(°)	施工时间	施工地点	工艺类型	注入量/m³	最高压力/MPa	抽采流量/(m³/d)	抽采浓度/%	抽采流量/(m³/d)	抽采浓度/%	有效范围/m²	抽采率/%
水力强化施工曲线图									抽采对比图					

五、水力强化效果图

在矿井的采区或者工作面进行多次水力强化，数据较多，图表繁杂，为了更加清晰的表示水力强化效果，可以在一张 CAD 图上把煤矿巷道布置、钻孔方位和长度、水力强化影响范围、水力强化施工曲线和强化前后瓦斯抽采对比曲线全部数据包含到图内，详见附录 2。

第四节　水力压裂过程中的压力分析

水力压裂过程中的压力分析是基于裂缝的起裂、延伸及停泵后孔内压力变化规律,通过压裂液在裂缝内的流动方程和试井理论,并辅助相关检(监)测技术,最终确定裂缝延伸模型、地层力学性质和储层参数。

一、裂缝延伸模型

(一)裂缝几何形状动态变化

如图 7.20 所示,上部是施工井底压力与时间(注入量)的关系,下面为对应的裂缝延伸方式。

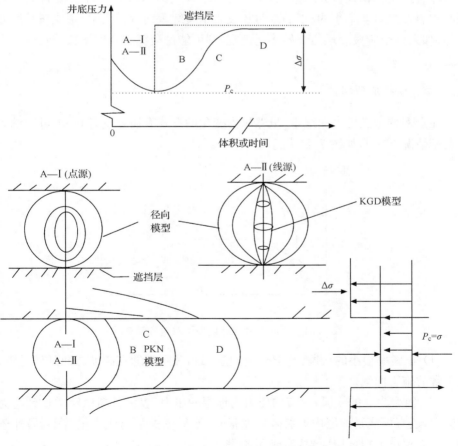

图 7.20　裂缝几何形状的动态变化[158]

（1）斜率小的、负的双对数段 A—Ⅰ、A—Ⅱ。

由图 7.20 可知,此时裂缝以 KGD 或径向模型方向延伸,裂缝最有可能形成圆形而不受任何限制。其中,A—Ⅰ段表示流体进入地层被限制在一个点源(射孔段长度较短);A—Ⅱ段流体入口从线源扩展到整个裂缝段(如压裂段全射开或裸眼完井),这种无限制流体入口情况,裂缝延伸的早期阶段与 KGD 模型一致,当裂缝延伸到遮挡层时,垂向延伸受阻,压力变化由下降转为平缓或上升。

（2）斜率小的、正的双对数段(B、C、D 段)。

当上、下遮挡层限制裂缝径向发展时,裂缝长度将大于高度,导致井底压力上升,这时类似于 PKN 模型的裂缝延伸形式(如情况 C)。如果接下来的一段,压力变得近乎恒定,如图中 D 点,那么可能是井底压力逼近遮挡层的应力,并造成明显的缝高延伸的缘故。

在裂缝延伸初期,不断降低的净压力可解释为裂缝以水平面或垂直面径向无限制扩展,之后,斜率小的、正的双对数段表示裂缝垂向延伸受阻,主要在长度方向延伸,如果这个阶段后压力开始接近恒定,则可能是裂缝的高度增长受到高应力层的阻挡。

（二）裂缝延伸判识

在众多的施工压力曲线中,虽然压力变化的形式有所差别,但一般可归纳为四种典型情况[159-161],如图 7.21 所示。

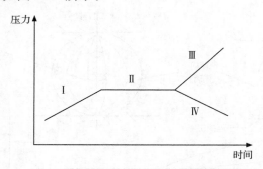

图 7.21　不同裂缝延伸模型下双对数解释图

（1）正斜率很小的线段:与 PKN 模型一致,表示裂缝在高度方向延伸受阻,这是正常的施工曲线。

（2）斜率为 0 的线段:对应的压力为地层的压力,表示缝高稳定增长到应力遮挡层内,还有可能是地层内天然微裂隙张开,使得滤失量与注入量持平,另外还可能是压力超过上覆地层应力,形成 T 型缝。

（3）斜率为 1 的线段：表示裂缝端部受阻，缝内压力急剧上升。若斜率大于 1 则表示裂缝内发生堵塞，应合理控制施工砂比和排量，以保证施工顺利进行。

（4）斜率为负的线段：表示裂缝穿过低应力层，缝高发生不稳定增长，直到遇到高应力层或加入支撑剂后压力曲线才变缓；另一种可能是沟通了天然裂缝，使滤失量大大增加，此结果会导致裂缝内砂堵，压力又将很快上升。

二、地层力学参数的求取

原位岩石力学参数主要包括泊松比和杨氏模量等，对压裂的优化设计具有重要的影响。现以 PKN 模型来说明杨氏模型和泊松比的计算[158,162]。

（一）杨氏模量

缝宽沿缝长上的分布为[138]

$$W(x,t) = W(0,t) \left\{ \frac{x}{L_P} \sin^{-1} \frac{x}{L_P} + \left[1 - \left(\frac{x}{L_P} \right)^2 \right]^{\frac{1}{2}} - \frac{\pi}{2} \frac{x}{L_P} \right\}^{\frac{1}{4}} \quad (7.5)$$

式中，$W(0,t)$ 为缝口处缝宽，即

$$W(0,t) = 4 \left[\frac{4(1-\nu)^2 \mu Q^2}{\pi^3 EC(\text{GSI}) H} \right]^{\frac{1}{4}} t^{\frac{1}{8}} \quad (7.6)$$

其中，L_p 为压裂施工结束时的造缝半长，m；Q 为压裂泵注排量，m^3/min；ν 为泊松比，无因次；μ 为压裂液黏度，mPa·s；E 为岩石杨氏模量，MPa。

杨氏模量为

$$E = \frac{\pi \beta_p [p_{bt} - p_c(t) H](1-\nu^2)}{2\overline{W}} \quad (7.7)$$

式中，$p_c(t)$ 为 t 时间缝壁处的地层最小水平主应力（闭合压力），MPa；p_{bt} 为任一施工时间的井底施工压力，MPa；β_p 为施工期间裂缝内平均压力与井底压力之比；E 为杨氏模量，MPa。

（二）泊松比

在前置液段开始时瞬时停泵。此时，裂缝刚开始延伸，宽度还较小，可近似认为此时的井底压力（地面瞬时停泵压力与井筒静液柱压力之和）即为地层的闭合压力，即

$$p_c(t_0) = \frac{\nu}{1-\nu}(\sigma_z - ap_s) + ap_s = \text{ISIP}(t_0) + p_H \quad (7.8)$$

式中，$p_c(t_0)$ 为停泵获得的裂缝闭合压力，MPa；p_H 为井筒静液柱压力，MPa；$\text{ISIP}(t_0)$ 为前置液某一时间 t_0 停泵压力，MPa；α 为 Biot 弹性系数；σ_z 为上覆地层压力，MPa；p_s 为目前孔隙压力，MPa。

随着注入的进行,由于压裂液的不断滤失,沿裂缝壁附近的地层孔隙压力增加,会导致闭合压力的增加。滤失系数与不同时间停泵压力的关系式为[163]

$$C = \frac{1}{3.28\sqrt{t-t_0}}\left\{\frac{1}{C'}\left[\frac{\text{ISIP}(t)+p_H}{\text{ISIP}(t_0)+p_H}-1\right]\right\}^{\frac{1}{C}} \tag{7.9}$$

由式(7.9)可得

$$p_c(t) = \text{ISIP}(t)+p_H = [C'(3.28C_t\sqrt{t-t_0})^{c''}+1][\text{ISIP}(t_0)+p_H] \tag{7.10}$$

式中,C 为压裂液滤矢系数;$\text{ISIP}(t)$ 为压裂施工中任一时间 t 的停泵压力,MPa;C'、C'' 分别为裂缝几何形状的系数。

泊松比计算公式为

$$\nu = \frac{\text{ISIP}(t_0)+p_H-\alpha p_s}{\sigma_z - 2\alpha p_s + \text{ISIP}(t_0)+p_H} \tag{7.11}$$

(三) 抗拉强度

通过水力强化裂缝第一次起裂和重新开启,水力强化压力的峰值之差即为抗拉强度,具体如第五章图 5.3 和式(5.6)所示。

三、储层参数求取

(一) 闭合压力

(1) 在水力强化过程中进行瞬时停泵,裂缝闭合压力一般情况下比瞬时停泵压力低 0.05~3.0MPa,具体如第五章图 5.3 所示。

(2) 通过阶梯式泵注试验求取裂缝延伸压力(图 7.22),裂缝闭合压力比延伸压力高 0.3~1.4MPa。

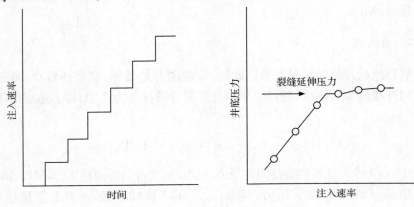

图 7.22　裂缝延伸压力求取示意图

（二）破裂压力

在水力强化曲线上，压力出现的第一个峰值即为破裂压力，完整煤岩体峰值压力比较明显，非完整煤岩储层的峰值压力比较平缓，详见第五章图 5.2。

（三）渗透率

（1）在压裂开始阶段，相当于注入-压降试井阶段的第一阶段，因此煤储层渗透率的计算采用第三章式（3.16）。

（2）压裂施工结束后关井测压力随时间的变化，可以采用试井分析的方法来解释压力降落曲线，获得储层有效渗透率。Mayerhofer 等在建立新的压裂过程流体滤失模型的基础上建立了 Mayerhofer 曲线，通过该曲线的斜率可以求取渗透率[164]。

$$k_e = \frac{\pi\mu}{5116\phi C_t m_N^{\ 2}} \tag{7.12}$$

式中，k_e 为储层渗透率，μm^2；μ 为流体黏度，$mPa \cdot s$；ϕ 为储层孔隙度，%；C_t 为综合压缩系数，MPa^{-1}；m_N 为 Mayerhofer 曲线直线上的斜率。

（3）压裂后裂缝的导流能力计算。

①如果裂缝具有较低的导流能力，就可能出现双线性流，裂缝导流能力为

$$(k_w)_f = \frac{6.216 \times 10^{-3} q\mu B}{m_{bf} h_f} (\phi\mu C_t k)^{0.5} \tag{7.13}$$

式中，$(k_w)_f$ 为裂缝导流能力，$\mu m^2 \cdot cm$；q 为地面稳定产量，m^3/d；μ 为流体黏度，$mPa \cdot s$；B 为流体体积系数，m^3/m^3；m_{bf} 为双线性流直线段斜率，$MPa \cdot h^{-0.5}$；h_f 为裂缝高度，m；ϕ 为储层孔隙度，%；C_t 为综合压缩系数，MPa^{-1}；k 为储层渗透率，μm^2。

②若裂缝导流能力足够高，会出现地层线性流，裂缝的导流能力近似为

$$(k_w)_f = \frac{18.42 \times 10^{-3} q\mu B}{k_{hf} b_{1f}} \tag{7.14}$$

式中，b_{1f} 为地层线性流直线段截距，MPa；其余物理量的意义及计算单位与式（7.13）相同。

（四）综合滤失系数

$$C = \frac{p^* h^2 \beta_s}{h_p E \sqrt{t_0}} \tag{7.15}$$

式中，p^* 为拟合压力；h 为裂缝高度，m；β_s 为压裂停泵时的平均压力和井底压力的比值；h_p 为滤失高度，m；E 为弹性模量，GPa；t_0 为施工时间，h。

（五）地应力

通过水力强化可以求取地应力，具体计算过程见第五章第一节，得到最小和最大水平主应力，方向可以采用大地电位和微地震等对水力强化裂缝进行监测得到。

（六）储层压力

一般情况下，在水力强化结束后继续测压降，当压力下降到稳定阶段，此时的压力即为煤储层压力，可以通过压力恢复曲线的斜率按下列三种方法求取。

Horner 法

$$p_{ws} = p_i + m \lg \frac{\Delta t}{t + \Delta t} \tag{7.16}$$

MDH 法

$$p_{ws} = p_{wf}(\Delta t = 0) + m\left(\lg \frac{8.0853 k \Delta t}{\phi \mu C_t r_w^2} + 0.87S\right) \tag{7.17}$$

Agarwal 法

$$p_{ws} = p_{wf}(\Delta t = 0) + m\left[\lg \frac{8.0853 k \Delta t}{\phi \mu C_t r_w^2 (t + \Delta t)} + 0.87S\right] \tag{7.18}$$

式中，p_{ws} 为地层静止压力，MPa；p_i 为原始地层压力，MPa；$p_{wf}(\Delta t = 0)$ 为关井前瞬间的井底激动压力，MPa；m 为压力恢复曲线中直线段斜率，MPa/周期；Δt 为从关井起经过的时间，h；t 为稳定产量 q 的生产时间，h；k 为地层有效渗透率，$10^{-3} \mu m^2$；μ 为流体黏度，mPa·s；ϕ 为地层孔隙度，小数；C_t 为总压缩系数，MPa^{-1}；r_w 为井筒半径，m；S 为表皮系数，无因次。

（七）压裂范围

（1）水力强化的影响范围主要通过煤矿巷道变化、煤体水分含量和示踪剂等方式进行检测，也可以进行微地震、大地电位、瞬变电磁和 CYT 等实时监测，详见本章第五节。

（2）利用压后地层线性流求取裂缝的半长。

$$x_f = \frac{6.195 \times 10^{-3} qB}{h_f m_{1f}} \left(\frac{\mu}{\phi C_t k}\right) \tag{7.19}$$

式中，x_f 为裂缝半长，m；m_{1f} 为地层线性流直线段斜率，MPa·$h^{-0.5}$；其余物理量的意义及计算单位与式（7.14）相同。

第五节　水力强化效果评价

一、水力强化增透抽采效果评价

（一）水力强化有效范围评价

1. 依据水力强化孔两侧巷道形貌改变判定影响范围

在水力强化前观测、描述强化孔两侧巷道的形貌，尤其是较为发育的构造附近及煤体裂缝发育地带，巷道描述范围原则上应距离强化孔 50m 以上，可依据水力强化规模适当调整。水力强化后观察煤壁是否出水、巷道是否变形等，以此确定水力强化的影响范围。

2. 依据测试的煤体水分含量变化判断水力强化的影响范围

在水力强化前测试强化孔两侧煤体的含水量，孔间距 2m。在水力强化后，在钻孔两侧相同间距处打钻，且钻孔深度大于强化孔的封孔深度，取钻屑测试含水量，以超过强化前含水量为标准判断水力强化的影响范围。

3. 依据水力强化中添加的示踪剂确定水力强化影响范围

在水力强化的水力强化液中添加示踪剂（如 SF_6），要求检测方便且无毒无害。在水力强化后在强化孔两侧打钻，要求钻孔深度大于强化孔的封孔深度，通过取钻屑检测示踪剂判断水力强化的影响范围。

4. 依据微地震监测判断水力强化的影响范围

微地震监测也称声发射法，是指利用水力强化作业过程中引起地下应力场变化而导致煤岩层裂缝或断裂所产生的地震波，进行水力强化裂缝成像，或对储层流体运动进行监测的方法。在水力强化前，在强化孔周围布置检波器用以收集在水力强化过程中的地层破裂信号，通过软件分析即可判断水力强化的影响范围。微地震测试分地面和井下两种方式。

5. 依据大地电位测试判断水力强化的影响范围

大地电位法是一种有效的煤层气水力强化效果监测技术，基本原理是通过导线向测试目标提供高压电流，在供电极以外的任一点观测电场的电位。利用水力强化液体与地层之间电性差异所产生的电位差，在地面布置测点，通过分析水力强化前后的参数变化即可圈定井下水力强化的影响范围。大地电位测试分地面和井下两种方式。

6. 依据瞬变电磁法判断水力强化的影响范围

瞬变电磁法，也称时域电磁法，简称 TEM，它是利用不接地回线或接地导线进行强功率电脉冲激发,在脉冲的间歇期间,利用线圈或接地电极观测二次涡流场。在煤层水、顶板水防治、老窑水和水文勘探方面取得了较好的效果,同样也可作为水力强化半径的探测手段。瞬变电磁法测试分地面和井下两种方式。

7. 依据大地电场岩性探测(CYT)判断水力强化的影响范围

CYT 属于大地电磁法类。它以天然交变电磁场为场源,根据交变电磁场在地层中传播时的趋肤效应,利用不同周期的电磁波具有不同的穿透能力的特性,在地面采集数据,然后经过一定的计算来反映电性垂向变化,以此推测地下岩层及其属性变化状况。

CYT 技术近年来从石油系统引入煤炭系统,岩层注水会改变岩层的导电性,利用 CYT 对水的反应较为灵敏的特长,由于水力强化前后岩层含水的变化,按照岩层含水性解释大地电磁探测资料,可以得到水力强化的影响范围。

8. 按传统的方法确定抽采半径

(1) 在无限流场条件下,按瓦斯压力确定钻孔排放瓦斯的有效半径。

先在石门断面上打一个测压孔,准确地测出煤层的瓦斯压力。然后距测压孔由远而近打排放瓦斯钻孔,观察瓦斯压力的变化,如果某一钻孔,在规定的排放时间内,能把测压孔的瓦斯压力降低到容许限制,则该孔距测压孔的最小距离即为有效半径。也可以由石门向煤层打几个测压孔,待测出准确瓦斯压力值后,再打一个排放瓦斯钻孔,观察各测压孔瓦斯压力的变化,在规定的时间内,瓦斯压力降到安全限值的测压孔距排放孔的距离就是有效半径。

(2)在有限流场条件下,按瓦斯压力确定钻孔排放瓦斯的有效半径。

在多排钻孔或网格式密集钻孔排放瓦斯条件下,排放瓦斯区内的瓦斯流动场属于有限流场。在石门断面向煤层打一个穿层测压孔或在煤巷打一个沿层测压孔,测出准确的瓦斯压力值后,再在测压孔周围由远及近打数排钻孔,即在距测压孔较远处先打一排排放钻孔(至少 4 个),它们位于同一半径上,然后观察瓦斯压力变化。若影响甚小,再在距测压孔较近的半径上再打一排排放钻孔(至少 4 个),再观察瓦斯压力变化。在规定排放瓦斯期限内,能将测压孔的瓦斯压力降低到容许限值的那排钻孔距测压孔的距离就是排放瓦斯的有限半径。

(二)水力强化增透抽采效果指标

1. 钻孔瓦斯自然流量

对钻孔封孔后,采用流量计记录瓦斯的自然流量,然后在水力强化前后分别测试,对比瓦斯自然流量的变化。可以与百米钻孔瓦斯流量对比。

2. 钻孔瓦斯抽采浓度与纯量

对钻孔封孔后,在相同的负压条件下,测试瓦斯抽采流量、瓦斯浓度,并同标准孔进行对比,考察瓦斯浓度及抽采纯量的变化情况。

3. 煤层透气性系数

煤层的透气性,是指瓦斯沿煤体流动的难易程度。以径向不稳定流动为计算基础,可以直接测算出煤层透气性系数。具体方法是在测量煤层瓦斯压力结束后,卸掉压力表,继续测量钻孔瓦斯自然涌出量,最后依据传统公式计算出煤层的透气性系数。要求在水力强化前后分别测试并计算透气性系数,然后进行对比。

4. 钻孔流量衰减系数

在不受采动影响条件下,煤层内钻孔的瓦斯流量随时间呈衰减变化的特性系数称为钻孔瓦斯流量的衰减系数。它可以作为评价煤层预抽瓦斯难易程度的一个指标,其计算公式为

$$q_t = q_0 e^{-\beta t} \tag{7.20}$$

$$\beta = \frac{\ln q_0 - \ln q_t}{t} \tag{7.21}$$

式中, q_t 为百米钻孔经 t 日排放时的瓦斯流量, $m^3/(min \cdot 100m)$; q_0 为百米钻孔成孔初始时的瓦斯流量, $m^3/(min \cdot 100m)$; t 为钻孔涌出瓦斯经历时间, d ; β 为钻孔瓦斯流量衰减系数, d^{-1} 。

为了准确起见,最好连续测试 5 天以上的流量数据,然后采用数学拟合方法求出衰减系数。要求在水力强化前后分别测试衰减系数,进行对比。

5. 煤层残余瓦斯含量

当对预抽煤层瓦斯区域的防突措施进行检验时,应当根据经试验考察(应符合《防治煤与瓦斯突出规定》第四十二条要求的程序)确定的临界值进行评判。但若检验期间在煤层中进行钻孔等作业时发现了喷孔、顶钻及其他明显突出预兆,发生明显突出预兆的位置周围半径 100m 内的预抽区域判定为措施无效。

当采用煤层残余瓦斯压力或残余瓦斯含量的直接测定值进行检验时,若任何一个检验测试点的指标测定值达到或超过了有突出危险的临界值而判定为预抽防突效果无效时,则此检验测试点周围半径 100m 内的预抽区域均判定为预抽防突效果无效。

6. 瓦斯突出预测及检验指标

(1)钻屑瓦斯解吸指标法(Δh_2 和 K_1 值)评价防突措施效果。

(2)钻孔瓦斯涌出初速度(q 值)评价防突措施效果。

(三)水力强化增透抽采评价方法

煤矿井下水力强化效果评价采用水力强化范围和瓦斯参数变化两项指标综合评价水力强化效果。其单项评价以分值表示,两项分值相加之和为综合分值。根

据综合分值大小划分水力强化效果的评价等级。

（1）煤矿井下水力强化效果评价的各项指标及分值可按表 7.2 由应用单位评价部门制定。

表 7.2　强化效果评价各项指标及分值表

项目		数值范围	综合分值 X
强化半径 R		$R \leqslant 5$	0
		$5 < R < 10$	$10R - 50$
		$R \geqslant 10$	50
瓦斯参数	钻孔瓦斯自然流量提高倍数 n_1	$n_1 \leqslant 3$	0
		$3 < n_1 < 5$	$25n_1 - 75$
		$n_1 \geqslant 5$	50
	煤层透气性系数提高倍数 n_2	$n_2 \leqslant 3$	0
		$3 < n_2 < 5$	$25n_2 - 75$
		$n_2 \geqslant 5$	50
	钻孔流量衰减系数降低倍数 n_3	$n_3 \leqslant 0.3$	0
		$0.3 < n_3 < 0.5$	$250n_3 - 75$
		$n_3 \geqslant 0.5$	50

（2）煤矿井下水力强化效果评价等级可按表 7.3 由应用单位评价部门制定。

表 7.3　水力强化效果评价等级表

综合分值	等级
$X \geqslant 80$	效果好
$60 \leqslant X < 80$	效果较好
$40 \leqslant X < 60$	有效
$X < 40$	无效

注："X"表示强化半径和瓦斯参数两项的综合分值。

对于等级为"无效"的可从瓦斯抽采地质工程、水力强化等工艺方面寻找原因，改进设计，再次进行水力强化作业。

（3）进行煤矿井下水力强化效果评价时，应填写煤层增透效果评价表和水力强化费用表，其格式分别如表 7.4 和表 7.5 所示。

表 7.4　煤层增透效果评价表

矿井：　　　　　位置：　　　　　施工单位：　　　　　施工日期：　年　月　日

	煤层参数			施工参数		
层位	瓦斯含量 /(m³/t)	煤厚 /m	渗透率 /(10⁻³μm²)	排量 /(m³/min)	砂量 /m³	总强化液量 /m³
分值	强化范围/m		综合分值		评价 效果	
	瓦斯参数变化					
评价 单位		评价人		主管部门签字		
		日　期		日　期		

表 7.5　水力强化费用表

矿井：　　　　　位置：　　　　　施工单位：　　　　　施工日期：　年　月　日

项　目	费　用/元	备　注
打钻费		包括人工费
材料费		包括封孔材料
设备搬运费		
设备折旧费		
水力强化人工费		
设 计 费		
其他费用		包括对煤矿生产影响等
合 计		

填表人签字：　　　　　　　　　　　　　　　　　　会计师签字：

评价单位技术负责人签字：　　　　　　　　　　　　填表日期：　年　月　日

二、水力强化经济效益评价

(一) 数值计算取值规定

1. 瓦斯抽采量增产产值

$$V_1 = \Delta Q(M + N) \tag{7.22}$$

式中，V_1 为强化后瓦斯抽采增产产值，元；ΔQ 为强化后瓦斯抽采增量，m³；M 为每立方米瓦斯价格，元/m³。N 为如果存在补贴，每立方米瓦斯价格，元/m³；如果不存在补贴，则 $N=0$。

2. 节省瓦斯抽采钻孔施工费

$$V_2 = L_总 P \tag{7.23}$$

式中，V_2 为节省的钻孔施工费，元；$L_总$ 为水力强化范围内原计划布孔的总进尺减去强化后布孔的总进尺，m；P 为每米钻孔价格，元/m。

3. 水力强化增透对生产接替的间接效益

$$V_3 = HJ \tag{7.24}$$

式中，V_3 为强化增透缩短抽采时间产生的间接效益，元；H 为煤矿因生产接替困难，耽误生产所造成的损失，元/天；J 为与传统的抽采相比，强化增透缩短瓦斯抽采的天数，天。

4. 水力强化增透节省的瓦斯抽放费

$$V_4 = JF \tag{7.25}$$

式中，V_4 为强化增透节省的瓦斯抽放费，元；J 为与传统的抽采相比，强化增透缩短瓦斯抽采的天数，天；F 为在水力强化范围内，传统的瓦斯抽采费，元/天。

5. 一次强化投资构成及数据统计

按照表 7.9 进行计算，合计费用记为 V_5。

6. 煤矿井下水力强化净收益

$$V_6 = V_1 + V_2 + V_3 + V_4 - V_5 \tag{7.26}$$

式中，V_1、V_2、V_3、V_4 含义同前。

（二）评价方法

水力强化经济评价可按表 7.6 由应用单位评价部门制定。

表 7.6　水力强化经济评价表

净收益/元	等　级
$V_6 \geqslant 200000$	效果好
$100000 \leqslant V_6 < 200000$	效果较好
$50000 \leqslant V_6 < 100000$	有效
$V_6 < 50000$	无效

三、水力强化多重效应评价

（一）抑制瓦斯涌出效果评价

在相同的条件下对比煤炭开采过程中、强化影响范围之内与强化范围之外的瓦斯相对涌出量，按照以下标准进行效果评价。

瓦斯相对涌出量降低：$\leqslant 10\%$，差；$10\% \sim 20\%$，中；$\geqslant 20\%$，优。

（二）降尘效果评价

在相同的作业条件下，对比强化影响范围之内与强化范围之外的降尘效果，按照以下标准进行效果评价。

煤尘降低率：≤10%，差；10%～20%，中；≥20%，优。

（三）扰动地应力场效果评价

因水力强化具有均一化地应力场的作用，因此对存在冲击地压的煤矿，统计实施水力强化前后冲击地压的发生频率，只要数据表明有降低冲击地压的作用，那么水力强化的效果评价直接定为优。

（四）扰动瓦斯压力场效果评价

煤层中存在瓦斯压力较高的所谓"瓦斯包"，为煤与瓦斯突出的主要诱因，但是水力强化具有平衡瓦斯压力场的作用，若数据表明水力强化可以实现平衡瓦斯压力场，则水力强化的效果评价可直接定为优。

（五）改变煤体强度效果评价

水力强化也是对煤层实施注水的过程，煤层含水变化可以改变煤体强度，有利于硬煤放顶或软煤强度的增加，作为水力强化效果之一。

第八章 水力强化装备

煤矿井下水力强化作为一种全新的工艺技术,其实施必须有专门的设备做支撑,最关键的是能够满足井下工况条件的压裂泵组。为此,河南理工大学与宝鸡航天动力泵业有限公司共同研制了专门的压裂泵组,并自行研制了瓦斯抽采钻孔水力作业机、封隔器、高压水射流喷头和封孔材料等,为井下水力强化提供了装备支撑。

第一节 专用水力压裂泵组

地面煤层气开发已形成较为完善的水力压裂装备系统,但其体积庞大、价格昂贵、操作繁琐,难以满足井下钻孔水力压裂需求。为满足煤矿井下水力压裂的特殊要求,河南理工大学与宝鸡航天动力泵业有限公司共同研制了"BYW 型煤矿井下压裂泵组"(煤矿安全标志编号:MEG120024),如图 8.1 和图 8.2 所示。该泵组以隔爆型三相异步电机为动力,配有液力变速器,经十字轴式同步万向联轴器,通过泵侧挂齿轮箱减速驱动柱塞泵运转。

图 8.1　水力压裂泵组

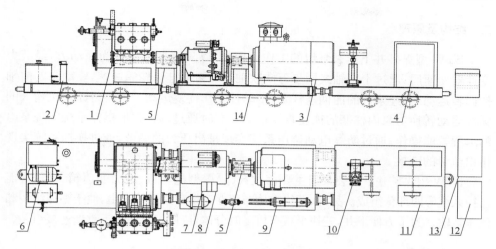

图 8.2　水力压裂泵组组装图

1. 主泵；2. 氮气瓶；3. 电机；4. 防爆软启动柜；5. 方向连接轴；6. 储气罐；7. 动力端油泵；8. 液力端油泵；9. 冷却器；10. 液力变速箱；11. 防爆仪表柜；12. 工具箱(内装随机工具)；13. 工具箱(内装防爆电脑)；14. 拖车

一、型号与基本参数

（一）型号

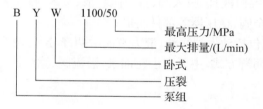

B Y W 1100/50
最高压力/MPa
最大排量/(L/min)
卧式
压裂
泵组

（二）基本参数

煤矿井下水力强化泵组泵入参数如表 8.1 所示。

表 8.1　煤矿井下水力强化泵组(BYW1100/50)压力和流量参数表

挡位	柱塞直径		115mm		100mm		90mm	
	速比	泵速/min^{-1}	排出压力/MPa	排出流量/m³/h	排出压力/MPa	排出流量/m³/h	排出压力/MPa	排出流量/(m³/h)
1	4.00	81	40	22	50	18.5	60	13.5
2	2.68	121	29.5	32.7	39	24.5	50	20
3	2.01	161	24	43.5	32	33	37	28.5
4	1.35	240	16	65	21.5	49	25	40
5	1.00	324	11.5	87.5	15	66	19	53.5

二、结构及原理

BYW 型煤矿井下压裂泵组的工作原理为:以隔爆型电动机为原动力,经液力变速器变速后,通过十字轴式同步万向联轴器及泵侧挂齿轮箱减速,驱动泵的曲轴作回转运动,再经泵内的曲柄连杆副,带动柱塞作往复运动。最终将原动机输入的圆周运动转换为泵内柱塞的往复直线运动。同时通过远程智能操作系统实现泵组的远程智能操作,通过防爆电动调压系统实现排出压力的调节,通过换挡系统实现排出流量的变换。

BYW 型煤矿井下压裂泵组主要由主泵、隔爆型电动机、液力变速箱、远程智能监控系统等四部分组成。另外,泵组整体布置在三块矿用平板车上,便于整体组装和汽车运输。为了方便下井,三块平板车可随时分体,待使用时在井下重新连接组装。

(一)主泵

主泵由动力端、液力端、动力端润滑系统、液力端润滑系统四大部分组成。泵的液力端经改造后亦可输送强腐蚀性介质。

(1)动力端为三曲拐五支承结构,主要由齿轮箱、机架、曲轴、连杆、十字头、十字头销、连杆大、小头瓦、滚动轴承等组成。具有结构简单、强度好、刚度好、重量轻、寿命长等特点;

(2)液力端主要由液缸、吸入阀、排出阀总成、吸入、排出弹簧、吸入管、排出接头、柱塞、盘根、安全阀、稳压器等部件组成;

(3)润滑系统包括动力端润滑、液力端润滑两部分,是两个彼此独立的润滑体系,均为压力强制润滑方式,主要由齿轮油泵、溢流阀、滤油器、空气滤清器、耐油胶管、油箱等组成。

(二)隔爆型电动机

泵组采用隔爆型电动机为原动力,额定电压 1140V,参数如表 8.2 所示。

表 8.2　隔爆型电动机参数

项目	功率/kW	额定转速/(r/min)	额定电压/V	额定电流/A	防护等级	防爆等级
内容	400	1485	1140	245	IP55	ExdⅠ

(三)液力变速箱

采用综合式液力变矩器作为液力元件,行星齿轮变速箱作为机械变速元件,有完善的液压控制系统,并有自动闭锁系统。它的主要特点:结构紧凑变矩器具有软连接、工作稳定可靠、能随负荷变化自动闭锁,增大传动效率。变速箱可在变矩工况及锁止工况工作。变速箱设空挡、1～5 挡。换挡为步进式换挡,采用气动换挡系统进行换挡。

（四）远程智能监控系统

由矿用隔爆兼本质安全型软起动器、矿用隔爆兼本质安全型压裂泵组用控制箱、矿用通信电缆、矿用隔爆电脑和防爆电动调压系统组成。远程智能监控系统是针对煤矿井下压裂工程的技术要求和功能,为煤矿井下压裂成套装备配套的先进控制系统,信号检测和控制由远程防爆电脑操控,具有较高的使用安全性、可靠性和人性化设计工艺。远程智能监控系统设有就地操作和远程控制两种运行方式,在控制柜前门面板上安装了各工艺设备的就地启动、停止状态开关。显示屏显示系统的运行状态。其中包括主泵压力和流量（数字显示）,包括瞬时流量和累计流量,显示电动机双侧轴承温度、变速器的油压和油温、电动调压系统的阀门开度、液力变速器的挡位等数字和画面显示。操作人员可以通过机柜面板上的显示器观测系统运行工况,具有较高的使用安全性、可靠性和人性化设计工艺。

三、用途及使用

（一）用途

BYW 型煤矿井下压裂泵组可根据井下煤层赋存条件、煤体结构、钻孔类型等不同工况,实施常规水力压裂、水力喷射压裂、吞吐压裂、水力压冲等工艺。

（二）使用

1. 泵的启动

（1）启动前的准备包括检查各紧固件是否上紧,检查系统所有阀件是否处于正确的开、关位置,检查油箱是否按要求加注润滑油,盘动泵输入轴,使泵转动一整圈观察有无卡阻、憋劲现象。

（2）启动前的准备工作做好后方可开动电动机带动泵运转。

2. 使用说明

（1）泵运转后压力应逐渐增加,经 10～15min 后升至工作压力。

（2）运转过程中,观察润滑系统压力表油压,该油压应在 0.2～1.2MPa 范围内。

（3）运转过程中,观察泵冲表,泵冲次不得超过 324min^{-1}。

（4）运转过程中,观察泵压力表,泵最高压力不得超过其安装柱塞直径对应的最高压力。

（5）运转过程中,注意观察泵的运行情况,及时发现问题,停泵后按相关说明排除故障,严禁泵运转时进行维修。

3. 泵的停机

工作结束后,应逐渐降低泵的压力,直至为零,此时泵送清水用以清洗排出管汇,直到水变清后再停泵。

第二节　抽采钻孔水力作业机

以往煤矿进行水力冲孔常使用钻机、钻杆等装备,已有井下压裂泵组又难以实现孔内的分段连续压裂,为进行瓦斯抽采钻孔水力喷射压裂,河南理工大学与河南宇建矿业技术有限公司联合研制了"瓦斯抽采孔水力作业机"(煤矿安全标志编号:MGA30001),如图8.3和图8.4所示。

图 8.3　瓦斯抽采钻孔水力作业机

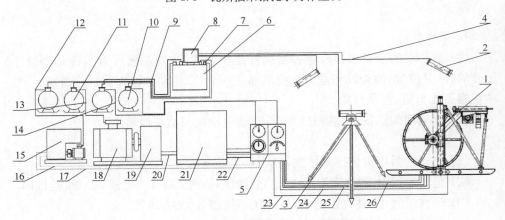

图 8.4　瓦斯抽采钻孔水力作业机系统图

1. 作业机主机;2. 摄像头;3. 摄像头支架;4. 双抗视频线;5. 现场操作执行台;6. 远程控制台;7. 双联防爆按钮;8. KJV127矿用隔爆型监视器;9. 控制电缆;10. QJZ2-30 启动器;11. QBZ-220 启动器;12. 电缆;13、14. 电缆;15. 液压站;16、17. 高压油管;18. 防爆电机;19. 清水泵;20. 高压水管;21. 水箱;22、23. 高压水管;24. 高压油管;25. 给油管;26. 给油器

一、型号与基本参数

(一) 型号

(二) 基本参数

瓦斯抽采钻孔水力作业机基本参数如表 8.3 所示。

表 8.3 瓦斯抽采钻孔水力作业机基本参数

项目		单位	基本参数
输管器链条输送力		kN	6
回管拉力		kN	10
回拉速度		m/min	6
升降范围		m	2.28
旋转角度		(°)	360
立柱支撑力		kN	
齿轮泵	最高压力	MPa	
	转速	r/min	
	排量	mL/s	
液压马达	额定压力	MPa	
	额定转矩	N·m	
	额定转速	r/min	
液压系统压力		MPa	≤16
水泵压力		MPa	≤35
水泵流量		L/min	123-200
适应煤岩坚固性系数		f	3
噪声		dB(A)	
主机外形尺寸(长×宽×高)		mm	2305×1200×1682
整机重量		kg	1200

续表

项目		单位	基本参数
清水泵站	大泵出水调定工作压力	MPa	31.5
	电机功率	kW	160
	外形尺寸（长×宽×高）	mm	3192×1170×1320
操纵台	推进力	MPa	
	反转旋转压力	MPa	
	正转旋转压力	MPa	
	外形尺寸（长×宽×高）	mm	700×500×1000
三层钢丝编织液压支架胶管总成			
液压系统	推进额定压力	MPa	
	旋转额定压力	MPa	

二、结构及原理

瓦斯抽采孔水力作业机的工作原理是：将一条可缠绕钢管有序地缠绕在一滚筒上，利用机械机构将钢管的圆周运动转变为直线运动，实现向外连续送管；又将钢管的直线运动转变为圆周运动缠绕在滚筒上，实现向里收管。将喷头连接在钢管头部，将高压水通过钢管传送至头部喷头上，形成高压水射流，对煤矿井下瓦斯抽采钻孔实现水力强化作业或对其他孔道进行清洗疏通。

（一）瓦斯抽采钻孔水力作业机整体结构

瓦斯抽采钻孔水力作业机主要由液压立柱框架、滚筒、输管器、液压泵站、清水泵站、操纵台、监视系统、远程控制系统等几大部分组成，整体结构如图8.4所示。

（二）液压立柱框架（Z01）

液压立柱框架主要由立柱、底座、上连接梁、内注式单体液压支柱等组成。立柱框架由底座支撑稳固在工作地点，起支撑和固定机架及动力头的作用。由于采用了同步式、内注式单体液压支柱，并安装了滑动支架，提高了立柱框架的整体锚固力，增加了瓦斯抽采钻孔水力作业机的稳定性。

（三）滚筒（Z02）

滚筒主要由丝杠、花键轴、轮毂心、水道、滚筒等部件组成，其功能是将钢管缠绕在滚筒上，疏孔时自由地松放，完成后均匀地收回，如图8.5所示。

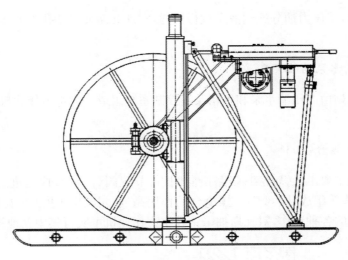

图 8.5　滚筒结构示意图

（四）输管器（Z03）

输管器主要由液压马达、联轴器、减速机等部件组成。其功能是输出缠绕在滚筒上的钢管，并捋直钢管，如图 8.6 所示。

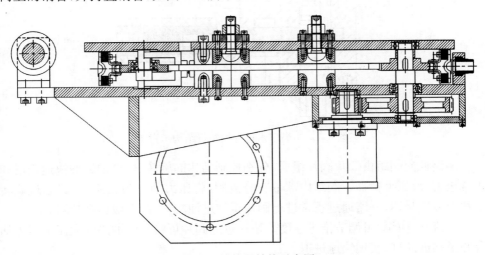

图 8.6　输管器结构示意图

（五）液压泵站（Z04）

泵站主要由电动机、油泵、油箱、溢流阀、精滤油器、冷却器及底座等部件组成。泵站是通过电动机驱动油泵转动，将电能转换成液压能（压力油），再通过操纵台上的操纵阀组,将压力油分配到液压执行机构,实现瓦斯抽采钻孔水力作业机的各种功能。

（六）清水泵站（Z05）

清水泵站由高压清水泵和水箱及其控制系统组成。为水力作业机提供作业动力源。

（七）操纵台（Z06）

操纵台主要由操纵台架、多路换向阀组、节流阀（微调）、快速进退阀片、压力表、胶管接头等组成（图8.7）。操纵台的作用是通过操作把手实现瓦斯抽采钻孔水力作业机的各种动作,对瓦斯抽采钻孔水力作业机可实行集中就地控制。

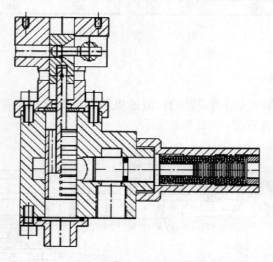

图 8.7　中高压水远程控制仪结构示意图

多路换向阀组由 3 片阀片组成,分别控制马达的旋转、推进油缸的快速进退和正常进退、液压夹持器。阀组内部带有分流阀,将压力油分为三路,一路通过旋转阀片至液压马达;一路通过正常进退阀片至推进油缸;一路至液压夹持器。

节流阀（微调）可调节推进速度。快速进退阀片可将旋转油路的大流量压力油合并至推进油缸,实现快速进退。

（八）监控系统（Z07）

监视系统主要由 KJV127 矿用隔爆型监视器和 KBA170 矿用隔爆型摄像仪组成。监视器适用于煤矿井下的环境中,在外来视频信号输入时,将视频信号转换为图像输出,同时,可将外来视频信号 1、2、3、4 多路信号将显示屏分割成 4 位同时显示在彩色液晶监视器的屏幕上。观察危险环境或重要环境中设备或人员的工作状况。摄像仪是用于煤矿井下恶劣环境中的工业电视监控系统的前端设备,它把普通工业电视技术与光电传输技术合二为一,将井下现场实际的各种情况通过视频真实地反映出来,供远距离实施控制操作。

（九）远程控制系统（Z08）

远程控制系统是由油路操纵电机、油路操作机构、水路操纵电机、水路操作机构、防爆控制按钮、控制电缆、远程控制操作台等组成。

通过控制按钮实现对作业机输送器和滚筒各种动作的控制,同时通过控制按钮实现作业机高压水射流的压力和流量控制,根据监视器显示情况进行操作,完成作业机的远程控制作业,实现安全施工。液压泵站和清水泵站的关停由远程控制按钮实现。

三、用途及使用

（一）用途

瓦斯抽采钻孔水力作业机在煤矿井下具有广泛的用途,可对新施工的抽采钻孔进行水力冲孔、水力割缝、水力喷射压裂,配以特种喷头或钻头可实现煤层钻孔钻进;对已有抽采钻孔可进行水力冲孔、水力割缝、水力喷射压裂等形式的抽采钻孔修复,提高已有抽采钻孔的抽采量及抽采有效寿命。

另外,可进行煤层注水抑制粉尘,对各类输送管道进行解堵、冲洗等作业。

（二）使用

在进行已有抽采钻孔水力冲孔、水力割缝、水力喷射压裂等作业时,可参照以下步骤进行。

（1）对孔:根据瓦斯抽采孔的位置放置作业机,调整作业机角度和作业机高低,使输管器正对作业孔。手动操作比例换向阀,启动输管器使喷嘴进入作业孔至适当的位置。

（2）作业:检查现场,确定无影响正常作业的物品,全部撤人至安全地带,操作人员到远程控制操纵台,启动高压清水泵站,根据设计调整水路压力和流量,开始进行水力冲孔、水力割缝、水力喷射压裂等作业,根据视频观察到的情况确定进退管速度。

（3）收管:操纵换向阀,回拉操纵杆,开始收管,根据作业工艺确定高压水压力流量,不需要时可关闭水泵电源,收管结束操纵换向阀至中位,关闭油泵电源。

（4）收架:收架时,将主机角度调平,降至最低位置,所有阀位置中间位置,关闭所有截止阀,关闭电源,收架结束。

第三节　附属设备

一、封隔器

水力压裂就是利用高压水在钻孔内"憋压",促使煤储层破裂和裂缝延伸,实现增透,虽说高压水提供动力源,但是封隔器的"憋压"是提升水压的关键,研制的专门封隔器如图8.8所示。

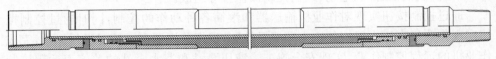

图 8.8　封隔器结构图

主要技术参数包括钢体最大外径:85mm;胶筒最大外径:80mm;胶筒长度:0.8m;抗压能力:50MPa;启动压力:1.5MPa;20MPa时流量为1m³/min;额定工作压差:35MPa;最佳扩张率:150%;扩张外径:120mm;偏心距:8mm;突出量:5mm;残余变形<10%。

本封隔器由于高压水在裸眼封隔器中心管中通过,内通管管径不同,在管径变化部分产生节流压差,当节流压差大于2MPa时,胶筒扩张,实现环空密封。同时,由于胶筒的扩张,锁帽推动护肩发生移动,起到了保护胶筒的目的。对煤孔、岩孔水力强化、水力挤出等钻孔具有膨胀率高、封孔严实、抗高压、启动压力低、无限位、可重复使用的特点。

二、水力喷射器及喷嘴

水力喷射压裂井下工具是水力喷射压裂工艺设计的重要环节。由于井下工作环境复杂,工具内部压力高,高流速的流体通过喷嘴会对喷嘴造成强烈磨蚀,喷射到煤、岩层的返流也会对水力喷射压裂工具造成损伤、在综合考虑多方面因素之后,在理论和试验的基础上,设计完成了井下工具的外形及内部结构、喷射器强化材料选择、喷嘴材料选择及安装方法,绘制了喷射器图纸,加工制作了水力喷射压裂工具。

喷嘴是高压水射流发生装置的重要原件。喷嘴的作用是通过喷嘴内孔截面积的收缩,将高压水的压力能量聚集并转化为动能,以获得最大的射流冲击力,作用于煤、岩层上进行破裂。

工程应用中水射流的基本参数有射流压力、射流能量、流速、功率等。对于连续水射流,在喷嘴出口截面积内外两点间应用伯努利方程和两点间连续方程,忽略两点之间的高度差,喷嘴直径流道为圆管形结构,即 $A = \dfrac{\pi d^2}{4}$,因 $\rho_1 = \rho_2$,则可得

$$v_2 = \sqrt{\frac{2(p_1 - p_2)}{\rho\left[1 - \left(\frac{d_1}{d_2}\right)^4\right]}} \qquad (8.1)$$

式中，p_1 为喷嘴出口内的静压力，MPa；p_2 为喷嘴出口外的静压力，MPa；v_2 为喷嘴出口外的流体平均速度，m/s；d_1 为喷嘴内直径，mm；d_2 为喷嘴外直径，mm；ρ 为液体密度，kg/m³。

　　根据以上公式，结合煤矿井下钻孔水力喷射压裂的具体应用，设计水力喷射器及喷嘴如图8.9所示。

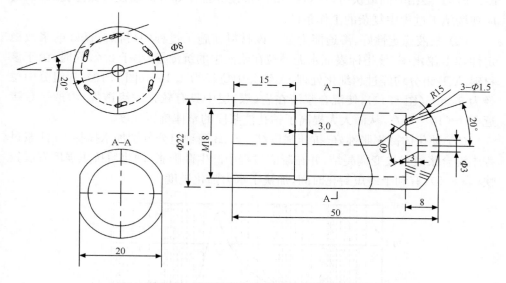

图8.9　井下钻孔水力喷射器与喷嘴设计

　　经过多次反复试验及计算，参数如表8.4所示。

表8.4　与水力强化泵匹配的水力喷射器

挡位	速比	泵速	排出压力/MPa	排出流量/(m³/h)	6mm 喷嘴/(m³/h)	所需数目/个	4mm 喷嘴/(m³/h)	所需数目/个
0	0.00	0	0	0	0	0	0	0
1	4.00	81	40	22	28.8	1	12.8	2
2	2.68	121	29.5	32.7	24.7	2	10.9	3
3	2.01	161	24	43.5	22.3	2	9.9	5
4	1.35	240	16	65	18.2	4	8.0	9
5	1.00	324	11.5	87.5	15.5	6	8.8	13

三、封孔材料

煤矿井下水力强化钻孔所用封孔材料采用河南理工大学开发的矿用早强型耐高压注浆封孔材料。该封孔材料由 A、B 两种组分组成,加水搅拌后按质量比等比例混合,具有流动性、凝结速度和膨胀性在较宽范围内可调节,以及渗透性强、结石强度高、黏结性好、无毒、无污染等特性。

(1) 浆液流动性好、凝结速度快。该材料可根据施工需要调节浆液流动性和凝结时间,凝结时间最快可以达到 1min,最慢静置 30min 流动性可保持良好,以适应现场施工过程中复杂的工作条件。

(2) 浆液稳定性好、渗透能力强。该材料在施工过程中可保持良好的浆液稳定性,2 h 泌水率(该指标表征水泥颗粒在浆液中的沉淀量)小于 2%;同时,由于该材料 A、B 组分均经过超细化处理,A 组分中位径为 4.1μm(图 8.10),B 组分中位径为 8.5μm(图 8.11),使混合浆液在岩(煤)层中具有较强的渗透性,渗透系数接近 1.1×10⁻¹⁰m/s,从而大大提高了钻孔注浆段的整体抗压强度。

(3) 硬化体微膨胀性好、抗压强度高。A、B 两种组分分别加水搅拌,在注浆过程中混合浆液很快变稠凝结,并在凝固过程中产生微膨胀,硬化后抗压强度发展较快(表 8.5),有利于缩短封孔时间,加快了水力强化进度。

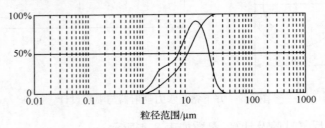

图 8.10　A 组分粒度分布图

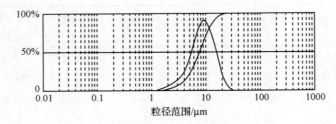

图 8.11　B 组分粒度分布图

表 8.5 封孔材料硬化体抗压强度

浆液混合时间	2h	4h	1 天	3 天
膨胀率/10^{-4}	1.0	1.3	2.1	3.4
抗压强度/MPa	2.2	15.5	30.4	37.9

另外也可以采取水泥(P.O 42.5)比例为 0.9、增强剂比例为 0.1、水比例为 0.8、聚羧酸盐减水剂和促凝剂(如氯化钙)分别占水泥与增强剂总量的 3‰。性能指标:析水率 12.5%,结石率 87.5%,抗压强度 14MPa,基本满足封孔需要。在施工允许的条件下可以通过减少用水量、增加增强剂和减水剂来提高水泥石的性能。

第九章 压裂液与支撑剂

由于煤矿井下空间有限,水力强化专用泵等设备的体积较小,额定排量与地面水力压裂设备相比要小得多,从而限制了井下压裂的规模。本章在对目前地面煤层气开发常见的压裂液和支撑剂性能进行分析的基础上,重点研究了自生氮压裂液和二氧化氯压裂液的特性,对适合于煤矿井下水力压裂的压裂液和支撑剂进行了优化。

第一节 压 裂 液

一、活性水压裂液

活性水作为煤层气井压裂液在我国得到了普遍应用,以施工排量大、用液量大、加砂量相对较少、对煤层的污染较小为优势,适合于储层温度较低(<30℃)及压裂工艺要求裂缝较短的情况[165]。目前常用的活性水压裂液配方为:清水+2%氯化钾(氯化铵),添加少许杀菌剂。活性水常温下黏度接近 1mPa·s,稠度系数 $K'=0.001$ Pa·s",流性指数 $n'=1$。动态滤失及伤害试验结果表明活性水压裂液对煤储层的伤害率较小,一般小于 25%[166,167]。

二、线性胶和交联冻胶压裂液

由于线性胶和交联冻胶压裂液适用于温度较高的地层,携砂性能好、造缝性能好,而对于煤储层来讲,携砂造缝固然重要,但如何实现低温破胶、减小伤害是一个难题。压裂液的静态滤失量是清水的 1/1000,在很高的流速下还保持着层流状态不易形成紊流,减少了液体与管壁的碰撞机会,管路摩阻损失较低[168]。压裂液必须返排,但多少都会存在破胶不完全或者残渣的形成,带来一定程度的储层污染,主要表现在三个方面:煤体对外来液体的吸附造成的伤害、黏土矿物膨胀造成的伤害及压裂液破胶后的残渣和滤饼造成的伤害。压裂液配方:线性胶:0.3%羟丙基瓜胶+2.0%KCl+0.015%过硫酸铵;交联冻胶:0.3%羟丙基瓜胶+2.0%KCl+0.02%硼砂+0.015%过硫酸铵。还可以添加辅助药剂,比如破胶活化剂、助排剂等[169,170]。

三、清洁压裂液

清洁压裂液具有独特的流变性,滤失要比活性水压裂液少得多,尤其是低渗透地层,滤失黏度则比聚合物压裂液要高得多;液体工作效率高,与聚合物压裂液相比,同样规模的施工其耗液量较少;减少不必要的缝高发育[171]。液体配制简单方便,现场不需要过多的设备,只由盐水和表面活性剂组成,利用井液或烃类破乳降解,无需聚合水化剂、杀菌剂、交联剂及其他添加剂,因而在返排时不会滞留任何固相,适合各种温度的地层[172]。聚合物压裂液的黏度在剪切率为 $100s^{-1}$ 时至少应有 100mPa·s,或在剪切率为 $170s^{-1}$ 时应有 50mPa·s 才能有效携砂。清洁压裂液的携砂机理主要表现为弹性携砂,黏度偏小即可完成携砂。清洁压裂液中的表面活性剂 VES 也具有较好的黏土稳定作用。清洁压裂液可以不同程度地降低煤对甲烷的吸附能力,这对提高煤储层的含气饱和度、临储比和煤层气采收率均有益处[173]。

清洁压裂液中的表面活性剂(VES)、胶束促进剂(SYN)、盐(KCl)这三种成分的浓度对清洁压裂液的黏度均有影响,配方:0.8% VES + 0.2% SYN + 1.0% KCl。清洁压裂液在游离态烃类气体的作用下可以破胶,但煤储层中的烃类气体大部分以吸附形式存在,因此需要加入过硫酸铵等破胶剂或其他强制破胶剂。

四、自生氮压裂液体系

自生氮压裂液体系综合了煤储层水基压裂液和泡沫压裂液的所有优点,且施工工艺简便、安全易操作[174-176]。同时,生成大量氮气,体积膨胀对煤层的致裂增透作用、增能助排作用及释放出大量热量的增温破胶和促进甲烷解吸作用,这是其他压裂液都不具备的特征,对我国"三低"煤储层改造具有非同寻常的意义[177]。目前油气田生产中常用的化学生热体系主要有以下三种。

亚硝酸盐与铵盐生热体系[178]

$$NaNO_2 \xrightarrow{H^+} NaCl + 2H_2O + N_2 \uparrow$$

$$\Delta_r H_m^\ominus = -332.58kJ/mol \tag{9.1}$$

过氧化氢生热体系[179]

$$H_2O_2 \to \frac{1}{2}O_2 \uparrow + H_2O$$

$$\Delta_r H_m^\ominus = -196.00kJ/mol \tag{9.2}$$

多羟基醛生热体系

$$CrO_3 + C_6H_{12}O_6 \xrightarrow{H^+} Cr^{3+} + C_5H_{10}O_5 + CO_2 \uparrow$$

$$\Delta_r H_m^\ominus = -107.02kJ/mol \tag{9.3}$$

此三种体系中,第一种放热量最高,水溶液都接近中性,对压裂液影响不大,是最佳的自生氮生成体系;第二种因存在安全施工问题,H_2O_2 是强氧化剂,很难与其他压裂液混用;第三种中 CrO_3 是强氧化剂,同时含有机物,存在不可与其他压裂液混用和伤害储层的可能[180]。因此,选定 NaNO$_2$-NH$_4$Cl 作为生热压裂液的化学生热剂。配制不同浓度的 NaNO$_2$ 和 NH$_4$Cl 溶液并混合均匀,然后加入不同剂量的催化酸,分析生氮剂浓度、催化剂用量和温度等因素对产气速率和产气量的影响。

（一）生氮剂浓度

在 40mL 水中加入不同剂量的生氮剂,配制成不同浓度的反应液,加入的催化酸剂量相同,置于 30℃的恒温条件下反应,生氮剂浓度对产气速率（曲线斜率）的影响如图 9.1 所示。

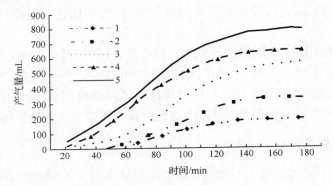

图 9.1　不同浓度反应液对产气速率的影响

由图 9.1 可知,生氮剂浓度对反应速率产生显著的影响,生氮剂浓度越大,产气速率越快。因此可通过对生氮剂浓度进行调整,实现对产气速率的控制,确保水力压裂顺利施工,反应在煤储层中进行。

（二）生氮剂的摩尔比

在 40mL 水中加入不同摩尔比的生氮剂配制成溶液,加入催化酸的剂量相同,置于 30℃的恒温条件下反应,生氮剂摩尔比对最终产气量的影响如图 9.2 所示。

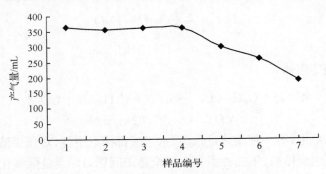

图 9.2　生氮剂不同摩尔比反应液的最终产气量

当 NH_4Cl 和 $NaNO_2$ 的摩尔比≥2.5∶1时,反应液最终产气量最优,考虑生氮剂用量的经济性和生氮剂浓度对反应速率的影响,确定 NH_4Cl 和 $NaNO_2$ 的摩尔比为2.5∶1。

（三）催化剂用量

在 40mL 水中加入 0.05mol NH_4Cl 和 0.02mol $NaNO_2$ 配制成溶液,做 6 组试样,分别加入 0.01g、0.02g、0.03g、0.04g 和 0.05g 相同催化酸,置于 30℃的恒温条件下反应,催化酸用量对最终产气量和反应速率的影响如图 9.3 所示。

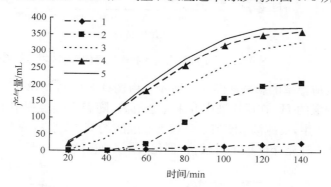

图 9.3　催化酸用量对产气量和反应速率的影响

由实验结果可知,催化剂用量越多,反应速率越快,最终产气量也越多。实验过程中发现:5 号试样在拆封时,装置内出现红棕色气体,这是因为 5 号试样中加入的草酸过多,H^+ 会与 NO_2^- 结合形成 HNO_2,而 HNO_2 极不稳定,常温下会分解产生有毒气体 NO 和少量 NO_2,在拆封试样时,NO 与空气接触形成 NO_2,NO_2 呈红棕色。因此,对催化剂的用量要有严格的控制,以防有毒气体的产生。

（四）温度

在 40mL 水中加入 0.05mol NH_4Cl 和 0.02mol $NaNO_2$ 配制成溶液,并加入 0.04g 催化酸,分别置于不同温度下反应。温度对反应速率的影响如图 9.4 所示。温度越高,反应速率越快,产气量越多。在现场应用时要结合煤储层的实际温度,选择相应的生氮剂浓度和催化剂用量。

（五）催化剂类型

在 40mL 水中加入 0.05mol NH_4Cl 和 0.02mol $NaNO_2$ 配制成溶液,分别加入不同的催化酸,酸性强弱关系为:催化酸 1＜催化酸 2＜催化酸 3,调节加入不同催化酸的反应液体系的 pH 均为 4,置于 30℃的恒温条件下反应。催化剂酸性强弱

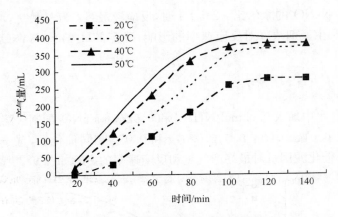

图 9.4　温度对反应速率和产气量的影响

对产气量和反应速率的影响如图 9.5 所示。由图 9.5 可知,弱酸的催化效果明显比强酸好。弱酸的 H^+ 在反应液中并未完全电离,随着反应过程中 H^+ 的消耗,不断有新的 H^+ 产生,反应液 pH 值上升较慢。强酸的 H^+ 在反应液中完全电离,H^+ 消耗后没有 H^+ 补充,pH 值上升较快,催化效果不如弱酸。

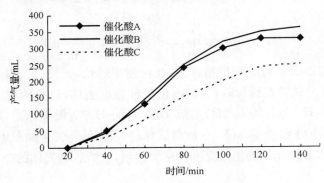

图 9.5　催化剂对反应速率的影响

五、泡沫压裂液

泡沫压裂液是 N_2 或 CO_2 以气泡形式分散于酸液、聚合物等液相中而形成的一种两相混合体系。泡沫含量通常为 55％～70％,其余为液体和表面活性剂[181]。

泡沫压裂液的降滤失作用比水基压裂液显著,交联泡沫压裂液的滤失量更低。煤层含水较少,采用泡沫压裂液可降低储层伤害,缩短排液时间。泡沫压裂液起泡、稳泡能力强,流变性能、携砂能力强,低滤失、破胶快,具有低膨胀及低伤害的特性。特别是针对含水较少或接近干层、强水敏性及储层压力低的煤层,一般是氮气泡沫和二氧化碳泡沫两种[182,183]。

六、复合型压裂液

油气田常用的一种解堵剂——ClO_2 可明显降低煤的亲甲烷能力,提高储层的临储比与含气饱和度,进而提高瓦斯抽采效果,兼具提高煤储层的渗透率,为建立复合型压裂液奠定了基础[184,185]。

(一)二氧化氯

1. ClO_2 的配方

ClO_2 制备可分为亚氯酸盐法和氯酸盐法两种。本次实验采用 $NaClO_2$ 在有机弱酸条件下 ClO_2^- 以缓慢速率稳定的分解成 ClO_2,其分解速率是温度和 pH 值的函数,方程式为

$$4H^+ + 5ClO_2^- = 4ClO_2 + Cl^- + 2H_2O \qquad (9.4)$$

2. ClO_2 对煤储层的表面改性实验

ClO_2 改性前后兰氏体积和兰氏压力都发生变化(表 9.1)。取表 9.1 测试的吸附常数,按照相应的煤层含气量分别计算其临界解吸压力与含气饱和度的变化,经 ClO_2 改性后煤储层的含气饱和度与临界解吸压力均得到不同程度的提高(表 9.2)。

表 9.1　煤经 ClO_2 改性前后吸附常数对比

样品位置	样品编号	ClO_2浓度/ppm[①]	水份/%	灰分/%	挥发分/%	V_L/(m³·t⁻¹)	P_L/MPa
柳林沙曲矿	A-1	原始	0.42	7.35	23.53	21.35	1.87
	A-2	4000	0.54	7.44	23.19	18.29	1.54
焦作古汉山	B-1	原始	0.53	8.37	7.46	36.89	1.01
	B-2	4000	0.85	8.62	8.02	37.54	1.63
大同泉岭	C-1	原始	1.53	5.79	35.72	11.34	1.41
	C-2	4000	0.82	7.82	35.81	11.44	2.06
阳泉寺家庄	D-1	原始	0.47	6.68	7.48	40.30	0.94
	D-2	4000	0.62	6.48	7.98	31.20	0.91

表 9.2　ClO_2 改性前后临界解吸压力和含气饱和度的变化

样品位置	柳林沙曲矿		焦作古汉山		大同泉岭		阳泉寺家庄	
储层压力/MPa	2.93		3.35		1.52		1.13	
含气量/(m³/t)	11.8		20		3.8		10	
样品编号	A-1	A-2	B-1	B-2	C-1	C-2	D-1	D-2
含气饱和度	0.91	0.98	0.71	0.79	0.65	0.78	0.45	0.58
临界解吸压力/MPa	2.31	2.80	1.20	1.86	0.71	1.02	0.31	0.43

---

① 1ppm=1mg/L。

3. ClO_2 对煤储层的化学增透实验

在显微镜下观察煤表面经过 ClO_2 浸泡前后的溶蚀情况（图 9.6），其中 ClO_2 浓度为 4000ppm。从图 9.6 可以看出，在相同条件下，低阶煤更容易被 ClO_2 氧化溶蚀，高阶煤溶蚀效果稍差。ClO_2 作用后，煤体被部分溶蚀，表面形成了大量孔洞，使得煤储层渗透率显著增加。

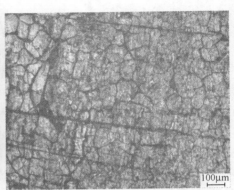

(a) 大同泉岭矿原始煤样　　　　　　(b) 大同泉岭矿经二氧化氯浸泡

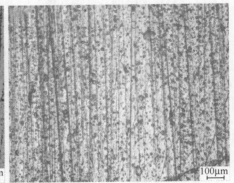

(c) 阳泉寺家庄矿原始煤样　　　　　(d) 阳泉寺家庄矿煤经二氧化氯浸泡

图 9.6　煤表面经二氧化氯溶蚀前后对比

用渗透率实验系统测试 ClO_2 处理前后煤心的渗透率，图 9.7 表明 ClO_2 浸泡后，渗透率最小的提高了 37.38%，最大的提高了 203.22%，且原始渗透率越大，处理后渗透率增加的程度也较大，增透效果越明显。

（二）含二氧化氯的复合压裂液

鉴于二氧化氯对煤体的表面改性和增透作用，对胍胶的强破胶能力和溶解胍胶破胶后的残渣的能力，形成如下两种压裂液体系。

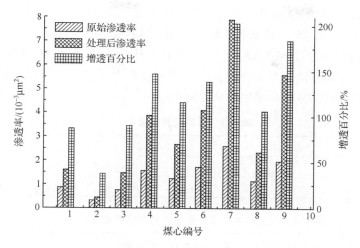

图 9.7　煤体原始渗透率与 ClO_2 的增透效果

1. 活性水-二氧化氯体系

第一阶段：前置液中先期泵注一定量二氧化氯溶液，使其与煤体充分作用，降低水力压裂对煤储层的伤害，同时也起到造缝作用，并可加入一定细粒低密度支撑剂作为降滤失剂。

第二阶段：以大排量注入一定量活性水压裂液，加入树脂包衣坚果壳或者超低密度陶粒支撑剂，完成携砂。

第三阶段：泵入一定量的粗粒低密度支撑剂，最后采用活性水顶替。

2. 二氧化氯-活性水-胍胶-自生氮体系

第一阶段：注入一定量的二氧化氯和活性水，起到造缝作用，并加入一定粉砂做降滤失剂、打磨裂缝壁面和支撑微裂隙。

第二阶段：注入一定量的自生氮压裂液，起增能助排和协助破胶等作用。

第三阶段：注入一定量二氧化氯，起到破胶作用，并注入活性水作为隔离液。

第四阶段：选择胍胶作为携砂液，加入中砂或者陶粒，尽量提高砂比，完成携砂任务。

第五阶段：尾追加入一定量粗砂或者陶粒。

第六阶段：挤入一定量二氧化氯液体，强制破胶，最后采用活性水顶替。

其中活性水-二氧化氯压裂液体系适合于煤层埋深较浅（700m 以内）、地应力低的煤储层。二氧化氯-活性水-胍胶-自生氮体系适用于所有煤层，特别对埋藏深、应力高的煤层更有意义。

3. 现场实践

某四口煤层气井的二次压裂改造中，其中 E-1 和 E-2 井分别伴注了 1.5t 的

ClO_2，浓度为3500ppm，而 E-3 和 E-4 井没有伴注 ClO_2，其余条件均相同。排采数据表明，伴注 ClO_2 的 E-1 和 E-2 井在二次压裂后其临界解吸压力基本与第一次持平，稍有下降；而未伴注 ClO_2 的 E-3 和 E-4 井的临界解吸压力则分别降低0.81MPa 和 1.1MPa（表9.3 和表9.4）。说明在水力压裂时伴注 ClO_2 能显著降低煤对甲烷的吸附能力，提高储层的临界解吸压力。

表9.3 压裂液数量及配方

分 项	准备量/m³	配 方
解堵剂	35	HRS(主要有效成分 ClO_2)
活性水	450	清水＋1％KCl＋0.05％YT-9＋0.05％YT-1

表9.4 煤层气井二次压裂改造前后临界解吸压力对比

煤层气井编号	第一次压裂后临界解吸压力/MPa	第二次压裂后临界解吸压力/MPa	变化特征	备 注
E-1	1.71	1.65	下降 0.06MPa	伴注 1.5t ClO_2 浓度 3500ppm
E-2	1.55	1.51	下降 0.04MPa	伴注 1.5t ClO_2 浓度 3500ppm
E-3	2.40	1.30	下降 1.1MPa	未伴注 ClO_2
E-4	2.45	1.64	下降 0.81MPa	未伴注 ClO_2

第二节 支 撑 剂

煤矿井下水力压裂与地面水力压裂类似，为了防止裂缝闭合，长期保持其导流能力，需要在压裂液中混入支撑剂，但是煤矿井下水力压裂排量有限，因此选择密度相对低的支撑剂。

一、石英砂

石英砂是一种分布广、硬度大的天然稳定矿物，主要化学成分是二氧化硅，主要产于沙漠、河滩或沿海地带，矿物组分以石英为主，石英含量一般在80％左右，国外优质石英砂中石英含量可达98％以上。石英砂颗粒视密度约为 2.65g/cm³，体积密度约为 1.75g/cm³。对于低闭合压力的储层，使用石英砂作为支撑剂可以取得一定的增产效果。石英砂的密度相对较低，便于施工泵送且价格便宜，因而在浅井中至今仍被大量使用。

不足之处是，石英砂强度较低，开始破碎的压力约为 20MPa，不适合在中、高闭合压力的压裂层中使用;其次它的圆度、球度、表面光洁度等较差,加之受嵌入、微粒运移和堵塞的影响,长期导流能力可降低到原来的 1/10 或更低[186]。

二、低密度陶粒

低密度陶粒生产除一般采用含量低的铝矾土和硅酸铝原料外,添加部分辅助原料,在 1250～1280℃烧结而成。由于支撑剂的 Al_2O_3 含量低,烧结温度低,所形成的晶体是方石英和少量的莫来石构成,故具有低密度。国外以美国 CARBO 公司的 CARBOLITE 产品,国内以宜兴东方石油支撑剂有限公司和新安鑫钰陶粒有限公司为代表的产品,视密度分别为 $2.67g/cm^3$、$2.74g/cm^3$ 和 $2.89g/cm^3$,体积密度分别为 $1.62g/cm^3$、$1.58g/cm^3$ 和 $1.62g/cm^3$,52MPa 闭合压力下破碎率在 $6\%～8\%$。超低密度陶粒的体积密度达到 $0.90g/cm^3$,视密度 $1.25g/cm^3$ 左右,69MPa 破碎率小于 3%[187,188]。

三、树脂包层砂

针对煤储层支撑剂发生的嵌入问题,用树脂包层砂代替石英砂,它是采用特殊工艺将改性苯酚甲醛树脂包裹在石英砂的表面上,并经热固处理制成。树脂包层砂在浊度、酸溶解度、圆度、球度、表面光滑度及视密度等方面均优于常规石英砂,石英砂表面包裹了一层高强度且具有弹性的树脂,颗粒之间的接触为面接触,使闭合应力分布在面积较大的树脂包层上,减少了点负荷。一旦压碎了其内部的石英砂,表面的树脂包层仍可以将碎块、微粒包裹在一起,以防止它们发生运移,再次堵塞支撑带的孔隙,保持裂缝有较高的导流能力[189,190]。

四、树脂包衣坚果壳类

以坚果壳为基材,采用酚醛、环氧树脂/异氰酸酯等改性制备超低密度支撑剂。坚果壳颗粒用酚树脂乙醇溶液浸渍,在 180℃固化,就成为树脂含量不同的坚果壳样品,密度比石英砂低(表 9.5)。与原坚果壳颗粒相比,树脂包覆颗粒 60℃吸水率由约 30% 降至约 17%,且受树脂含量的影响不大。树脂包衣坚果壳支撑剂在

表 9.5　树脂包衣坚果壳密度

样品编号	树脂含量/%	堆密度/(g/cm^3)	视密度/(g/cm^3)
0	0	0.72	1.04
1	20	0.86	1.23
2	25	0.86	1.24
3	30	0.86	1.24
4	35	0.87	1.25

30MPa 闭合压力下的干态压缩形变量由 7.2％降为 1.4％,湿态压缩形变量由 25.7％降为 3.0％,包覆方式及包覆量影响不大[191-193]。

五、支撑剂类型对裂缝导流能力的影响

裂缝的导流能力是指裂缝宽度与裂缝渗透率的乘积,与压裂后井的增产能力关系密切。导流能力可以在实验室直接进行测试,也可通过不稳定试井资料间接得到,或通过生产数据历史拟合的数值模拟方法反演得到。导流能力的影响因素有煤岩力学性质、闭合压力、铺砂浓度、流体流速、支撑剂的物理性质、支撑剂嵌入和压裂液侵入伤害等[194-196]。

(一)导流能力测定

将煤样加工成平板状圆角矩形试件,尺寸为 177mm×38mm×10mm;支撑剂选用 20～40 目(0.4～0.9mm)石英砂、陶粒和覆膜酸枣仁。采用 FCES-100 导流能力评价仪,最高实验温度 180℃,最大闭合压力 150MPa,数据采集和处理为计算机自动控制,数据处理按照 SY/T 6302-2009 行业标准进行。

实验用煤片模拟裂缝壁面,煤片试件的面积为 67.26cm^2,铺砂浓度为 10 kg/m^2,支撑剂用量为 67.26g。实验流体流速稳定在 5.0mL/min,闭合压力为:6.9MPa、13.8MPa、27.6MPa、35MPa,共 4 个测试压力点。实验室测试得到石英砂、陶粒和包衣酸枣仁支撑剂的导流能力如图 9.8 所示。

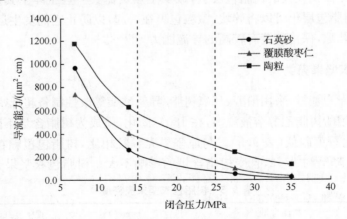

图 9.8　不同类型支撑剂的导流能力随闭合压力变化趋势

从图 9.8 可以看出,随着闭合压力的增加,三种支撑剂的导流能力均呈下降趋势,但下降速度不同,且相差较大。陶粒和覆膜酸枣仁的导流能力下降较慢,而石英砂的导流能力则下降较快。闭合压力从 6.9MPa 增加到 15MPa,石英砂、陶粒和覆膜酸枣仁的导流能力分别下降了 82.09％、46.98％和 44.61％,但三种支撑剂

的导流能力均大于 $200\mu m^2 \cdot cm$,具有良好的导流能力;闭合压力达到 25MPa 时,导流能力分别下降了 95.25％、79.42％和 87.28％。闭合压力为 15～25MPa 时,陶粒和覆膜酸枣仁的导流能力大于 $150\mu m^2 \cdot cm$,相对较高,而石英砂的导流能力下降到 $100\mu m^2 \cdot cm$,导流能力较差;闭合压力大于 25MPa 时,只有陶粒的导流能力大于 $100\mu m^2 \cdot cm$,石英砂和覆膜酸枣仁的导流能力下降到相当低的水平。对闭合压力为 27.6MPa 和 35MPa 下,进行导流能力测试后的支撑剂样品全部收集、干燥、筛析、称重,计算出支撑剂的破碎率(表 9.6)。

表 9.6　不同类型支撑剂破碎率

支撑剂类型	试验前筛析质量/g		27.6MPa 闭合压力试验后筛析质量/g			35MPa 闭合压力试验后筛析质量/g			
	0.4～0.8mm	0.8～0.9mm	<0.4mm	0.4～0.8mm	0.8～0.9mm	破碎率/%	<0.4mm	0.4～0.8mm	0.8～0.9mm	破碎率/%
石英砂	43.75	23.51	10.96	39.50	20.43	16.3	14.02	37.31	15.93	20.85
陶粒	37.42	29.84	0	38.61	28.65	0	8.47	39.15	19.63	12.60
覆膜酸枣仁	67.26	0	0	67.26	0	0	0.28	66.98	0	0.42

由表 9.6 可知,闭合压力为 27.6MPa 时,石英砂的破碎率为 16.3％,陶粒和覆膜酸枣仁没有发生破碎;闭合压力为 35MPa 时,石英砂的破碎率达到了 20.85％,陶粒的破碎率为 12.60％,酸枣仁的破碎率为 0.42％。

(二) 支撑剂类型对导流能力的影响

图 9.8 和表 9.6 的实验结果是由不同类型支撑剂的圆度、球度和破碎率决定的。支撑剂的破碎率表征了支撑剂的强度,是支撑剂的颗粒强度、圆度和球度等主要物理性质的综合反映。运用 EVO MA15 型扫描电子显微镜,对导流能力测试前后的支撑剂样品进行观测(图 9.9)。通过与支撑剂圆度和球度目测图版(Krumbein 和 Sloss 图版)进行比较,测定支撑剂单个颗粒(完整)的圆度和球度,最后计算出各类支撑剂的平均圆度和球度值。石英砂破碎前后的圆度和球度相差较大,破碎前的圆度和球度分别为 0.7 和 0.74,破碎后分别为 0.31 和 0.36;陶粒破碎前后的圆度、球度均为 0.9,破碎后均为 0.87;覆膜酸枣仁破碎前后的圆度和球度几乎不变,圆度为 0.48,球度为 0.59。

实验研究发现,支撑剂类型与强度对导流能力起关键控制作用,表现在以下几个方面。

1. 支撑剂破碎前的导流能力

煤层埋深浅,裂缝的闭合压力小,支撑剂不易破碎,裂缝的导流能力主要由支撑剂的圆度和球度决定。首先,支撑剂粒径分布均匀,圆度和球度大,支撑孔隙大,

图 9.9　不同类型支撑剂破碎前后的扫描电镜图

(a)原始石英砂;(b)闭合压力为 27.6MPa 下导流能力测试后的石英砂;(c)原始陶粒;(d)闭合压力为
35MPa 下导流能力测试后的陶粒;(e)原始覆膜酸枣仁;(f)闭合压力为 35MPa 下导流能力测试后的覆
膜酸枣仁

导流能力高。如陶粒的导流能力始终要高于石英砂和覆膜酸枣仁。其次,支撑剂
的圆度、球度也对其强度有影响。如陶粒的颗粒呈圆形而且尺寸近似相等,则作用
在其上的应力分布比较均匀,那么颗粒遭到破坏时可承受较高的负荷。而有棱角

的石英颗粒在低闭合压力下就容易遭到破坏,形成的细小微粒堵塞孔隙,降低裂缝
导流能力。最后,圆度、球度低的支撑剂颗粒在高闭合压力下更易嵌入煤层;在压
裂施工中更易产生煤粉堵塞孔隙,这也是造成导流能力下降的不容忽视的因
素[197]。这正是三种支撑剂在低闭合压力下导流能力都比较高的主因。

2. 支撑剂破碎后的导流能力

煤层埋深大,裂缝闭合压力大,支撑剂更易破碎,裂缝的导流能力主要由支撑
剂的破碎率决定。支撑剂破碎后,粒径变小,圆度和球度变差,支撑剂孔隙度减小,
导流能力下降。三种支撑剂破碎前后裂缝孔隙度变化如图 9.11 所示。

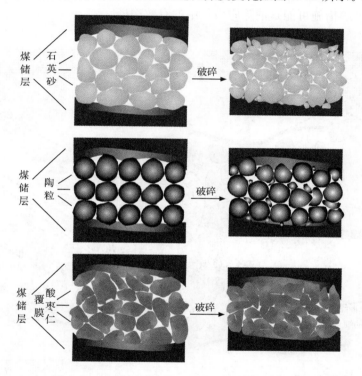

图 9.10　支撑剂破碎前后裂缝孔隙度变化示意图

结合表 6.13 和图 9.10(b)、(d) 和(f)可以看出,石英砂发生破碎的闭合压力
最低,破碎率最大,破碎后的粒径更小且分布更加分散,颗粒间的孔隙被破碎后生
成的微细破碎屑充填,降低了孔隙度和导流能力。陶粒的破碎率小,其中粒径大于
0.8mm 的颗粒减少,而 0.4~0.8mm 的颗粒增加,变得更加均匀,颗粒间孔隙只有
极小量微粒填充,孔隙度和导流下降较小。虽然覆膜酸枣仁几乎没有发生破碎,但
产生严重的塑性变形,且其圆度、球度最差,在高闭合压力的压实作用下,孔隙度和
导流能力相对较低。

　　对于水力压裂裂缝而言,其导流能力不仅受上述因素的控制,还与压裂液残渣有关,采用胍胶等压裂液时,破胶后会有一些残渣存在,对导流能力产生一定影响。若在前置液中加入适量的二氧化氯,此时二氧化氯首先与煤层接触,不但避免了后期主力压裂液对储层的污染,还可以提高煤层的透气性。在排采过程中,速敏的发生,会造成煤粉滞积在裂缝中,降低其导流能力。另一个值得特别关注的是压裂裂缝的表皮伤害,即在裂缝表面形成一个致密的应力集中带,严重影响了基质内流体向裂缝的运移(图9.11)。目前对这一伤害的研究很少,如何通过改变压裂工艺,消除这一伤害是一个新课题。根据前述章节的理论,采用变排量、变砂化、变支撑剂、变压裂液等措施可能是消除应力集中的有效途径。

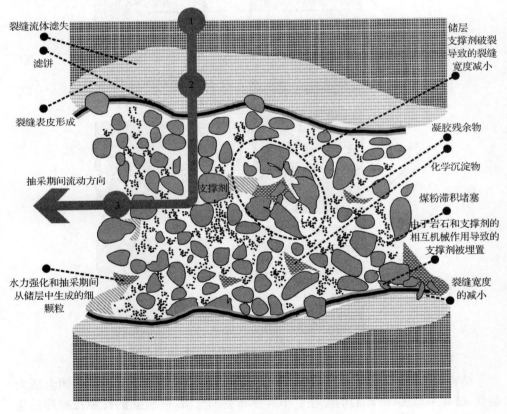

图 9.11　裂缝导流伤害示意图

第三节　煤矿井下压裂液与支撑剂优化

　　目前国内煤层气地面开发普遍采用的活性水压裂,因其携砂能力低、铺砂浓度不均匀、支撑半径小而难以实现深部高应力煤储层的需求。煤矿井下揭露表明，80％的支撑剂堆积在 25m 以内的近井地带，支撑剂最大支撑半径在 50m 左右。造成排采阶段因流体压力降低、有效压力增加导致裂缝闭合，煤储层渗透性发生了严重的应力敏感，从而使得抽采井产量急剧降低。

特别是深部高地应力煤储层更需要高铺砂浓度和增加支撑半径，最大限度地降低支撑剂镶嵌造成的裂缝闭合，解决这一问题的根本途径主要采用低密度支撑剂和携砂能力强的压裂液。目前冻胶、线性胶、泡沫和清洁压裂液等已在煤层气井中尝试应用，但没有普及，主要原因是在低温煤储层（30℃以下）难以实现压裂液破胶返排，如果采用一种破胶剂与高黏压裂液配合泵入工艺，达到常温破胶返排即可突破井下低排量水力压裂的瓶颈。

煤矿井下钻孔水力压裂由于施工空间狭小，在泵功率一定的条件下排量仅在 $1m^3/min$ 左右，且难以实现多台泵并联。煤储层在如此低的排量下实现水力压裂增透，必须设法降低压裂液滤失，增大压裂液的黏度，才能形成有效的支撑裂缝。根据煤矿井下对压裂液和支撑剂的要求，可以采用以下三种组合来提高水力强化效果。

1. 矿井水压裂液

直接采用矿井水进行压裂，不但可以节省费用，也能避免压裂液配伍不当对煤储层的伤害，支撑剂可以加入低密度坚果壳，泵注程序参考表 9.7。

2. 活性水压裂液

采用矿井水，加入适量 KCl 作为压裂液，以防止黏土矿物的水敏。活性水的配料简单，适合井下作业，支撑剂可以加入低密度坚果壳，泵注程序参考表 9.7。

表 9.7　压裂泵注程序

程　序	砂比/%	砂量/m^3	排量/(m^3/min)	液量/m^3	总液量/m^3
前置液	0	0	1	10	10
携砂液	3	0.15	0.5	5	15
	5	0.5	0.5	10	25
	8	0.8	1	10	35
	10	1.0	1	10	45
	8	0.8	1	10	55
	5	0.25	1	5	60
顶替液	0	0	0.5	0.5	60.5
合计		3.5		60.5	60.5

3. 高黏压裂液

可采用黏度较高的线性胶、冻胶、清洁、泡沫等压裂液。为了避免煤储层伤害，破胶剂选择二氧化氯，助排剂为自生氮，支撑剂选择石英砂、树脂包层砂或者陶粒均可,泵注程序参考表9.8。

表 9.8　压裂泵注程序

程　序	砂比/%	砂量/m³	排量/(m³/min)	液量/m³	总液量/m³
二氧化氯溶液	0	0	1	10	10
NaNO₂-NH₄Cl 自生氮助排	0	0	0.5	2	12
活性水隔离液	0	0	0.5	3	15
携砂液 (线性胶、冻胶、清洁等)	10	0.5	0.5	5	20
	15	1.5	0.5	10	30
	20	2.0	1	10	40
	25	2.5	1	10	50
	20	2.0	1	10	60
	15	0.75	0.5	5	65
二氧化氯溶液 (确保破胶彻底)	0	0	0.5	2	67
顶替液	0	0	0.5	3	70
合计		9.25		70	70

特别强调的是,二氧化氯溶于水或者与煤作用后均是安全可靠的,但二氧化氯气体聚集时比较危险,不但强烈刺激人的呼吸系统,还可引起爆炸,煤矿井下使用必须确保安全,在二氧化氯反应充分后才准许压裂液返排或连接管路抽采。

参 考 文 献

[1] 谢和平,王金华,申宝宏,等.煤炭开采新理念——科学开采与科学产能.煤炭学报,2012,37(7):1069-1079.

[2] 俞启香.矿井瓦斯防治.徐州:中国矿业大学出版社,1992:1-4.

[3] 国家安全生产监督管理局,国家煤矿安全监察局.煤矿安全规程.北京:煤炭工业出版社,2012.

[4] 国务院办公厅.国务院办公厅关于加快煤层气(煤矿瓦斯)抽采利用的若干意见(国办发[2006]47号).2006.

[5] 国家安全生产监督管理总局,国家煤矿安全监察局.防治煤与瓦斯突出规定.北京:煤炭工业出版社,2009.

[6] 国家安全生产监督管理总局,国家发展和改革委员会,国家能源局,国家煤矿安全监察局.煤矿瓦斯抽采达标暂行规定(安监总煤装[2011]163号).2011.

[7] 国务院办公厅.国务院办公厅关于进一步加快煤层气(煤矿瓦斯)抽采利用的意见(国办发[2013]93号).2013.

[8] 国务院办公厅.国务院办公厅关于进一步加强煤矿安全生产工作的意见(国办发[2013]99号).2013.

[9] 王佑安.煤矿安全手册.北京:煤炭工业出版社,1994:150-200.

[10] 国家安全生产监督管理总局.煤矿瓦斯抽放规范.AQ1027-2006 中华人民共和国安全生产行业标准,2006.

[11] 张铁岗.矿井瓦斯综合治理技术.北京:煤炭工业出版社,2001:165-332.

[12] 于不凡,王佑安.煤矿瓦斯灾害防治及利用技术手册.北京:煤炭工业出版社,2000:252-262.

[13] 李志强.水力挤出措施防突机理及合理技术参数研究.焦作:河南理工大学硕士学位论文,2004.

[14] 赵东,冯增朝,赵阳升.高压注水对煤体瓦斯解吸特性影响的试验研究.岩石力学与工程学报,2011,30(3):547-555.

[15] 赵岚,冯增朝,杨栋,等.水力割缝提高低渗透煤层渗透性实验研究.太原理工大学学报,2001,32(2):109-111.

[16] 冯增朝.煤体水力割缝中瓦斯突出现象实验与机理研究.辽宁工程技术大学学报,2001,20(4):443-445.

[17] 刘明举,任培良,刘彦伟.水力冲孔防突措施的破煤理论分析.河南理工大学学报(自然科学版),2009,28(4):142-145.

[18] 范迎春,王兆丰.水力冲孔强化增透松软低透突出煤层效果分析.煤矿安全,2012,43(6):137-140.

[19] 李波,魏建平,郝天轩.水力冲孔措施在深部低透气性煤层中的应用研究.河南理工大学学报(自然科学版),2012,31(5):501-506.

[20] 王永辉,卢拥军,李永平,等.非常规储层压裂改造技术进展及应用.石油学报,2012,33(增刊1):149-158.

[21] 陈作,王振铎,曾华国.水平井分段压裂工艺技术现状及展望.天然气工业,2007,27(9):78-80.

[22] 曹欣,韩文哲,高银锁,等.水平井水力喷射压裂工艺技术.科技创新导报,2007,31(4):23-26.

[23] Surjaatmadja J B. Subterranean formation fracturing methods. U. S. Patent, 1998, No. 5, 765,642.

[24] Surjaatmadja J B, Grundmann S R, Mcdaniel B, et al. Hydrajet fracturing: An effective method for placing many fractures in openhole horizontal wells. SPE international conference on horizontal well technology, 1998: 19-24.

[25] Surjaatmadja J B, Mcdaniel B W, Sutherland, R L. Unconventional multiple fracture treatments using dynamic diversion and downhole mixing. SPE Asia Pacific Oil and Gas Conference, 2002:679-690.

[26] 李根生,沈忠厚. 高压水射流理论及其在石油工程中应用研究进展. 石油勘探与开发,2005,32（1）: 96-99.

[27] Love T G, Mccarty R A, Surjaatmadja J B. Selectively placing many fractures in openhole horizontal wells improves production. Society of Petroleum Engineers, 2001, 16(4): 219-224.

[28] Loyd E, East Jr, William Grieser B W, et al. Successful application of hydrajet fracturing on horizontal wells completed in a thick shale reservoir. Society of Petroleum Engineers, 2004: 193-210.

[29] Rees M J, Khallad A, Cheng A, et al. Successful hydrajet acid squeeze and multifracture acid treatments in horizontal open holes using dynamic diversion process and downhole mixing. Proceedings SPE Annual Technical Conference and Exhibition, 2001: 3261-3273.

[30] Surjaatmadja J B, McDaniel B W, Cheng A. et al. Successful acid treatments in horizontal openholes using dynamic diversion and instant response downhole mixing an in-depth postjob evaluation. SPE Proceedings Gas Technology Symposium, 2002: 155-165.

[31] Maxwell S C, Waltman C K, Warpinski N R, et al. Imaging seismic deformation induced by hydraulic fracture complexity. SPE, 2006, 102: 801.

[32] Mayerhofer M J, Lolon E P, Warpinski N R, et al. What is stimulated reservoir volume(SRV). SPE, 2008, 119: 890.

[33] Cipolla C L, Lolon E P, Dzubin B. Evaluating stimulation effectiveness in unconventional gas reservoirs. SPE, 2009, 124: 843.

[34] Chipperfields T, Wong J R, Warner D S, et al. Shear dilation diagnostics: A new approach for evaluating tight gas stimulation treatments. SPE, 2007, 106: 289.

[35] Rick R, Michael J. Mullen J E P, et al. A practical use of shale petrophysics for stimulation design optimization: All shale plays are not clones of the barnett shale. SPE Annual Technical Conference and Exhibition, 21-24 September, Denver, Colorado, USA.

[36] Dozier G, Elbel J, Fielder E, et al. Refracturing works. Oilfield Review, 2003, 10(08): 38-53.

[37] Warpinski N R, Mayerhofer M J, Vincent M C, et al. Stimulating unconventional reservoirs: Maximizing network growth while optimizing fracture conductivity. Journal of Canadian Petroleum Technology, 2009, 48(10): 39-51.

[38] Gillard M, Medvedev O, Peña A, et al. A new approach to generating fracture conductivity source. SPE Annual Technical Conference and Exhibition, 2010: 3754-3767.

[39] Bulova M N, Nosova K E, Willberg D M, et al. Benefits of the novel fiber-laden low-viscosity fluid system in fracturing low-permeability tight gas formations. SPE Annual Technical Conference and Exhibition. Society of Petroleum Engineers, 2006.

[40] Logan T L. Improving dynamic open-hole completion techniques in the San Juan Basin. Quarterly Review of Methane from Coal Seams Technology, 1994, 11(3,4): 13-18.

[41] Kelso B S. Geologic controls on open-hole cavity completions in the San Juan basin. Methane Coal Seams Technol, 1994, 11(3,4): 1-6.

[42] Wu B, Wold M B, Smith N S, et al. Laboratory simulation of cavity completion process // Aubertin M, Hassani F, Mitri H. Rock Mechanics Tools and Techniques. Balkema 2nd North American Rock Mechanics Symp, 1996: 939-946.

[43] Weida S D, Reeves S, Young G B C. Optimising coalbed methane cavity completion operations with the application of a new discrete element model. Alabama: Coalbed Methane Symp, 1997: 439-451.

[44] Jessen K, Tang G, Kovscek A. Laboratory and simulation investigation of enhanced coalbed methane recovery by gas injection. Transport in Porous Media, 2008, 73(2): 141-159.

[45] Chen Z, Khaja N, Valencia K L, et al. Formation damage induced by fracture fluids in coalbed methane reservoirs. Proceedings-SPE Asia Pacific Oil and Gas Conference and Exhibition 2006 The University of New South Wales: Thriving on Volatility, 2006: 740-745.

[46] Su X B, Tang Y Y, Sheng J H. Coalbed methane drainage technology in Hennan Province. Proceedings of the 1999 international symposium on mining science and technology. Beijing: Taylor & Francis: 231-233.

[47] Kenji N, Satoru K. Statistical weight analysis on the parameters for geomechanics classification of tunneling. 日本《土木学会论文集》, NO346/111-1, 1984, 6: 107-115.

[48] Wickham G E, Tiedemann H R, Skinner E H. Support determinations based on geologic predictions. N Am Rapid Excav & Tunnelling Conf Proc., 1972: 43-63.

[49] Barton N R. A review of the shear strength of field discontinuities in rock: In Proc. Rock Mechanics Meeting, Oslo, Nov. 1973 Fjellsprengning Steknikk-Bergmechanikk, Tapir, Oslo, 1974 // International Journal of Rock Mechanics and Mining Sciences & Geomechanics Abstracts. Pergamon, 1975, 12(4): 55-56.

[50] Bieniawski Z T. Rock mass classification in rock engineering in exploration for rock engineering. Proc. of the symp., Cape Town: Balkema,, 1976: 97-106.

[51] 谷德振. 岩体工程地质力学基础. 北京: 科学出版社, 1979.

[52] 中华人民共和国国家标准编写组. 工程岩体分级标准(GB50218—94). 北京: 中国计划出版社, 1995.

[53] Hoek E, Brown E T. Practical estimates or rock mass strength. International Journal of Rock Mechanics and Mining Sciences, 1997, 34(8): 1165-1186.

[54] 中华人民共和国建设部. 岩土工程勘察规范. 北京: 中国建筑工业出版社, 1995

[55] 苏现波, 谢洪波, 华四良, 等. 煤体脆-韧性变形微观识别标志. 煤田地质与勘探, 1995, 31(6): 18-21.

[56] 汤友谊, 田高岭, 孙四清, 等. 对煤体结构形态及成因分类的改进和完善. 焦作工学院学报(自然科学版), 2004. 23(3): 161-164.

[57] Sonmez H, Gokceoglu C, Ulusay R. Indirect determination of the modulus of deformation of rock masses based on the GSI system. Rock Mechanics and Mining Sciences, 2004, 41: 849-858.

[58] 韩现民, 李晓, 孙喜书. GSI 在节理化岩体力学参数评价中的应用—以金川二矿区水平矿柱为例. 金属矿山, 2009, 391: 25-29.

[59] 焦作矿业学院瓦斯地质研究室. 瓦斯地质概论. 北京: 煤炭工业出版社, 1990.

[60] Brown ET. Strength of models of rock with intermittent joints. Journal of the Soil Mecanics Foundation Diuisision, 1970: 96.

[61] Hoek E. Reliability of Hoek-Brown estimates of rock mass properties and their impact on design. International Journal of Rock Mechanics and Mining Sciences, 1999, 35(1): 63-68.

[62] Sonmez H, Ulusay R. Modifications to the geological strength index (GSI) and their applicability to stability of slopes. International Journal of Rock Mechanics and Mining Sciences, 1999, 36(6): 743-760.

[63] Nathan D, Mehdi K, Richard J. Using geological strength index (GSI) to model uncertainty in rock mass properties of coal for CBM/ECBM reservoir geomechanics. International Journal of Coal Geology, 2013, 112: 76-86.

[64] 郭红玉,苏现波,夏大平,等.煤储层渗透率与地质强度因子(GSI)的关系研究及意义.煤炭学报,2010, 35(8):1319-1322.

[65] 盛佳,李向东.基于 Hoek-Brown 强度准则的岩体力学参数确定方法.采矿技术,2009,9(2):12-14.

[66] 王成虎,何满潮. Hoek-Brown 岩体强度估算新方法及其工程应用.西安科技大学学报,2009,26(4): 456-459.

[67] Sibbit A M, Faivre O. The dual laterolog response in fractured rocks // SPWLA 26th Annual Logging Symposium. Society of Petrophysicists and Well-Log Analysts, 1985.

[68] 周世宁,林柏泉.煤层瓦斯赋存与流动理论.北京:煤炭工业出版社,1988.

[69] McKee C R, Bumb A C, Koening R A. Stress-dependent permeability and porosity of coal. Rocky Mountain Association of Geologists, 1988:143-153.

[70] 马耕,苏现波,魏庆喜. 基于瓦斯流态的抽放半径确定方法.煤炭学报,2009,34(4):501-504.

[71] 陶云奇,许江,程明俊,等.含瓦斯煤渗透率理论分析与实验研究.岩石力学与工程学报,2009,28(z2): 3363-3370.

[72] Langmuir I. The adsorption of gases on plane surfaces of glass, mica and platinum. Journal of the American Chemical Society, 1918, 40(9): 1361-1403.

[73] 武晓春,庞雄奇,于兴河,等.水溶气资源富集的主控因素及其评价方法探讨.天然气地球科学,2003, 14(5):416-421.

[74] Cramer S D. Solublity of methane in brines from 0℃ to 300℃. Industrial Engineering Chemical Pressure Design and Development,1984,23:533-538.

[75] 刘朝露,李剑,方家虎,等.水溶气运移成藏物理模拟实验技术.天然气地球科学,2004,15(1):32-36.

[76] 张云峰. 温、压控制水溶气释放的模拟实验方法.石油实验地质,2002,24(1):77-81.

[77] 傅雪海,秦勇,王万贵,等.煤储层水溶气研究及褐煤含气量预测.天然气地球科学,2005,16(2): 153-157.

[78] Dhima A, Jcan C H, Gerard M. Solubility of light hydrocarbon and their mixtures in pure water under high pressure. Fluid Phrase Equilibria, 1998,145:129-150.

[79] 陈志明,蔡雨桐,刘冰.低渗透油藏启动压力梯度的研究方法.石油化工应用,2012,31(7):7-10.

[80] Sonmez H, Ulusay R. Modifications to the geological strength index (GSI) and their applicability to stability of slopes. International Journal of Rock Mechanics and Mining Sciences, 1999,36(6):743-760.

[81] Hoek E, Marinos P, Benissi M. Applicability of the geological strength index(GSI) classification for very weak and sheared rock masses, the case of the athens schist formation. Bulletin of Engineering Geology and the Environment, 1998,57 (2): 151-160.

[82] 胡敏良,吴雪茹. 流体力学.第 4 版.武汉:武汉理工大学出版社,2011:167-168.

[83] 孔祥言.高等渗流力学.合肥:中国科学技术大学出版社,1999:32-34.

[84] 王庆伟,王佟,杨春霞.等.煤层气在储层中的流态分布特征.煤田地质与勘探,2011,(6):24-27.

[85] 依呷,唐海,吕栋梁.低渗气藏启动压力梯度研究与分析.海洋石油,2006,26(3):51-54.

[86] 甘庆明,成珍,成绥民.低渗油藏非达西流启动压力梯度的确定方法.油气井测试,2004,13(3):1-4.

[87] 谭雷军,贾永禄,冯曦.低速非达西流启动压力梯度的确定.油气井测试,2000,9(4):5-7.

[88] 郭红玉,苏现波.煤储层启动压力梯度的实验测定及意义.天然气工业,2010,30(6):52-54.

[89] 郭肖,伍勇.启动压力梯度和应力敏感效应对低渗透气藏水平井产能的影响.石油与天然气地质,2007, 28(4):539-543.

[90] 苏现波,林晓英.煤层气地质学.北京:煤炭工业出版社,2010:24-26.

[91] Whiticar M J. A geochemical perspective of natural gas and atmospheric methane. Organic Geochemistry,1990,16:531-547.

[92] 戴金星,石昕,卫延召,等. 无机成因油气论和无机成因的气田(藏)概略. 石油学报,2001,22(6):5-10.

[93] 霍秋立,杨步增. 松辽盆地北部昌德东气藏天然气成因. 石油勘探与开发,1998,24(4):17-19.

[94] 薛莉莉. 煤层气储层压裂数值模拟技术研究. 青岛:中国石油大学硕士学位论文,2009.

[95] Liu F, Bhatia S K. Computationally efficient solution techniques for adsorption problems involving steep gradients in bidisperse particles. Computers and Chenical Engineering,1999,23:933-943.

[96] Clarck C R, Bustin R M. The effect of pore structure and gas pressure upon the transport properties of coal:A laboratory and modeling study. 2. Adsorption rate modeling. Fuel,1997,78:1345-1362.

[97] 苏现波,汤友谊,盛建海. 河南煤层气开发工艺初探. 焦作工学院学报,1998,17(6):406-408.

[98] 苏现波,陈江峰,孙俊民,等. 煤层气地质学与勘探开发. 北京:科学技术出版社,2001.

[99] 马耕,巩春生. 虚拟储层抽采瓦斯技术探讨. 煤矿安全,2009,(414):94-95.

[100] Weia X R, Wanga G X, Massarottoa P,et al. Numerical simulation of multicomponent gas diffusion and flow in coals for CO_2 enhanced coalbed methane recovery. Chemical Engineering Sciece,2007,62:4193-4203.

[101] Wei X R,Massarotto P,Wang G,et al. CO_2 sequestration in coals and enhanced coalbed methane recovery:New numerical approach. Fuel, 2010,89:1110-1118.

[102] 张先敏. 煤层气储层数值模拟及开采方式研究. 青岛:中国石油大学硕士学位论文,2004.

[103] 楼一珊,金业权. 岩石力学与石油工程. 北京:石油工业出版社,2006.

[104] 陈勉,金衍,张广清. 石油工程岩石力学. 北京:科学出版社,2008.

[105] 蔡美峰,乔兰,李华斌. 地应力测量原理和技术. 北京:科学出版社,1995.

[106] 李志明,张金珠. 地应力与油气勘探开发. 北京:石油工业出版社,1997.

[107] 尤明庆. 水压致裂法测量地应力方法的研究. 岩土工程学报,2005,(3):350-353.

[108] 张敏. 基于声波测井信息的地应力分析与裂缝预测研究. 青岛:中国石油大学硕士学位论文,2008.

[109] 闫萍. 利用测井资料计算地应力及其在山前构造带的应用研究. 青岛:中国石油大学硕士学位论文,2007.

[110] 黄荣樽,庄锦江. 一种新的地层破裂压力预测方法. 石油钻采工艺,1986,(3):1-14.

[111] 黄洪魁,林英松. 油田地应力分布规律. 断块油气田,1998,5(15):1-5.

[112] 卢运虎,陈勉,金衍,等. 深层地应力地理方位确定的新方法. 岩石力学与工程学报,2011,30(2):233-237.

[113] 刘伟. 微地震压裂裂缝监测方法及应用. 成都:成都理工大学硕士学位论文,2012.

[114] 吕昊. 基于油田压裂微地震监测的震源识别与震源定位方法研究. 长春:吉林大学博士学位论文,2012.

[115] 饶运章,钟健,桂旺华,等. 龙门山矿区套孔应力解除法测定原岩应力. 有色金属科学与工程,2013,4(3):68-72.

[116] 王钟琦,孙广忠,刘双光,等. 岩土工程测试技术. 北京:中国建筑工业出版社,1986.

[117] 刘佑荣,唐辉明. 岩体力学. 北京:化学工业出版社,2009.

[118] 乌效鸣. 煤层气井水力压裂计算原理及应用. 武汉:中国地质大学出版社,1997.

[119] 杨秀夫,刘希圣,陈勉,等. 国内外水压裂缝几何形态模拟研究的发展现状. 石油工程,1997,9(6):8-11.

[120] Geertsma J, De Klerk F. A rapid method of predicting width and extent of hydraulically induced fractures. Journal of Petroleum Technology, 1969, 21(12):1571-1581.

[121] Daneshy A A. On the design of vertical hydraulic fractures. Journal of Petroleum Technology, 1973, 25(01): 83-97.

[122] Perkins T K, Kern L R. Width of hydraulic fracture. JPT,1961,13:937-949.

[123] Nordgren R P. Propagation of vertical hydraulic fracture. Society of Petroleum Engineering Journal, 1972,12:306-314.

[124] Carter R D. Derivation of the general equation for estimating the extent of the fractured area. Drilling and Prod,1957:261-270.

[125] Williams B B. Fluid loss from hydraulically induced fractures. Journal of Petroleum Technology, 1970,22:882-888.

[126] Van Eekelen. Hydraulic fracture geometry: Fracture containment in layered formation. Society Petroleum Engineers Journal,1982,22:341-349.

[127] Advani S H, Lee J K. Finite element model simulations associated with hydraulic fracturing. Society Petroleum Engineers Journal, 1982,22:209-218.

[128] Settari A, Cleary M P. Three dimensional simulation of hydraulic fracture. Journal of Petroleum Technology,1984,36:1170-1190.

[129] Palmar I D, Carrol H B. 3D hydraulic fracture propagation in the presence of stress variations. Society Petroleum Engineers Journal,1985:870-878.

[130] Palmer I D, Luiskutty G T. A model of the hydraulic fracturing process for elongated vertical fractures and comparisons of results with other models// Low Permeability Gas Reservoirs Symposium. Colorado: Society of Petroleum Engineers Publisher, 1985.

[131] Bouteca M J. 3D analytical model for hydraulic fracturing: Theory and field test. Conference: 59. Houston: Annual Society of Petroleum Engineers of Association of the Institute of Mechanical Engineers Technical Conference, 1984.

[132] Clifton R J, Abou-Sayed A S. On the computation of three-dimensional geometry of hydraulic fractures. SPE:7943.

[133] Cleary M P, Lam K Y. Development of a fully three-dimensional simulator for analysis and design of hydraulic fractures. SPE:11631.

[134] Lee E L, Jantz A. Three-dimensional hydraulic propagation theory coupled with tow-dimensional proppant transport. SPE:19770.

[135] 陈勉,陈治喜,黄荣樽. 三弯曲水压裂缝力学模型及计算方法. 石油大学学报(自然科学版),1995,19:43-47.

[136] 陈治喜,陈勉,黄荣樽,等. 层状介质中水力裂缝的垂向扩展. 石油大学学报(自然科学版), 1997, 21(4):23-26.

[137] 孙聚晨,杜长安,等. 全三维水力压裂程序的研制报告. 1996.

[138] 王鸿勋,张士诚. 水力压裂设计数值计算方法. 北京:石油工业出版社,1998.

[139] 李勇明,赵金洲,郭建春. 考虑缝高压降的裂缝三维延伸数值模拟. 石油钻采工艺,2001,24(1):34-37.

[140] 郭大立,纪禄军,赵金洲,等. 煤层压裂裂缝三维延伸模拟及产量预测研究. 应用数学和力学,2001, 22(4):337-344.

[141] 王鸿勋. 水力压裂原理. 北京:石油工业出版社,1987.

[142] Hubbert M K, David G W. Mechanics of Hydraulic Fracturing. Petroleum Transactions, AIME,1957, 210:153-168.

[143] Haimson B, Fairhurst C. Initiation and extension of hydraulic fractures in rocks. SPEJ,1967,7(3):310-318.

[144] 杨志龙. 基于 Hoek-Brown 准则的煤层钻孔失稳破坏特征研究. 焦作:河南理工大学硕士学位论文,2013.

[145] 张广清,陈勉,赵艳波. 新井定向射孔转向压裂裂缝起裂与延伸机理研究. 石油学报,2008,29(1):116-119.

[146] Young G B C, Kelso B S G. Understanding Cavity Well Performance, SPE,1994,28579.

[147] 苏现波,潘结南,薛培刚. 煤中裂隙——裸眼洞穴法完井的前提. 焦作工学院学报,1998,17(3):165-166.

[148] 雷群,胥云,蒋廷学,等. 用于提高低—特低渗透油气藏改造效果的缝网压裂技术,2009,30(2):237-241.

[149] 邓华锋,李建林,刘杰,等. 考虑裂隙水压力的岩体压剪裂纹扩展规律研究. 岩土力学,2011,32(1):297-302.

[150] 黄达,黄润秋. 卸荷条件下裂隙岩体变形破坏及裂纹扩展演化的物理模型试验. 岩石力学与工程学报,2010,29(3):502-512.

[151] 黄达. 大型地下洞室开挖围岩卸荷变形机理及其稳定性研究. 成都:成都理工大学博士学位论文,2007:90-100.

[152] 赵磊. 重复压裂技术. 青岛:中国石油大学出版社,2008.

[153] 中国航空研究院. 应力强度因子手册. 北京:科学出版社,1993:426-428.

[154] 刘洪,胡永全,赵金洲,等. 重复压裂气井三维诱导应力场数学模型. 石油钻采工艺,2004,26(2):57-61.

[155] 刘立峰,张士诚. 通过改变近井地应力场实现页岩储层缝网压裂. 石油钻采工艺,2011,33(4):71-74.

[156] 李根生. 水力喷射压裂理论与应用. 北京:科学出版社,2011.

[157] 姜浒,陈勉,张广清,等. 定向射孔对水力裂缝起裂与延伸的影响. 岩石力学与工程学报,2009,28(7):1321-1326.

[158] 王艳丽. 压裂压力曲线解释方法研究. 北京:中国石油大学硕士学位论文,2007.

[159] 王正茂,李治平,雷婉,等. 力裂缝模型的自动识别及动态监测技术. 天然气工业,2004,24(6):83-85.

[160] 王正茂,李治平,雷婉,等. 模型及计算机自动识别技术. 石油钻采工艺, 2003,25(4):45-49.

[161] Nolte K G, Smith M B. Interpretation of fracturing pressures. Journal of Petroleum Technology,1981, 33(09): 1767-1775.

[162] 万仁溥,罗英俊. 采油技术手册(第九分册压裂酸化工艺技术). 北京:石油工业出版社,1998:104-111.

[163] 曾晓慧,郭大立,王祖文,等. 压裂液综合滤失系数的计算方法研究. 西南石油学院学报,2005,27(5):53-57.

[164] 俞绍诚. 水力压裂技术手册. 北京:石油工业出版社,2010:411.

[165] 冯茜,汪泽,陈利霞,等. MG 活性水无污染压裂液实验研究. 内江科技,2012,(12):60-61.

[166] 张高群,肖兵,胡娅娅,等. 新型活性水压裂液在煤层气井的应用. 钻井液与完井液,2013,30(1):66-68.

[167] 吴建光,孙茂远,冯三利,等. 国家级煤层气示范工程建设的启示——沁水盆地南部煤层气开发利用高技术产业化示范工程综述. 天然气工业, 2011,31(5):9-15.

[168] 刘光耀,赵涵,王博,等. 煤层气压裂技术研究. 重庆科技学院学报(自然科学版),2011,13(4):85-86.

[169] 徐先宾,刘欣梅,戴彩丽. 适用于煤层气锆冻胶压裂液的聚丙烯酰胺合成. 化学通报,2012,75(12):1121-1125.

[170] 赵辉,戴彩丽,梁利,等. 煤层气井用非离子聚丙烯酰胺锆冻胶压裂液优选. 石油钻探技术,2012,40(1):64-68.

[171] Samuel M M, Card R J, Heson E B, et al. Polymer free fluid for fracturing applications. SPE Drill&Completion,1999,14(4):240-246.

[172] 胡忠前,马喜平,何川,等. 国外低伤害压裂液体系研究新进展. 海洋石油,2007,27(3):93-96.

[173] 王均,何兴贵,周小平,等. 黏弹性表面活性剂压裂液新技术进展. 西南石油大学学报(自然科学版),2009,31(2):125-128.

[174] 潘昭才,黄时祯,任广今,等. 化学生热清蜡体系试验及其矿场应用. 国外油田工程,2006,22(5):19-21.

[175] Sun X, Wang S, Bai Y, et al. Rheology and convective heat transfer properties of borate cross-linked nitrogen foam fracturing fluid. Heat Transfer Engineering,2011,1(32):69-79.

[176] Wu J, Zhang N, Wu X, et al. Experimental research on a new encapsulated heat-generating hydraulic fracturing fluid system. Chinese Journal of Geochemistry, 2006,25(2):162-166.

[177] 潘雨兰,曹建达. 低渗储层自生热压裂改造技术. 石油钻采工艺,1998,20(5):99-101.

[178] 程运蒲,李延美,何志勇. 自生热压裂液的研制及现场应用. 油田化学,1997,14:24-27.

[179] 黄建礼. 三种化学生热体系的研究及在油气田生产中的应用. 石油工业技术监督,2005,1:58-60.

[180] 杨建华,卢素萍,马香丽,等. 井筒化学生热解堵技术的研究与应用. 清洗世界,2008,24(9):32-34.

[181] 张林,刘池阳,李志航,等. 煤层气井水力压裂合适伴注气体的选择. 煤炭学报,2008,33(3):322-324.

[182] 李玉魁,吴佩芳,高海滨,等. CO_2增产技术改造煤层的可行性探讨. 中国煤层气,2004,1(2):18-22.

[183] 程秋菊,胡艾国,熊佩,等. 氮气泡沫压裂液用作煤层气井性能研究. 应用化工,2011,40(10):1675-1679.

[184] 郭红玉,夏大平,王惠风,等. 二氧化氯作用下的煤吸附性变化及其大分子结构响应. 高校地质学报,2012,18(3):568-572.

[185] 郭红玉,苏现波,陈俊辉,等. 二氧化氯对煤储层的化学增透实验研究. 煤炭学报,2013,38(4):633-636.

[186] 阳晓燕,杨胜来,李武广,等. 气水相对渗透率曲线对支撑剂优选研究——以石英砂和树脂砂为例. 天然气勘探与开发, 2011,34(3):35-37.

[187] 马雪,姚晓,陈悦. 添加锰矿低密度高强度陶粒支撑剂的制备及作用机制研究. 中国陶瓷工业,2008,15(1):1-5.

[188] 刘云. 高强度陶粒支撑剂的研制. 陶瓷,2004,(5):24-26.

[189] 胡奥林,陈吉开. 包胶支撑剂及回流控制技术的新进展. 石油钻采工艺,1999,22(3):44-47.

[190] 左涟漪,马久岸. 新型树脂涂层支撑剂. 石油钻采工艺,1994,16(3):77-79.

[191] Rickards A R, Brannon H D, Wood W D, et al. High strength ultra-light weight proppant lends new dimensions to hydraulic fracturing applications. SPE,2003:84308.

[191] Schein G W, Carr P D, Canan P A, et al. Ultra lightweight proppants:Their use and application in the Barnett Shale//SPE Annual Technical Conference and Exhibition. Society of Petroleum Engineers, 2004.

[193] 黄勇,高书峰,周涛,等. 低密度支撑剂用酚醛环氧树脂改性复合材料的研究. 高分子材料科学与工程,2007,23(1):199-200.

[194] 郭红玉,苏现波,倪小明. 煤层气井支撑剂嵌入和回流控制研究. 矿业安全与环保,2010,37(5):11-15.

[195] 李金海,苏现波,林晓英,等. 煤层气井排采速率与产能的关系. 煤炭学报,2009,34(3):376-380.

[196] 陈冬林,张保英,谭明文,等. 支撑剂回流控制技术的新发展. 天然气工业,2006,26(1):101-103.

[197] 刘岩,张遂安,石惠宁,等. 支撑剂嵌入不同坚固性煤岩导流能力实验研究. 石油钻采工艺,2013,35(2):75-78.

附录 1　煤矿井下水力强化设计规范

1　资　料　收　集

（1）区域地质情况：区块构造、水力强化钻孔所处工作面构造特征、地下水特征、埋深等。

（2）水力强化钻孔资料：钻孔施工层位、孔深、孔径、方位角、倾角、封孔深度等。

（3）煤岩层参数：煤岩体力学参数、煤岩体结构、地应力、储层压力等。

（4）瓦斯参数：瓦斯压力、瓦斯含量、煤层透气性系数、百米钻孔瓦斯流量衰减性系数、百米钻孔瓦斯流量等。

（5）已有水力强化钻孔情况：施工地点、施工时间、施工参数、强化影响范围、后期抽采数据等。

（6）强化施工区域瓦斯：残余瓦斯含量、瓦斯抽采数据、抽采钻孔布置。

（7）采掘布署。

（8）抽采系统。

（9）避灾路线。

2 水力强化设计

2.1 钻孔类型

2.1.1 本煤层顺层钻孔

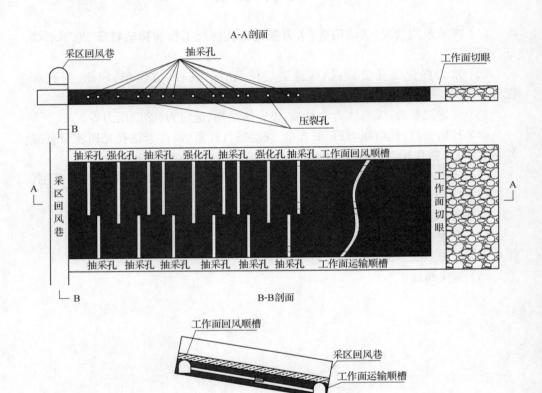

图 1 顺层钻孔水力强化抽采

2.1.2　本煤层穿层钻孔

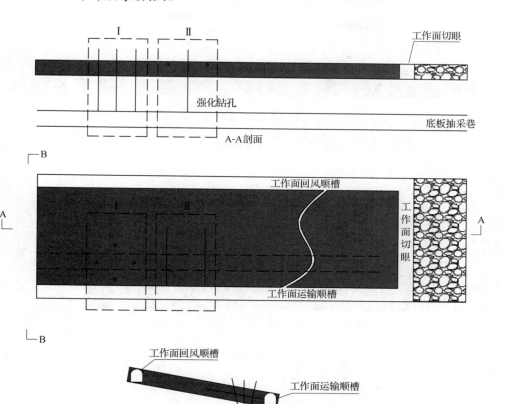

图 2　穿层钻孔水力强化抽采

2.1.3　顶底板围岩抽采层钻孔

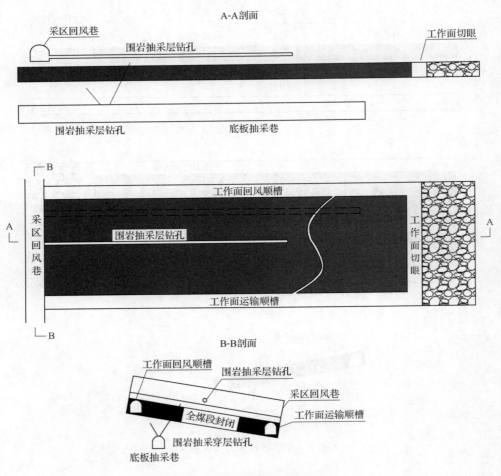

图 3　顶板围岩抽采层钻孔

2.1.4　顶底板围岩抽采层＋煤层羽状钻孔

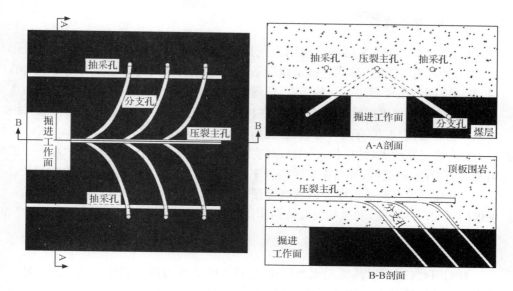

图 4　顶板围岩抽采层＋煤层羽状钻孔

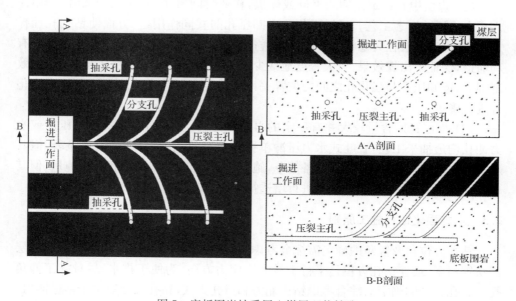

图 5　底板围岩抽采层＋煤层羽状钻孔

2.2 水力强化方式选择

2.2.1 硬煤储层

对 GSI≥45 的硬煤层均可采用常规压裂、吞吐压裂、水力喷射压裂、水力压冲、水力冲孔等工艺,具体工艺确定视设备条件、实施目标、允许施工时间、工艺流程、巷道空间等条件而定。一般而言,可遵循以下原则选用合适的强化工艺类型:

(1)薄煤层可采用常规水力压裂,在注入量一定的条件下,薄煤层滤失少,注入流体上压速度快,能有效开启裂缝,瓦斯运移产出的距离短。

(2)煤层厚度大,钻孔长,采用水力喷射压裂,可免于封孔,并能定点、定向、均匀开启裂缝,形成缝网,提高煤层的渗透率。其缺点是对设备要求高,作业时间长。

(3)煤层发育有一定厚度的软煤分层,易采用吞吐压裂,使软煤层出煤卸压,硬煤层压裂产生裂缝,卸压和裂缝共同作用可提高煤层渗透率。

2.2.2 软煤储层

对 GSI<45 的软煤,采用水力压冲(包括吞吐式水力压冲和注入式水力压冲)或水力冲孔增透技术工艺。

(1)煤层中有一定比例的夹矸或硬煤,作业时间紧张、卸压范围大时,采用注入式水力压冲增透工艺。通过强化孔和卸压孔的共同作用,一方面使钻孔孔径扩大,钻孔周边煤层在失稳状态下卸压增透;另一方面,卸压钻孔作为煤粉排出的有利通道,保证了出煤效果,最大程度地减少了钻孔孔壁的污染。水力压冲增透有效范围大,但卸压孔与强化孔之间的位置关系需结合瓦斯抽采地质特征及应力变化等进行确定。

(2)煤层瓦斯含量较大并有一定的自喷能力时,可采用吞吐式水力压冲或水力冲孔增透抽采工艺,吞吐式水力压冲单孔作业有效范围大,增透效果显著,但其对设备要求高;水力冲孔所需设备简单,施工较易,能有效提高单孔抽采纯量,但其单孔增透范围有限,对某一区域进行增透抽采时,作业工程量大。

2.3 水力强化钻孔施工原则

钻孔方位角及倾角的确定需综合考虑裂隙方向、应力场方向、巷道方向、地层产状等因素,最佳钻孔方位是平行于最大主应力方向,为便于排水,尽量施工仰角孔。钻孔孔径的确定需综合考虑钻机能力和封孔方式,钻孔长度取决于钻进能力、泵注排量、预计强化影响范围,尽量施工长钻孔。测试完成后续进行钻孔测斜。

2.4　封孔

2.4.1　封孔方式

封孔方式主要有扩张式裸眼封隔器封孔、浆液材料封孔、固定井口封孔。

扩张式裸眼封隔器可以重复使用,节省大量封孔费用;不足之处在于对钻孔质量要求高,难以适应钻孔变形及施工偏差;可采用辅助孔口锚固方法防止低压扩张不足及外推现象的发生;封孔段位于岩层内时或煤体强度较高条件下可采用扩张式裸眼封隔器封孔。

浆液材料封孔分为有机浆液和无机浆液两种,要求浆液凝固后有一定的膨胀率,强度能满足水力强化要求。浆液封孔对钻孔质量要求不高,不存在孔口锚固的问题,封孔成功率高;不足之处在于封孔费用高,封孔材料对后期采煤有影响,尤其是无机浆液;煤、岩段封孔均可以采用浆液封孔。

固定井口封孔类似地面煤层气的井口装置,仅仅针对千米钻机施工的长钻孔或分支孔等,封孔效果好,但需要固井等前期工作,操作比较烦琐。

2.4.2　封孔深度

取决于巷道应力集中带的位置,原则是封孔深度必须在应力集中带以里,否则强化过程中难以有效"憋压"。支承压力峰值点至煤壁的距离 R 为

$$R = \frac{m(1 - \sin\varphi)}{2f(1 + \sin\varphi)} \ln \frac{k\gamma H}{N_0} \tag{1}$$

式中, m 为采高,m; φ 为煤体内摩擦角,(°); f 为层面间的摩擦系数,一般取 0.3; k 为支承压力集中系数,巷道两帮取值一般为 1~3; γ 为岩体重度,N/m³; H 为开采深度,m; N_0 为煤帮的支承能力,MPa,取为煤体的残余强度,可在实验室测定,如图 6 所示。

巷道两帮应力集中带的范围可用下式表示:

$$\begin{cases} L_{\mathrm{I}} = R(1 - 20\%) \\ L_{\mathrm{II}} = R(1 + 10\%) \end{cases} \tag{2}$$

设应力集中带离煤壁较远的一端为 L_{II},较近的一端为 L_{I},封孔深度为 L_{f},要保证水力强化成功,应满足以下关系:

$$L_{\mathrm{f}} > L_{\mathrm{II}} \tag{3}$$

式(3)为考虑应力集中带的最佳理论封孔深度,但最佳封孔深度需要综合考虑钻孔位置、裂隙方向、应力场分布等来确定。

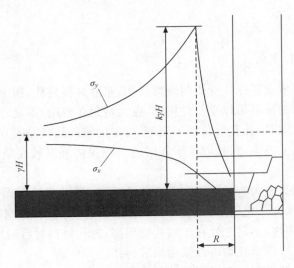

图 6　支承压力峰值示意图

2.4.3　孔口锚固

如果选择扩张式裸眼封隔器加孔口锚固的方式进行封孔,可采用专门孔口锚固器固定孔口或采用锚杆固定孔口。

2.4.4　孔内管要求

原则上孔内管要求强度大于强化施工压力,但考虑到成本及三轴围岩受压等问题,孔内部分可以略小于施工压力,但孔口部分强度必须达到要求。

2.4.5　水力强化钻孔编号原则

矿名＋工作面＋钻孔类型＋钻孔序号,其中钻孔类型约定:煤层顺层钻孔代号B,穿层钻孔代号C,虚拟储层钻孔代号X。例如中马村矿27011工作面进行了本煤层钻孔水力强化1#孔,编号为ZM27011B-01。

2.5　施工压力计算

2.5.1　最小地应力

通过测试获取水力强化钻孔所处位置的地层最小主应力,记为σ_1。

2.5.2　煤储层抗拉强度

$$\sigma_t = -\frac{\sigma_{ci}}{2}\left[m_i\exp\frac{GSI-100}{28} - \sqrt{\left(m_i\exp\frac{GSI-100}{28}\right)^2 + 4\exp\frac{GSI-100}{9}} \right] \quad (4)$$

对于式中的 m_i 和 σ_{ci} 的值,可以通过室内三轴实验统计确定,GSI 为量化表征煤体结构的地质强度因子。

2.5.3　储层破裂压力计算

引入定量表征煤体结构的 GSI 值后,仅需估计出煤体的 GSI 值,即可得到其抗拉强度,进而求取具有不同 GSI 值的煤体的破裂压力。

$$p_f = \left(\frac{2\nu}{1-\nu} - \xi_1 + 3\xi_2\right)(\sigma_z - \alpha P_s) + \alpha P_s$$

$$- \frac{\sigma_{ci}}{2}\left[m_i\exp\frac{GSI-100}{28} - \sqrt{\left(m_i\exp\frac{GSI-100}{28}\right)^2 + 4\exp\frac{GSI-100}{9}} \right] \quad (5)$$

式中,p_f 为煤储层破裂压力,MPa;σ_z 为垂向主应力,MPa;ξ_1、ξ_2 为水平应力构造系数;P_s 为储层压力,MPa;α 为 Biot 常数;ν 为岩石的泊松比。

2.5.4　管路摩阻

依据流体力学可以得到管流中压裂液摩阻损失的通用公式为

$$\Delta p_f = \lambda\frac{Lv^2}{2Dg} \times 10^{-2} \quad (6)$$

式中,Δp_f 为管路摩阻,MPa;λ 为摩擦阻力系数,无量纲,可根据摩擦阻力系数与雷诺数的关系曲线查得;L 为高压管路长度,m;v 为高压水在高压管路中的流速,m/s,可根据强化时排量与流速的关系公式 $v = Q/15\pi D^2$ 求得,Q 为强化施工排量,$\mathrm{m^3/min}$;D 为管路内径,m;g 为重力加速度,$\mathrm{m/s^2}$。

2.5.5　重力阻力

$$p_z = \rho g(h_2 - h_1) \quad (7)$$

式中,p_z 为重力阻力,Pa;ρ 为水的密度,$\mathrm{kg/m^3}$;g 为重力加速度,$\mathrm{m/s^2}$;h_1 为出水口海平面高度,m;h_2 为钻孔内最高点海平面高度,m。

2.5.6　施工压力

$$p = p_f + \Delta p_f + p_z \quad (8)$$

式中,p 为强化时的施工压力,MPa;p_f 为煤储层破裂压力,MPa;Δp_f 为管路摩阻,MPa;p_z 为重力阻力,MPa;

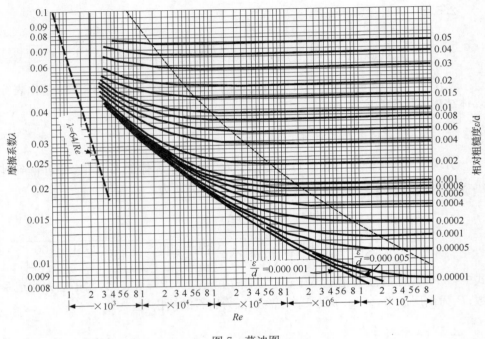

图 7　莫迪图

2.5.7　裂缝延伸压力

裂缝延伸压力 P_E 指的是强化裂缝在长、宽、高三个方向扩展所需的缝内流体压力。当裂缝形成,强化液浸入,井眼附近的应力集中即被释放,延伸裂缝所需的压力要超过垂直于裂缝壁面的原有应力场才得以使裂缝扩展。基于此,这里可以把裂缝重张压力作为裂缝的延伸压力,其计算公式为

$$P_E = 3\sigma_h - \sigma_H - \alpha p_s \tag{9}$$

式中, P_E 为裂缝延伸压力,MPa; σ_h 为水平最小主应力,MPa; σ_H 为水平最大主应力,MPa; α 为 biot 常数; p_s 为孔隙压力,MPa。

2.5.8　滤失系数

2.5.8.1　强化液黏度引起的滤失系数 C_1

$$C_1 = 0.17 \left\{ \frac{\left[0.00837 + 3.48 e^{-0.0148(GSI-GSI_c)^2}\right]\Delta p \phi}{\mu_a} \right\}^{\frac{1}{2}} \tag{10}$$

则滤失速度 v_1 为

$$v_1 = \frac{C_1}{\sqrt{t}} = 0.17 \left\{ \frac{\left[0.00837 + 3.48 e^{-0.0148(GSI-GSI_c)^2}\right]\Delta p \phi}{\mu_a t} \right\}^{\frac{1}{2}} \tag{11}$$

式中，C_1 为滤失系数，$\text{m/min}^{1/2}$；Δp 为缝内外压差，MPa；ϕ 为地层孔隙度，小数；μ_a 为强化液视黏度，$\text{mPa} \cdot \text{s}$；$t$ 为滤失时间，min。

2.5.8.2　地层流体及地层体积压缩性引起的滤失系数 C_2

$$C_2 = 0.136\Delta p \left\{ \frac{\left[0.00837 + 3.48\text{e}^{-0.0148(\text{GSI}-\text{GSI}_c)^2} \right] C_t \phi}{\mu_f} \right\}^{\frac{1}{2}} \tag{12}$$

则滤失速度 v_2 为

$$v_2 = \frac{C_2}{\sqrt{t}} = 0.136\Delta p \left\{ \frac{\left[0.00837 + 3.48\text{e}^{-0.0148(\text{GSI}-\text{GSI}_c)^2} \right] C_t \phi}{\mu_f} \right\}^{\frac{1}{2}} \tag{13}$$

式中，C_2 为地层流体及地层体积压缩性引起的滤失系数，$\text{m/min}^{1/2}$；C_t 为地层综合压缩系数，MPa^{-1}；μ_f 为地层中可流动流体的黏度，$\text{mPa} \cdot \text{s}$；其他符号同上。

2.5.8.3　具有造壁性的强化液造成的滤失系数 C_3

$$C_3 = \frac{0.005m}{A} \tag{14}$$

2.5.8.4　综合滤失系数 C

$$C = \frac{2C_1 C_2}{C_1 + \sqrt{C_1^2 + 4C_2^2}} \tag{15}$$

2.5.9　强化液总量

强化液总量估算公式为

$$Q = \frac{16\pi H_f L C (\text{GSI})^2}{\left[\pi W(0, t_p) + 8V_{sp} \right] \left(\frac{2\alpha_L}{\sqrt{\pi}} - 1 + \text{e}^{\alpha_L^2} \text{erfc}\alpha_L \right)} \tag{16}$$

式中，Q 为排量，m^3/min；H_f 为裂缝高度，m；L 为裂缝长度，m；$C(\text{GSI})$ 为综合滤失系数 $\text{m/min}^{1/2}$；$W(0, t_p)$ 为停泵时缝口宽度，m；t_p 为停泵时间，min；V_{sp} 为初滤失量，m^3；$\alpha_L = \frac{8C(\text{GSI})\sqrt{\pi t}}{4W(0, t_p) + 15V_{sp}}$；erfc 为函数。

3　资 料 录 取

在水力强化试验过程中将记录泵注压力、流量、巷道瓦斯浓度、钻孔瓦斯流量、抽采参数等对比分析水力强化效果并进行优化。在试验过程中，需专人负责现场记录。

4　质 量 控 制

（1）施工前进行技术交底，对强化的重点工序和关键技术进行汇报，明确井下强化分工,确保工程质量。

（2）强化用水必须是无任何机械杂质的清水。所有盛水及备水设备在使用前必须清洗干净,经验收合格后方可使用。

（3）各工序严格按照其操作规程、技术规范和设计要求进行施工。

（4）入井材料、管柱、工具等清洁干净,符合有关技术规范。

（5）施工前检查好设备,保证施工设备性能良好,确保施工顺利进行。

（6）上岗人员必须穿戴好劳保用品,非岗位人员一律不准进入施工区,严禁违章作业。

（7）强化施工泵压严格控制在限压范围内。

（8）关键工序及岗位专人负责,确保施工质量。

（9）强化施工严格按照设计要求进行,如遇特殊情况需要更改设计时,商定同意,签字后方能变更。

表 1　钻孔施工参数统计表

孔号	施工地点	钻孔长度/m	倾角/(°)	方位角/(°)	用途

表 2　泵注程序设计表

强化阶段	施工压力/MPa	排量/(m³/min)	阶段时间/min	累计时间/min	阶段液量/m³	累计液量/m³
煤体破裂前阶段						
裂缝延伸阶段						
停泵阶段						

表 3 钻孔瓦斯浓度变化统计表

时间	注水前瓦斯浓度/%	时间	注水后瓦斯浓度/%

表 4 检验孔强化前后流量对比表

强化地点					
孔　号					
强化时间			至		
强化前			强化前		
时间/min	读数/L	流量/(L/min)	时间/min	流量累计/L	流量/(L/min)
0			6		
1			7		
2			8		
3			9		
4			10		
5			……		

附录 2　煤矿井下水力强化作业规程

1　基本要求

（1）煤矿井下水力强化作业应严格遵守"安全第一"的原则，执行《煤矿井下水力强化作业安全技术要求》的所有规定。

（2）煤矿井下水力强化作业应使用专用柱塞式强化泵或瓦斯抽采钻孔水力作业机。

（3）施工操作人员应经过专门培训，应熟悉作业过程中各工序的技术要求和操作细则，经考核合格后方可上岗。

2　水力强化准备作业与组织

2.1　作业准备

（1）在强化设备入井前，应对井口、井下巷道及泵站进行勘察。

（2）强化设备在井巷中移运时，运输线路内一侧从巷道轨面起 2m 的高度内，运输平板车上强化设备的最突出部分与巷帮支护、管道和线缆吊挂的距离不小于 0.3m。

（3）强化泵站应保持平直，长度不小于 10m；强化设备水平摆放，与泵站巷帮最突出部分、管道和线路距离不小于 0.5m；专用强化泵组与巷帮支护的距离应满足设备检查和维修的需要，应不小于 0.8m。

（4）泵站要求通风良好，排水畅通，照明充足。

（5）低压管汇到专用强化泵组的供水管线应使用直径为 16mm 钢丝缠绕胶管，能承受不小于 0.3MPa 的压力，并尽可能减少弯曲；供水压力应不小于 0.1MPa。

（6）高压管汇安装，从泵出口到孔口依次为卸压阀、压力表、高压胶管、孔口。

（7）高压胶管能承受不小于 50MPa 的压力，应采用合格的快速接头。

（8）强化作业时，孔内封孔管应采用能承受不小于 40MPa 压力的无缝钢管；压冲作业时，孔内封孔管应采用能承受不小于 30MPa 压力的无缝钢管，并使用具有冲割功能的专用喷头。

（9）采用聚氨酯和特种水泥组合封孔时，要求提前疏干孔内水；注聚氨酯与注水泥浆的时间间隔不少于 60min。

（10）运程操控硐室应设在非高压区，距泵站不小于 30m，并保持与泵站之间的良好通信。

（11）强化孔 10m 范围内安设图像监测仪，100m 范围内安设瓦斯传感器。

2.2　作业组织

（1）作业人员组织由地面指挥组、井下协调组和各工种技术操作人员组成。

（2）作业人员主要有地面指挥组 1～2 人、井下协调组 1～2 人、钻孔操作工 5 人（可兼作水力强化作业时的强化泵司机和联管工）、封孔和管路连接工 6 人（可兼作水力强化作业时的警戒员）、封孔泵和强化泵司机 3 人（机械工、电工和电脑操作工各 1 人）、瓦斯抽采数据采集工 2 人（可兼作排水和联抽人员）。

（3）井下协调组负责人应至少每隔 30min 向地面指挥组汇报作业进展，有特殊情况须随时请求汇报。

（4）煤矿井下强化作业工序主要有钻孔、封孔、管汇连接、水力强化作业、排采。

（5）钻孔完钻与封孔作业之间的时间间隔，煤孔应小于 48h，岩孔应小于 1 周。

（6）水力强化作业与封孔完成之间的时间间隔不小于 48h；水力压冲强化作业不需专门封孔，可实现钻、压、冲一体化作业。

3　水力强化作业施工

3.1　钻孔

3.1.1　钻孔施工的一般操作

（1）打钻工到施工地点后，必须检查巷道状况，确认施工地点支护完好，将余煤、杂物等清理干净才能装机、装钻。

（2）装机、装钻过程中，要仔细检查钻机、钻杆、钻头、水压、电源开关等情况，确认设备完好，才能进行施工。

（3）开钻前，必须试机、试钻，检查作业地点附近 20m 范围内的瓦斯浓度，当瓦斯浓度不超过 0.5％时，才能进行打钻。

（4）打钻过程中，如遇有顶钻、喷孔等现象时，应将钻杆退出一定距离，不得强行推进，待卸压后，才能继续钻进。

（5）打钻过程中，如遇有"卡钻"、"夹钻"等现象，应在该钻孔附近的有效卸压范围内重新设计布孔。

（6）打钻过程中，如遇瓦斯超限或有突出预兆时，必须立即停止作业，切断电源,撤出人员到安全地点,并及时汇报到矿调度室,听候指挥处理。

(7)钻机启动操作顺序:先送电,让钻机空转,使循环水(或压风)从孔口流出,拿起给进装置,让钻机徐徐钻进。

(8)停钻操作顺序:先停电,使钻机转动部分完全停稳,慢慢拆除钻杆。

(9)打钻工必须衣着整齐,袖口要扎紧。

3.1.2　钻孔施工方法

(1)钻孔要严格按照设计标定的孔位和施工措施中规定的方位、倾角、孔深进行施工,严禁擅自改动。

(2)司钻工应熟悉所使用钻机的性能和相关的技术要求,必须经由考核合格后方可上岗,并按规定的操作程序进行操作。

(3)安装钻杆时,先检查钻杆,应不堵塞、不歪曲、丝扣未磨损,连接钻杆时要对准丝扣,避免歪斜和漏水、漏气。

(4)装卸钻头时,应严防管钳夹伤硬质合金片、夹扁钻头和岩心管。

(5)钻头送入孔内开始钻进时,给进压力不宜太大,要轻压慢转,待钻头下到孔底工作平稳后,钻进压力再逐渐增大。

(6)岩孔打钻用水力排渣,煤孔打钻用风力排渣,钻孔完成设计孔深后必须用清水(或压风)连续冲洗钻孔内的煤(岩)粉,待冲尽后再退钻。

(7)采用清水钻进时,开钻前必须先供水,水返回孔口后才能给压钻进,不准钻干孔;孔内煤、岩粉多时,应加大水量,切实冲好孔后方可停钻。

(8)钻进过程中要使用测斜仪随钻测量,发现钻孔偏斜,要及时采取措施。

3.1.3　钻孔施工安全措施

(1)钻孔施工作业场所要有良好的通风,并在钻孔施工地点的回风侧上方安设瓦斯自动报警断电仪。

(2)在钻孔施工过程中,必须设专职瓦斯检查员对钻孔施工处的瓦斯等气体进行检查,严禁瓦斯超限作业。

(3)采用风力排渣时,必须保证钻孔排渣畅通,且施工地点必须配备足够数量的灭火器材。

(4)在突出煤层中打钻时,钻孔施工处必须用木板一次性背严背实,并在背板外侧用圆木(不少于2根)紧贴背板钉牢。

(5)在钻孔施工过程中,若发现有突出预兆及异常现象,必须立即停电、撤人至安全地点,并及时汇报,等待处理。

(6)必须加强钻孔施工作业场所及周围巷道的支护,严禁空帮空顶。

(7)施工钻孔的所有电气设备的防爆质量必须符合《煤矿安全规程》中的有关

规定,加强电气设备的检查与维护。

(8) 施工钻孔前,必须将钻机摆放平稳,打牢压车柱,吊挂好风水管路及电缆。钻孔施工过程中,钻杆前后不准站人,不准用手扶钻杆,所有施工人员要将工作服穿戴整齐,佩戴好护袖或将袖口扎牢。

(9) 钻孔施工过程中,操作人员要按照钻机操作规程和钻孔施工参数要求精心施工,严禁违章作业。

(10) 在钻孔施工过程中,采用风力排渣时,必须要采取内喷雾或外喷雾等有效的灭尘措施,所有钻孔施工人员必须佩戴隔离式自救器并能熟练使用。

3.1.4　岩(煤)取心钻孔方法

(1) 为保证岩(煤)取心率,应做到:每次进尺不得超过岩心管有效长度;不准使用弯曲的粗径钻具,应减少对岩心震动、破碎、堵塞及磨损;应根据岩性、岩心长度确定卡料的规格和数量,并充分冲孔,保证卡取牢固;提升钻具应稳。

(2) 为了保证煤心质量,防止打丢、打薄,应遵循:在见煤预告的孔段内,施工人员应认真操作,并做到准确判层;在煤层顶板中钻进,必须严格执行“见软就提钻,不准试试看”的制度;取煤层顶板样时,禁止用金属卡料卡取岩心;在煤层中钻进,应适当控制第一回次进尺的长度,以便及时调整钻进参数,确保煤心质量。

3.2　封孔

3.2.1　封孔的一般原则

(1) 按照封孔的目的和实施先后顺序可将封孔分为以水力强化为目的的封孔和以抽采瓦斯为目的的封孔,前者要在水力强化作业前完成封孔,后者要在水力强化后再封孔。

(2) 根据封孔的施工方法可将封孔分为人工封孔和机械封孔,前者指用封孔器封孔及用各种充填材料封孔,后者为利用机械设备(封孔泵)进行的封孔。

(3) 以水力强化为目的的封孔通常采用浆液材料的机械封孔,在裂隙不发育的岩孔中也可采用封孔器封孔。

(4) 以抽采瓦斯为目的的封孔通常采用聚氨酯等化学液等充填材料封孔。

(5) 封孔材料主要有高压钢管、特种水泥、聚氨酯、橡胶管、棉纱等。

(6) 以水力强化造缝增透为目的的强化作业一般采用聚氨酯与水泥浆液组合封孔;以压冲卸压增透为目的的强化作业一般采用钻、压、冲一体化工艺,可用封孔器封孔。

(7) 聚氨酯与水泥浆液组合封孔时,两端先注聚氨酯,待聚氨酯膨胀牢固充分后再注水泥浆,时间间隔应保持 40min 以上。

（8）封孔前应先用压风将钻孔中的煤（岩）粉和水吹干净，以免影响封孔作业及封孔质量。

3.2.2　封孔作业方法

3.2.2.1　封孔器封孔方法
（1）封孔器由高压橡胶膨胀胶管、中间钢管、滑动密封接头及注压接头组成。

（2）封孔器使用快速、简便，只需将高压水管与封孔器连通，将封孔器完全送入钻孔内预定位置，在一定的压力下，封孔器胶管膨胀实现封孔、水力强化作业。

（3）封孔器可反复使用数次，注水结束后卸掉压力，封孔器即可恢复原状，取出封孔器。

（4）送插封孔器及回收封孔器严禁带压操作。

（5）封孔器工作时正前方不许有人作业。

（6）煤（岩）层钻孔的深度应大于或等于封孔器的长度，否则可能会引起封孔器的破裂。

（7）封孔器应全部插入煤（岩）层钻孔内，方可开始注水；封孔器内的压力完全卸去后，方能轻松取出，严禁用外力强行拉出封孔器。

（8）封孔器在注水使用过程中，严禁注水压力超过其工作压力的最大值，否则可能会引起封孔器的破裂。

（9）选用的封孔器规格应稍小于钻孔直径。

3.2.2.2　聚氨酯封孔方法
（1）聚氨酯封孔可采用卷缠药液法和泵注法。

（2）卷缠药液法，在封孔管的封孔段里端焊上铁挡板，外端套上橡胶垫圈或木塞，并用铁丝缠紧固定；封孔时将聚氨酯A、B液混合均匀，倒在毛巾布或棉纱上，边倒边缠在封孔管两挡板之间，最后迅速将封孔管插入钻孔。

（3）卷缠药液法在缠卷药液前要将封孔管送入钻孔，检查是否合适，如有问题，采取措施后再试送，没问题再倒药。

（4）卷缠药液法要求操作速度要快，要确保在5min内完成。

（5）往钻孔内送已有药液的封孔管时，最好两人同时用力，一步将封孔管送到位，防止未到位药卷已膨胀。

（6）聚氨酯封孔后，孔口需用水泥砂浆或石膏将封孔管固定牢靠，避免封孔管因碰撞晃动而影响封孔质量。

（7）聚氨酯泵注法封孔操作方法与水泥浆液泵注法相同。

3.2.2.3　水泥浆液泵注封孔法
（1）封孔注浆工要了解注浆工作目的、注浆程序、注浆量及注浆压力等参数，配备管钳、扳手、丝锥、钳子、铁丝等工具。

（2）注浆水泥材料要按设计要求备足，并提前运往封孔地点；另外要准备压风管接口管路、变径接头、异径三通、吸液管路、过滤网、封孔布袋、专用销、截止阀、密封圈、机油、搅拌桶（四个）等材料或工具。

（3）注浆泵司机要经过专门培训，能处理正常工作中的一般故障；下井前要准备并携带注浆泵的一些易损、易掉零部件。

（4）封孔人员到达钻场后，按人员工种分别进行封孔送管和注浆泵调试工作。

（5）封孔管送管应严格按照封孔设计规范执行，如进管困难需变更方案的，需请求批准后执行，并不得降低封孔质量。

（6）配制水泥浆要将 A、B 料分离在注浆泵两侧，防止搅拌过程中两料飞溅混合，同时也方便注浆泵吸液。

（7）水泥浆按比例要求在注浆前 20min 配制，并不停搅拌，防止固结。

（8）注浆开始后，注浆泵司机要密切关注泵压，出现异常时，要快速准确判断，并果断处理。

（9）当注浆量和泵压都达到预定值时，注浆结束，立即用清水洗泵；若封孔注浆工作全部完成时，先用清水洗泵，最后用机油清洗泵体关键管路部件。

（10）一次注浆结束时，要快速关闭截止阀或将注浆管扎紧封死，防止浆液外流。

（11）整个注浆过程中，不得将出浆管口对人，迎头人员要站在孔口两侧，躲开孔口方向 45°范围，防止浆液喷伤人，尤其要注意眼睛防护。

3.3 管汇连接

（1）低压管汇与供水泵及高压泵连接良好，不漏水。

（2）供水泵要求满足：供水压力不小于 0.1MPa，最大供水流量不小于 90m³/min。

（3）高压管汇与高压泵及孔口连接良好，平直；高压管汇必须铺设在强化作业时的无人区。

3.4 水力强化作业

3.4.1 专用强化泵组操作方法

（1）专用强化泵组使用环境要求：海拔高度不能超过 2000m；周围环境温度范围为 $-5\sim40$℃，相对湿度不大于 95％（25℃）；安装地基处的振动频率范围为 $10\sim150$Hz 时，其最大振动加速度不超过 0.5g；安装倾斜度不超过 5。

（2）专用强化泵组供电质量要求：输入电压波形为正弦波；输入电压幅值波动不超过额定值的 $-25\%\sim+10\%$；电源频率波动不超过额定值的 $\pm2\%$。

（3）额定电压：1140V，当供电电压不低于额定值的 75％、不高于额定值的 110％时，能够正常工作。

（4）软启动安装，将软启动器串接于电机与馈电开关之间，即：电源馈电开关→软启动器→电动机。

（5）软启动器接线方式：A、B、C 接电源馈电开关，U、V、W 接电动机。

（6）根据电机启动的负载情况，可调整启动方式和启动时间来保证电机的平稳启动。

（7）软启动器的操作方式分为近控和远控两种，"近控"方式：将专用强化泵组的控制方式置于"近控"，当馈电开关闭合后，将只能由本启动器按钮控制"启动"和"停止"，选择"远控"方式时，"近控"都有效；"远控"方式：将主腔的控制方式置于"远控"，当馈电开关闭合后，本启动器由外部 PLC 控制柜控制"启动"和"停止"。

（8）软启动器的启动方式有"软启"和"直启"两种，"软启"方式：将主腔的控制方式置于"软启"，当馈电开关闭合后，由启动器"启动"按钮和"停止"按钮直接进行操作，此时，软启功能起作用；"直启"方式：将主腔的控制方式置于"直启"，当馈电开关闭合后，由启动器"启动"按钮和"停止"按钮直接进行操作，此时，软启动功能不起作用，磁力启动起作用。

（9）PLC 控制柜启动准备：①对板车进行固定和连接，同时连接整体机组。再对电路的主回路、控制回路、气路系统等进行组装和检测；②盘动泵输入轴，使泵转动一整圈，观察有无卡阻、瞥劲现象；③检查各紧固件是否上紧；④热水离心泵球阀是否打开；⑤油箱放油阀门关闭（每班检查液力端油箱，如底部有积水需打开阀门放掉）；⑥检查各润滑部件是否按说明书的要求加入润滑剂；⑦检查液力变速箱启动前油面（冷油面）是否到油眼表满位；⑧将氮气瓶内的氮气按说明书的要求充气给储气瓶，充气压力保证为 0.5～0.8MPa；⑨清理吸入管路，将管路中的沉淀物清除，吸入给水。

（10）PLC 控制柜启动操作方法：将软启动控制柜控制心架上的选择开关打至软起、近控状态（出厂设置）；将 PLC 控制柜的远程/就地转换开关打至就地。将软启动柜的隔离开关合上，系统上电，电源指示灯（红色）亮。系统初始化，软启动控制柜液晶屏显示【待机】【电压】，如无故障，10s 后显示【准许启动】；PLC 控制柜系统初始化，控制电源指示灯亮；加热器运行指示灯亮，显示屏初始化完成，各参数显示正常。

（11）启动冷却泵，冷却泵运行指示灯亮。观察水箱里的水是否循环，观察挡位是否在空挡位置，若在空挡按住启动按钮 1s，启动开始，显示【软启中】，同时显示【电压】【电流】；启动完成后显示【合闸运行】【电压】【电流】。PLC 控制柜上的显示屏正常显示检测参数。

（12）启动供水泵，使主泵的入口有足够的水头。

（13）启动主泵,观察液力变速箱中的油温和油面,等油温升至 50℃以上时,油面(热油面)应到油眼表的两刻线之间才可进行换挡,从而正式带动强化泵运转;观察各种仪表工作是否在正常指示范围内。

（14）按升挡和降挡按钮操作液力变速器的气动换挡,按增压、减压按钮调节电动调压阀的阀门开度,实现压力控制;观察主泵排出压力表或显示器上的压力值,调节到需要的压力值。

（15）关泵顺序与开泵顺序相反,依次为:①按减压按钮调节电动调压阀的开度到 100%,逐渐降低泵组的压力,直至为零;②按降挡按钮操作液力变速器的气动换挡,直至空挡位;③按主泵停止按钮停机,切断一次回路,进入软停过程,显示【软停中】,电机逐渐停止运转,返回到【待机】状态,绿色运行指示灯灭;④按冷却泵停止按钮,停止冷却泵;⑤PLC 控制柜电源分闸,控制电源指示灯(红色)灭;⑥加热器运行指示灯(绿色)灭;⑦软启动柜分闸,电源指示灯(红色)灭;⑧供电所关闭对专用强化泵组的供电。

（16）远程操作方法与就地操作程序完全相关,操作方法上软启动器和 PLC 控制柜都选择"远程"方式。

（17）远程操作电脑启动后,自动启动控制系统软件;打开无线鼠标和无线键盘的电源开关;输入用户名和密码进行登录,登录后自动进入组态画面,各项参数正常显示。

（18）远程启动冷却泵:先用鼠标单击冷却泵启动图标,等待约 10s,冷却状态由红色指示变为绿色,冷却泵启动完成;压力阀开度显示 100%,挡位显示空挡指示图表为红色;其他运行和检控参数均显示正常。

（19）远程启动主泵:先启动供水泵,使主泵入口有足够的水头。再用鼠标单击主泵启动图标,等待约 10s,冷却状态由红色指示变为绿色,主泵启动完成。

（20）远程换挡操作:用鼠标单击挡位升高图标,液力变速器由空挡进入一挡状态,一挡显示图标由绿色变为红色,主泵在一挡运行。用鼠标单击压力升高图标,调压阀缓缓关闭,压力阀开度由 100%逐渐变小。主泵压力逐渐升高,主泵的流量逐渐升高。直到压力到强化工艺需要的压力参数时停止鼠标操作,观察压力和流量参数进行高压低流量注水作业。在此过程中压力数值会来回波动,根据需要随时调节压力阀开度来调节压力。如果出现压力大范围下掉,说明煤层可能被压开。可换二挡大排量注水,然后根据压力需要调节电动阀来重新调整压力。这样反复调整。

（21）远程关泵操作:①用鼠标点击压力降低图标,逐步打开电动阀泄压到 0;②用鼠标点击阀门降低图标,逐步降低挡位到空挡;③再用鼠标单击主泵停止图标,等待约 10s,主泵的运行状态图标由绿色指示变为红色,主泵停机;④再用鼠标单击冷却泵停止图标,等待约 10s,冷却状态由绿色指示变为红色,冷却泵停机;

⑤再用鼠标单击退出界面图标,组态画面关闭;⑥将 PLC 控制柜的隔离开关断开,再将软启动柜的隔离开关断开,最后将移动变压器的电源断开,整套控制系统操作完成。

3.4.2　专用强化泵组操作注意事项及故障处理

(1) 任何故障发生后,必须明确故障原因,并解决问题后才能启动设备;任何情况下,建议开启短路保护功能;过载保护(不包括短路保护)在合闸运行时才起作用。

(2) 过载短路故障后停机,程序会延时约 10min 才允许再次启动设备,以利于电机散热;如需要紧急启动设备,可先断开软启动器的隔离开关或上级馈电开关,再合闸送电,即可。在短时间内允许软启动器二次启动,此举对相关设备危害性大,请慎用。

(3) 故障处理步骤:①确认故障名称,记录下来;②按停止按钮,查明故障原因,并排除故障。

(4) 常见故障处理方法。①电机过载:查电机的负载情况;②短路故障:查控制箱到电机的线路或电机本身是否有短路;③漏电故障:检查电机侧绝缘或电机电缆的绝缘,注意用高压表去检测绝缘时,在控制箱的出线侧将线路断开检测。如怀疑控制箱内部漏电,检查时应断电并在用摇表检查绝缘前,断开内部所有器件的接线再量绝缘;④电流不平衡:检查线路或电机是否存在 1 相或 2 相断开或短路;⑤电压缺相:检查电源是否正确送到,如已确认送到,则检查隔离换向开关;⑥系统过压:检查电源是否有过大波动;⑦系统欠压:检查电源是否有过大的负载引起电源电压过低,或控制变压器输入、输出是否正常;⑧供电后,无显示,应检查保险丝,或检查显示器后的接线是否正确可靠。供电后,显示器显示,但按启动按钮,无启动动作,检查控制器上的本安回路。

(5) 按复位按钮。如出现故障,控制器自动控制电机停止,并显示【故障停机】及故障类型名称;在确认故障并修复后,再按复位按钮,显示回到【待机】状态。

(6) 控制器上的接线应完全正确,如触发控制线有接错或未可靠连接,电机将会产生极大的振动。

(7) 显示器所处位置需要离开大磁场环境,否则可能出现不正常情况。

(8) PLC 柜安装前检查是否有产品合格证,并检查在运输中有无损坏,发现问题及时处理,否则不准使用。PLC 柜应注意电源电压等级是否与柜内变压器接线一致,否则应予以纠正。

(9) PLC 柜接线腔中暂不使用的喇叭口应用底盘、金属堵板和密封圈进行可靠密封。井上地面试验要严格执行电操作规程,一般不得拆除闭锁装置开门试验,特殊情况下要采取有效措施,防止人身触电事故。

（10）试验中严禁带电拔、插连接插头和电子插件，以免损坏。不可随意拆卸柜内组件，插件紧固螺钉要注意拧紧。

（11）PLC 柜出厂前 100％进行出厂试验，用户验收时如进行耐压试验需按产品标准要求进行。建议每班运行前，进行线路检查，确认动作正常，显示正常后再投入运行。

（12）PLC 柜在井下装卸及搬运过程中，应避免振动，严禁翻滚。使用过程中不得随意更改控制和保护系统，以免影响整机性能。不得随意更改电路元件的型号、规格、参数。不得用电缆接地心线作本安控制回路。漏电闭锁处电路电压≤5V，电流≤2mA。

（13）对防爆电脑的保护，断电前需先关闭电脑后再断电源。

（14）对防爆电脑操作完成后需关闭无线鼠标和键盘的电源开关，避免长时间的处于运行状态，不利于其使用寿命和电池的使用时间的保持和延长。

（15）在系统运行中不能对光纤盒及光纤有踩踏和随意触碰现象，避免运行过程中系统掉线及通信出现问题带来的误操作。

（16）电动调压阀若出现操作不可控或卡死现象，应对其进行断电重合闸处理。

（17）若挡位换挡出现操作不换挡需检查供气压力和气路，若都合适还是出现换挡不动作，需等待 1～2min 再次换挡。

（18）操作完成后需将挡位逐步换回空挡，避免下次启动直接带负荷启动。

（19）高挡位运行时，要做好泵的冷却工作，应有单独冷却水供水。

（20）5 挡运行单次运行时间不宜超过 30min。

3.4.3　水力强化泵注程序

（1）常规水力强化作业泵注程序：试运行 5min→压力缓慢升至破裂压力并至少出现一次压力降→根据强化规模决定持续时间→关泵组→快速排水→作业结束。

（2）吞吐式强化作业泵注程序：试运行 5min→压力缓慢升至破裂压力并至少出现一次压力降→关主泵→快速排水→根据强化规模决定吞吐式强化作业次数→关泵组→作业结束。

（3）水力喷射强化作业泵注程序：试运行 5min→压力缓慢升至破裂压力并至少出现一次压力降→根据分段强化设计变换喷头位置重复前一步骤→关泵组→快速排水→作业结束。

（4）水力压冲作业泵注程序：试运行 5min→压力缓慢上升至出现压力迅速下降或压力不再变化→根据冲洗规模决定持续时间→关泵组→作业结束。

3.4.4　水力强化作业注意事项

（1）在有关人员进入高压区检查作业时，必须停止主泵，压力降低到安全范围内方可进入。

（2）在主泵工作期间，泵组近程操作的人员要注意安全防护，尽量不靠近高压管路。

（3）水力喷射强化和水力压冲要求使用特制的水力喷射器和高压钢管或高压密封钻杆，并在孔口用锚杆固定。

（4）对于吞吐式强化作业，要求分阶段、递增式（排量和时间）注水强化和快速排水。

（5）吞吐式强化作业时，要等到孔口压力下降到安全范围时，再打开管路接口排水，操作人员应在管路两侧操作，不应正对管路接口。

（6）水力压冲强化作业时，要加强孔口及周围 50m 范围内巷道壁的出水情况观测，同时应保障通风和加强瓦斯检测，实现风电闭锁。

（7）在整个水力强化过程中应关注压力变化，压力迅速升高或迅速降低，要及时分析原因，采取措施。

（8）水力强化作业完成，停泵后，要对孔口巷道出水点和出水量、出煤点和出煤量及围岩变化情况进行观测。

3.5　排采

3.5.1　快速排水

（1）煤矿井下水力强化作业要求快速排水，将钻孔中的煤岩屑及时排出。

（2）对于吞吐式强化作业要求分阶段、递增式（排量和时间）注水强化和快速排水。

（3）排水作业应等压力降低后进行，作业人员站在管路两侧操作。

（4）对排出水分时段取样，分析排出水中煤岩粉的量。

3.5.2　抽采瓦斯

（1）在注入水大部分排出后即可联入负压，开始抽采瓦斯；强化孔周围的卸压孔需先封孔后再联抽。

（2）采用聚氨酯化学封孔必须等 30min 后，方可接入瓦斯抽采系统，进行瓦斯抽采。

（3）对于煤岩层含水较多的平孔或仰角孔，应接自动放水器或定时安排专人放水，保持孔管不水堵。

（4）对于煤岩层含水较多的俯角孔，应装有自动或手动排水装置，能够及时排走孔底水。

（5）联抽时应保障抽采负压适度、稳定和连续。

（6）要定期对抽采管路进行清洗，保持抽采管路整洁畅通，不堵塞。

3.5.3　抽采参数检测与分析

（1）联抽后要安排专人定期测量抽采数据，并做好记录。

（2）测量参数主要有：负压、浓度、流量、温度等。

（3）测量仪器主要有单参数测定仪和抽采综合参数测定仪，常用的测定压差和负压的仪器有：U 形管压差计和负压表；常用测量瓦斯浓度的仪器有：光学瓦斯检定器；常用测定流量的仪器有：节流式孔板流量计、煤气表；抽采综合参数测定仪主要有：CJ270 瓦斯抽放综合参数测定仪、WZC-1 型数字瓦斯综合参数测试仪。

（4）测量仪器要有专人保养和维护，定期进行校验，保证满足参数测量工作要求。

（5）参数测量人员要熟悉各种常用测量仪器仪表的工作原理，熟练掌握其使用方法和适用条件。

（6）参数测量人员要有责任心，测量时要严格按规定步骤操作，保证测量结果的真实、客观、有效。

（7）要定期对抽采数据进行分析，考查水力强化作业效果。

4　现场资料录取

（1）记录巷道名称、孔号、施工人员、施工日期。

（2）记录钻孔结构，绘制草图，标明孔口位置及与其他孔的相对位置；

（3）记录封孔长度、结构，绘制示意图，封孔注浆过程中的压力、注浆量等。

（4）记录水力强化作业过程中强化泵运行时刻，压力、流量变化及整个作业过程的情况记录。

（5）记录水力强化作业后瓦斯浓度、影响范围内巷道的出水点和出水量、出煤点和出煤量、围岩变化等参数。

（6）记录水力强化作业前后强化孔的自然瓦斯流量、浓度，能够计算百米钻孔流量衰减系数和煤层透气性系数。

（7）记录水力强化作业前后影响范围内抽采瓦斯孔的流量、浓度和负压值，并进行对比分析。

5　水力强化作业总结报告撰写

5.1　内容要求

（1）水力强化作业概况，包括作业区巷道布置和瓦斯抽采情况简介、水力强化作业目的、设计钻孔类型和水力强化方式等。

（2）水力强化钻孔施工基本情况，包括钻孔开钻、完钻时间，见煤、过煤位置，测斜结果及成孔参数（开孔高度、方位角、倾角、终孔深度）。如果打钻过程中发生过卡钻或喷孔等现象，要详细描述其发生位置和情况。

（3）封孔过程及分析，包括封孔方式、使用封孔材料和数量、封孔长度和强度、封孔质量。对于喷射强化和水力压冲强化作业，只需说明所使用水力喷射器与高压泵组的对应挡位的流量与压力匹配关系，喷射器在孔内的位置。

（4）水力强化作业过程及分析，包括水力强化方式、实际泵注过程的压力、流量变化曲线、最大压力和最大流量、注入水量、排水吐粉情况、水力强化过程中影响范围内巷道壁及钻孔出水出煤情况，瓦斯涌出量变化情况。

（5）水力强化作业效果分析，包括水力强化影响范围、水力强化前后的自然流量、自然浓度、钻孔瓦斯流量衰减系数对比、水力强化前后抽采瓦斯纯量对比、累计抽采纯量统计、水力强化前后抽采强度对比。

（6）水力强化作业中得到的经验、存在的不足和改进措施。

5.2　格式要求

5.2.1　总结报告封面

（1）题名："××矿××××孔水力强化总结"，小初，黑体，加粗，水平居中，距上边距 3.5cm。

（2）总结单位及日期，小二，中文：宋体，西文：Times New Roman，加粗，水平居中，距下边距 3.5cm。

5.2.2　总结报告正文

（1）正文根据需要划分为若干章、节，章、节划分为一、二、三级。

章、节编号全部顶格排，编号与标题之间空 1 个字的间隙。章的标题占 2 行。正文另起行，前空 2 个字起排，回行时顶格排。

（2）正文部分字体一律使用"小四"号字，中文：宋体，西文：Times New Roman，字间距为标准，行间距为 22 磅。

（3）图件清楚，文字环绕"嵌入型"，单倍行距，段后间距 0.5 行，水平居中；图标题位于图下方,居中,宋体,五号,加粗,段后间距 0.5 行。

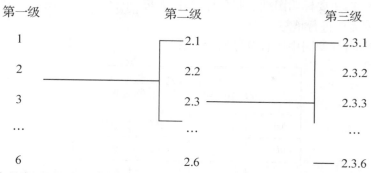

（4）表格行距和列距要与单元格中内容相适应,表格水平居中,表格中字体"五号";表格标题位于表格上方,居中,宋体,五号,加粗,段前间距 0.5 行。

5.2.3　页面要求

（1）电字文档用 word 排版,保存文件名用"题名 . doc"

（2）页面设置:A4（210mm×297mm）,边距 25mm;装订线:10mm;页眉/页脚:15.5mm。

5.2.4　水力强化效果图

煤层水力强化增透抽采工艺实施完成后,可以以相应的采掘工程平面图为基础,将工艺过程及抽采效果等绘制在图中,如图 1 所示。

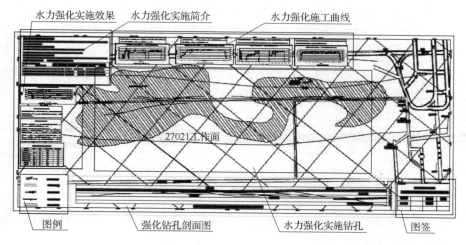

图 1　水力强化抽采效果图

具体分解如下：

（1）图签：主要标明图纸绘制名称、绘制人员、审核人员、绘制时间、比例尺等，各矿可根据需要进行填写。

（2）图例：标明图中所有符号的代表意义。

焦煤集团中马村矿 ZM27021M01孔水力强化效果图		
制图	比例	1∶500
审核	日期	

图 2　水力强化效果图图签

图　　例		
井筒	$\dfrac{152.0}{-225.0}$ ◎Ö÷3/4®	符号左上方为井口高程m，左下方为井底高程m。右边注明用途，如通风、提升等
见煤钻孔	$\dfrac{125.16}{-449.10}$ ⦾ ^{273} 1.46	符号上方为孔号，左上方为地面标高m，左下方为底板标高m，右方为可采煤厚m
煤层露头及风化氧化带	(1) (2)	(1) 为煤层露头；(2) 为风氧化带
煤巷岩石巷道	———	
正断层逆断层	(1) (2)	(1) 为正断层；(2) 为逆断层

图 3　水力强化效果图图例

（3）钻孔剖面图：绘制水力强化钻孔及周边钻孔的剖面图，对钻孔进行深度剖析，确定钻孔位置关系。

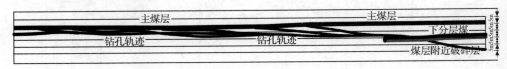

图 4　钻孔剖面图

（4）水力强化简介：介绍水力强化实施过程及实施效果，主要包括钻孔参数、注入参数、抽采参数等。

（5）水力强化施工曲线：表明水力强化作业期间，注入压力及注入流量随时间的变化关系。

ZM27021M01水力强化简介：

　　1.27轨道巷用千米钻机从煤层底板沿27021回风巷条带施工多分支孔，主孔长411 m，11个分支孔，累计783 m，煤孔段110 m。

　　2.水力强化方式：常规压裂+吞吐压裂。

　　3.2011年5月31日实施常规压裂，注水约587.9 m³，排出煤粉约为6.1t。

　　4.2011年6月12日实施吞吐压裂，注水约173.1 m³，排出煤粉约为2.16t。

　　5.影响范围如图中"蓝色"阴影区域。

　　6.抽采纯量：水力强化前181天共抽出瓦斯纯量为182747.49 m³。水力强化后从6月3日至7月1日共28天累积流量为19239.3 m³。

阶段时间	最大流量 /(m³/d)	最小流量 /(m³/d)	平均流量 /(m³/d)	最大浓度 /%	最小浓度 /%
强化前(2010.10至2011.2)共181天	1670.4	0	1000	90	0
强化后(2011.6.2至6.11)共10天	748.8	432.0	592.3	30	20
强化后(2011.6.14至7.1)共18天	997.9	130.3	739.8	95	44.1

图 5　水力强化简介

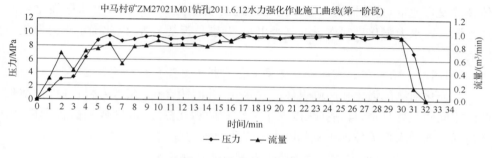

图 6　水力强化施工曲线

　　（6）水力强化实施效果：通过对比水力强化前后瓦斯抽采流量及抽采浓度等变化情况，确定水力强化效果。

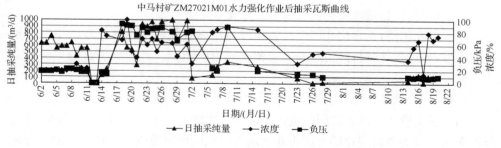

图 7　水力强化效果曲线图

　　此外，在水力效果图中，还可将煤岩柱状图、周边钻孔抽采情况等标入图中，以便对水力强化效果进行全面的整理、分析。

附录3 煤矿井下水力强化效果评价方法

1 煤层增透效果评价方法

1.1 测试项目与测试方法

1.1.1 强化范围测试与方法

1.1.1.1 依据强化孔两侧巷道形貌改变判定影响范围

在强化前观测描述强化孔两侧巷道的形貌,尤其是较为发育的构造附近及煤体裂缝发育地带,巷道描述范围原则上应距离强化孔 50m 以上,可依据强化规模适当调整。水力强化后观察煤壁是否出水、巷道是否变形等,以此确定水力强化的影响范围。

1.1.1.2 依据测试煤体水分含量变化判断水力强化的影响范围

在强化前测试强化孔两侧煤体的含水量,孔间距 2m。在水力强化后,在钻孔两侧相同间距处打钻,且钻孔深度大于强化孔的封孔深度,取钻屑测试含水量,以超过强化前含水量为技术规范判断水力强化的影响范围。

1.1.1.3 依据水力强化添加的示踪剂确定强化影响范围

在水力强化的强化液中添加示踪剂(如 SF_6),要求检测方便且无毒无害。在水力强化后在强化孔两侧打钻,要求钻孔深度大于强化孔的封孔深度,通过取钻屑检测示踪剂判断水力强化的影响范围。

1.1.1.4 依据微地震监测判断水力强化的影响范围

在水力强化前,在强化孔周围布置检波器用以收集在水力强化过程中的地层破裂信号,通过软件分析即可判断水力强化的影响范围。微地震测试分地面和井下两种方式。

1.1.1.5 依据大地电位测试判断水力强化的影响范围

利用强化液体与地层之间的电性差异所产生的电位差,在地面布置测点,通过分析强化前后的参数变化即可圈定井下水力强化的影响范围。大地电位测试分地面和井下两种方式。

1.1.1.6 依据瞬变电磁法判断水力强化的影响范围

瞬变电磁在煤层水、顶板水防治,老窑水和水文勘探方面取得了较好的效果,同样也可作为水力强化半径的探测手段。瞬变电磁法测试分地面和井下两种方式。

1.1.1.7　依据大地电磁探测技术(CYT)判断水力强化的影响范围

CYT 技术近年从石油系统引入煤炭系统,岩层注水会改变岩层的导电性,利用 CYT 对水的反应较为灵敏的特长,由于水力强化前后岩层含水的变化,按照岩层含水性解释大地电磁探测资料可以得到水力强化的影响范围。

1.1.1.8　按传统的方法确定抽采半径

(1) 在无限流场条件下,按瓦斯压力确定钻孔排放瓦斯的有效半径

先在石门断面上打一个测压孔,准确地测出煤层的瓦斯压力。然后距测压孔由远而近打排放瓦斯钻孔,观察瓦斯压力的变化,如果某一钻孔,在规定的排放时间内,能把测压孔的瓦斯压力降低到容许限制,则该孔距测压孔的最小距离即为有效半径。也可以由石门向煤层打几个测压孔,待测出准确瓦斯压力值后,再打一个排放瓦斯钻孔,观察各测压孔瓦斯压力的变化,在规定的时间内,瓦斯压力降到安全限值的测压孔距排放孔的距离就是有效半径。

(2) 在有限流场条件下,按瓦斯压力确定钻孔排放瓦斯的有效半径

在多排钻孔或网格式密集钻孔排放瓦斯的条件下,排放瓦斯区内的瓦斯流动场属于有限流场,这时测定钻孔的排放半径如图 1 所示。在石门断面向煤层打一个穿层测压孔或在煤巷打一个沿层测压孔,测出准确的瓦斯压力值后,再在测压孔周围由远而近打数排钻孔,即在距测压孔较远处先打一圈排放钻孔(至少 4 个),它们位于同一半径上,然后观察瓦斯压力变化。若影响甚小,再在距测压孔较近的半径上再打一圈排放钻孔(至少 4 个),再观察瓦斯压力变化。在规定排放瓦斯期限内,能将测压孔的瓦斯压力降低到容许限值的那排钻孔距测压孔的距离就是排放瓦斯的有限半径。

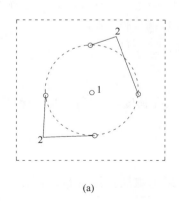
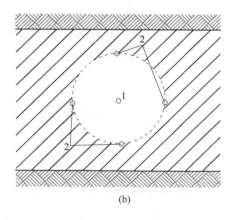

图 1　瓦斯抽采半径测试示意图

（3）根据瓦斯流量确定排放瓦斯的有效半径的方法

①沿煤层软分层打 3～5 个相互平行的测流量钻孔，孔径 42mm，长 5～7m，间距 0.3～0.5m。

②对各钻孔进行封孔，封孔长度不得小于 2m，测量室长度为 1m。

③钻孔密封后，立即测定钻孔瓦斯流量，并每隔 10min 测定一次，每一测量孔测定次数不得少于 5 次。

④在距最近的测量孔边缘 0.5m 处，打一个平行于上述钻孔的排放钻孔（其直径等于待考察排放钻孔的直径），在打钻过程中，记录孔长、时间和各测量钻孔瓦斯流量的变化。

⑤打完排放钻孔后，每隔 10min 测定一次各流量孔的流量。

⑥打完排放钻孔后的 2h 内，测定并绘出各测量孔的瓦斯流量变化曲线。

⑦如果连续三次测定流量孔的瓦斯流量都比打排放钻孔前提高 10%，即表明该测量孔处于排放钻孔的有效半径内。符合本项中的上述测量孔距排放钻孔最远距离即为排放钻孔的有效半径。

1.1.2　增透效果对比

1.1.2.1　钻孔瓦斯自然流量

对钻孔封孔后，采用流量计记录瓦斯的自然流量，然后在强化前后分别测试，对比瓦斯自然流量的变化。

1.1.2.2　钻孔瓦斯抽采纯量

对钻孔封孔后，在相同的负压条件下，采用流量计在强化前后分别测试瓦斯的总流量和瓦斯浓度，对比瓦斯抽采纯量的变化。

1.1.2.3　煤层透气性系数

按照 1.1.2.1 测试钻孔瓦斯流量，按照煤矿井下煤层瓦斯压力的直接测定方法 AQ/T 1047—2007 测试瓦斯压力，按照表 1 计算透气性系数。

在强化前后分别测试并计算透气性系数，然后进行对比。

$$q = \frac{Q}{2\pi r_1 L} \tag{1}$$

式中，Q 为在时间为 t 时的钻孔流量，m^3/d；L 为煤孔长度，一般等于煤层厚度，m；r_1 为钻孔直径，mm。

$$a = \frac{X}{\sqrt{p}} \tag{2}$$

式中，a 为煤层瓦斯含量系数，$m^3/m^3 \cdot MPa^{1/2}$；X 为煤层瓦斯含量，m^3/m^3；p 为煤层瓦斯压力，MPa。

表 1　煤层透气性系数计算公式

流量准数	时间准数	系数	指数	煤层透气性系数	常数	常数
Y	$F_0 = B\lambda$	a	b	λ	A	B
$Y = aF_0^b = \dfrac{A}{\lambda}$	$10^{-2} \sim 1$	1	-0.38	$\lambda = A^{1.16}B^{\frac{1}{1.64}}$	$A = \dfrac{qr_1}{p_0^2 - p_1^2}$	$B = \dfrac{4tp_0^{0.5}}{ar_1^2}$
	$1 \sim 10$	1	-0.28	$\lambda = A^{1.39}B^{\frac{1}{2.56}}$		
	$10 \sim 10^2$	0.93	-0.20	$\lambda = 1.1A^{1.25}B^{\frac{1}{4}}$		
	$10^2 \sim 10^3$	0.588	-0.12	$\lambda = 1.83A^{1.14}B^{\frac{1}{7.3}}$		
	$10^3 \sim 10^5$	0.512	-0.10	$\lambda = 2.1A^{1.11}B^{\frac{1}{9}}$		
	$10^5 \sim 10^7$	0.344	-0.065	$\lambda = 3.14A^{1.07}B^{\frac{1}{14.4}}$		

注：Y. 流量准数，无因次；F_0. 时间准数，无因次；a、b. 系数与指数，无因次；p_0. 煤层原始绝对压力，MPa；p_1. 钻孔排瓦斯压力，一般为 0.1MPa；r_1. 钻孔半径，m；λ. 煤层透气性系数，$m^2/(MPa^2 \cdot d)$；q. 在排放瓦斯为 t 时钻孔煤壁单位面积瓦斯流量，$m^3/(m^2 \cdot d)$。

由于表 1 中的计算公式较多，一般是选用其中任一公式进行试算，计算出 λ 值，再将其代入 $F_0 = B\lambda$ 式中校验，如 F_0 值在原选用的公式范围内，则说明计算结果正确；若不在所选用的公式范围内，尚需根据算出的 F_0 值，选用所在范围的公式再行计算，直至值 F_0 在所选用公式范围内为止。一般 $t < 1$ 天时，先用 $F_0 = 1 \sim 10$ 范围的公式计算；$t > 1$ 天时，先用 $F_0 = 10^2 \sim 10^3$ 范围的公式计算。

1.1.2.4　钻孔流量衰减系数

测试钻孔瓦斯流量后，然后按照式(3)进行计算。

$$q_t = q_0 e^{-\alpha t} \tag{3}$$

式中，q_t 为第 t 天的流量，m^3/t；q_0 为钻孔形成当天的流量，m^3/t；α 为衰减系数，为了准确起见，最好连续测试 5 天以上的流量数据，然后采用数学拟合方法求出衰减系数。

在强化前后分别测试衰减系数，进行对比。

1.1.2.5　抽采效果对比

（1）单位时间瓦斯抽采量。

单位时间瓦斯抽采量是指钻孔已抽采瓦斯总量与抽采时间的比值，即

$$q_{抽} = Q_{抽}/t \tag{4}$$

式中，$q_{抽}$ 为单位时间瓦斯抽采量，m^3/d；$Q_{抽}$ 为钻孔已抽采瓦斯总量，m^3；t 为抽采时间，天。

（2）煤层残余瓦斯量。

对预抽煤层瓦斯区域防突措施进行检验时，应当根据经试验考察确定的临界

值进行评判,否则应符合《防治煤与瓦斯突出规定》的相关规定。

（3）钻孔瓦斯抽采率。

钻孔瓦斯抽采率是指钻孔已抽采瓦斯总量占钻孔控制范围内煤层瓦斯赋存量的百分比,即

$$d = 100Q_{抽} / Q \tag{5}$$

式中, d 为钻孔瓦斯抽采率,%; $Q_{抽}$ 为钻孔已抽采瓦斯总量,m^3; Q 为钻孔控制范围内煤层瓦斯赋存量,m^3。水力强化过程中进入风流排放的瓦斯增加量应计算在水力强化抽出的瓦斯量内。

1.1.3　突出预测指标对比

（1）钻屑瓦斯解吸指标法（Δh_2 和 K_1 值）评价防突措施效果。

（2）钻孔瓦斯涌出初速度（q 值）评价防突措施效果。

1.2　评价方法

煤矿井下水力强化效果评价采用强化范围和瓦斯参数变化两项指标综合评价强化效果。其单项评价以分值表示,两项分值之和为综合分值。根据综合分值大小划分水力强化效果的评价等级。

（1）煤矿井下水力强化效果评价的各项指标及分值可按表 2 由应用单位评价部门制定。

表 2　强化效果评价各项指标及分值表

项目		数值范围	分值	备注
强化半径 R		$R \leqslant 5$	0	
		$5 < R < 10$	$10R - 50$	
		$R \geqslant 10$	50	
瓦斯参数	钻孔瓦斯自然流量提高倍数 n_1	$n_1 \leqslant 3$	0	
		$3 < n_1 < 5$	$25n_1 - 75$	
		$n_1 \geqslant 5$	50	
	煤层透气性系数提高倍数 n_2	$n_2 \leqslant 3$	0	
		$3 < n_2 < 5$	$25n_2 - 75$	
		$n_2 \geqslant 5$	50	
	钻孔流量衰减系数降低倍数 n_3	$n_3 \leqslant 0.3$	0	
		$0.3 < n_3 < 0.5$	$250n_3 - 75$	
		$n_3 \geqslant 0.5$	50	

（2）煤矿井下水力强化效果评价等级可按表 3 由应用单位评价部门制定。

表 3 强化效果评价各项指标及分值表

综合分值	等级
$X \geqslant 80$	效果好
$60 \leqslant X < 80$	效果较好
$40 \leqslant X < 60$	有效
$X < 40$	无效

注："X"表示强化半径和瓦斯参数两项的综合分值。

（3）进行煤矿井下水力强化效果评价时，应填写强化施工基本数据表和评价表，见表 4 和表 5。

表 4 煤层增透效果评价表

矿井： 位置： 施工单位： 施工日期： 年 月 日

煤层参数				施工参数		
层位	瓦斯含量 /(m³/t)	煤厚 /m	渗透率 /($10^{-3}\mu m^2$)	排量 /(m³/min)	砂量 /m³	总强化液量 /m³
分值	强化范围/m		综合分值		评价效果	
	瓦斯参数变化					
评价单位		评价人		主管部门签字		
		日 期		日 期		

表 5 强化费用表

矿井： 位置： 施工单位： 施工日期： 年 月 日

项 目	费 用/元	备 注
打钻费		包括人工费
材料费		包括封孔材料
设备搬运费		
设备折旧费		
水力强化人工费		
设计费		
其他费用		包括对煤矿生产影响等
合 计		

填表人签字： 会计师签字：

评价单位技术负责人签字： 填表日期： 年 月 日

2　经济评价方法

2.1　数值计算取值规定

2.1.1　瓦斯抽采量增产产值

$$V_1 = Q(M+N) \tag{6}$$

式中，V_1 为强化后瓦斯抽采增产产值，元；Q 为强化后瓦斯抽采增量，m^3；M 为每立方米瓦斯单价，$元/m^3$；N 为如果存在补贴，每立方米瓦斯单价，$元/m^3$，如果不存在 $N=0$。

2.1.2　节省瓦斯抽采钻孔施工费

$$V_2 = L_{总} P \tag{7}$$

式中，V_2 为节省的钻孔施工费，元；$L_{总}$ 为强化范围内原计划布孔的总进尺减去强化后布孔的总进尺，m；P 为每米钻孔价格，元/m。

2.1.3　强化增透对生产接替的间接效益

$$V_3 = HJ \tag{8}$$

式中，V_3 为强化增透缩短抽采时间产生的间接效益，元；H 为煤矿因生产接替困难耽误生产所造成的损失，元/d；J 为与传统的抽采相比，强化增透缩短瓦斯抽采的天数，天。

2.1.4　强化增透节省的瓦斯抽放费

$$V_4 = JF \tag{9}$$

式中，V_4 为强化增透节省的瓦斯抽放费，元；J 同式（4）；F 为在强化范围内，传统的瓦斯抽采费，元/d。

2.1.5　一次强化投资构成及数据统计

按照表5进行计算，合计费用记为 V_5。

2.1.6　煤矿井下水力强化净收益

$$V_6 = V_1 + V_2 + V_3 + V_4 - V_5 \tag{10}$$

式中，V_1、V_2、V_3、V_4 的字母含义与式（6）、式（7）、式（8）、式（9）相同。

2.2　评价方法

强化经济评价可按表 6 由应用单位评价部门制定。

3　辅助效果评价方法

3.1　抑制瓦斯涌出效果评价

在相同的条件下对比煤炭开采过程中，强化影响范围之内与强化范围之外的瓦斯相对涌出量，按照以下标准进行效果评价。

瓦斯相对涌出量降低：≤10%，差；10%～20%，中；≥20，优。

3.2　降尘效果评价

在相同的作业条件下，对比强化影响范围之内与强化范围之外的降尘效果，按照以下标准进行效果评价。

煤尘降低率：≤10%，差；10%～20%，中；≥20%，优。

3.3　均一化地应力场效果评价

因水力强化具有均一化地应力场的作用，因此对存在冲击地压的煤矿，统计实施水力强化前后冲击地压的发生频率，只要数据表明有降低冲击地压的作用，那么水力强化的效果评价直接定为优。

3.4　平衡瓦斯压力场效果评价

煤层中存在瓦斯压力较高的所谓"瓦斯包"，为煤与瓦斯突出的主要诱因，但是水力强化具有平衡瓦斯压力场的作用，只要数据表明水力强化可以实现平衡瓦斯压力场，那么水力强化的效果评价也可直接定为优。

3.5　改变煤体强度效果评价

水力强化也是对煤层实施注水的过程，煤层含水变化可以改变煤体强度，有利于硬煤放顶或软煤强度的增加，作为水力强化效果之一。

表 6　强化经济评价各项指标及分值表

净收益/元	等　级
$V_6 \geqslant 200000$	效果好
$100000 \leqslant V_6 < 200000$	效果较好
$50000 \leqslant V_6 < 100000$	有效
$V_6 < 50000$	无效

附录 4 煤矿井下钻孔水力强化安全技术要求

1 现场组织要求

（1）组织领导负责总体协调；各部门负责人协助领导完成方案的实施及施工现场的管理。

（2）现场人员要携带便携式瓦检仪器，随时检查施工地点的钻孔瓦斯情况，发现瓦斯超限及时停机、停电、撤人，汇报煤矿调度室；发现顶板、支护有问题时，及时联系生产组队处理。

（3）必须指定专职安全负责人，在施工过程中，安全负责人全权监督指挥，所有人员不得进入施工危险区。专职安全指挥人员原则上不准进行实物操作，以防范出现监督漏洞。所有操作人员必须听从安全指挥人员的指挥。

2 防突技术要求

（1）试验地点必须保证通风设施的运行可靠，必须在预强化地点顺槽设置避难硐室和两道坚固的防突反向风门，两道防突反向风门间距不小于 4m，且防突门规格必须符合《防治煤与瓦斯突出规定》要求。

（2）所有参与水力强化试验的人员必须全部经过防突安全培训，并经考试合格后，方可上岗。进入工作面的所有人员必须配戴隔离式自救器。

（3）工作面所有参与试验的人员必须熟悉井下避灾路线，发现突出预兆时，现场组织领导应立即指挥现场工作人员停止工作，切断强化地点所在工作面上、下顺槽全部非本质安全型电源，并将所有人员撤至防突门外的全风压新鲜风流处。汇报通风调度、公司调度。在确认不会发生煤与瓦斯突出的情况下，且工作面盲巷口瓦斯浓度小于 1% 时，人员方可进入开始施工。发生突出时，现场人员及时撤离，切断相关巷道中全部非本质安全型电源，瓦检员、班组长及时向公司调度、通风调度汇报突出现场情况，并执行二级断电，设置警戒。

3 机电管理要求

（1）试验地点必须安设直通公司调度室的电话，且紧跟工作面局部通风机

50m 以外。

（2）试验地点必须明确停送电负责人，实施强化前，试验地点必须切断试验巷道内除强化设备外的所有动力电，将所有与试验无关的人员撤至防突门外，并设专人放置警戒、警示标语。

（3）强化设备下井前必须符合防爆要求，发现失爆时应立即处理，并且留有记录，各种保护必须齐全可靠，明确机电维护负责人。试验前要检查机电设备的完好情况及管路的连接是否密闭等，没有问题后，进行空转试运行、管路打压试验，只有试验合格后才能正式强化。

4 监测、监控要求

（1）在试验现场和设备列车处要安设瓦斯传感器，并实现瓦斯电闭锁，一旦发生瓦斯超限，瓦斯传感器能立即自动切断所辖范围的所有非本安电源。遥测工负责对该工作面所属范围内的瓦斯传感器每三天检查标校一次，瓦检工班班校对，并每班试验断电情况，发现问题立即停产组织处理。试验断电情况要汇报调度和遥测机房，并留有记录。

（2）工作面局部通风机必须实现"三专两闭锁"和"双风机双电源"。在局部通风机处安设开停传感器，且在与通风机平行处安设瓦斯探头，当瓦斯浓度≥0.5%时，能自动切断巷道内全部非本质安全型电气设备电源；强化前，由机电工区、通风工区、安监部等组织对上述地点的风电闭锁、瓦斯电闭锁进行测试验收，符合规定方可开始强化。

（3）在试验地点安设电磁辐射监测仪，提前15天监测试验地点的瓦斯地质情况，并且与通风工区监测机房连接，以便实时监测。

5 强化安全技术要求

（1）设备安装位置必须放置灭火器和灭火砂箱，试验前，必须清除周围所有可燃物。

（2）强化设备的操作人员必须接受厂商的专门培训，并且经考试合格取得合格证后才能上岗。

（3）设备和管路安装完毕后，必须进行空转试运行、管路打压试验，只有试验合格后才能正式运行。

（4）钻孔的施工必须严格按照设计进行，所打钻孔必须有专人组织验收，合格后才能使用。

（5）施工钻孔合格后才能封孔，封孔前检查封孔的材料和器具是否合格，封孔深度必须达到设计要求。

（6）试验前必须有专人对所有的观察仪表进行认真的检查和校对，必须检查管路、阀门是否完好，确保设备合格后方可使用。

（7）实施强化时，现场操作人员要集中精力，工程技术人员要注意观测压力和流量的变化，并及时记录强化过程中的所有数据，整个强化过程必须严格按设计进行，需要修改方案时，必须经组织领导商议，方能进行调整。

（8）强化过程出现动力现象时，必须立即切断所有电源，所有人员必须立即撤出。

（9）注砂结束后，必须按要求将管路内的砂液清除完毕，才能关闭泵的出口阀门，并停止所有设备的运行。

（10）强化结束 40min 后，首先由生产技术部和通风工区瓦检员进入强化地点，检查巷道的支护情况和瓦斯情况，重点检查强化地点 20m 范围内的情况，只有当检查范围内的瓦斯浓度小于 1.0% 时，并且巷道支护良好时，才能解除警戒，恢复工作。

（11）所有强化工作结束后，严禁拆除钻孔的封孔装置和强化管路，只有待孔口压力降到 0 MP 后才能拆除相关的装置，并且要及时启动排水设备进行排水工作。

6　强化设备运输要求

（1）强化设备装、卸的整个过程必须有工长或队长现场指挥，并且与厂家积极配合。起吊、下降过程中任何人不得进入起吊危险区，特别在起吊、下降过程中出现滑、歪等未达预定要求的情况下，根据实际情况可使用长柄工具在安全地点调正方向或进行适当的调整，但在未完全下落稳定前人员不得靠近。

（2）利用平板车运输时必须将钻机用专用绳索按要求固定，运输的机器及附属设备与平板车、固定绳索的用力点必须用木板衬垫，严禁出现直接"铁对铁"固定；在运输过程中人员需人力推车时，必须执行《煤矿安全规程》规定，1 次只准推 1 辆车，严禁在矿车两侧推车；对车行前方要做好撤人、清障碍物工作，特别是有岔口的地点要发出警号；严禁放飞车；巷道坡度大于 7‰ 时严禁人力推车。在机车牵引时，人员不得靠近，听从运输队运送人员的指挥。在发生落道、钻机滑出车的情况下，要严格按运输规定首先在巷道两侧放置警戒，使用专用起吊设备重新装车。

（3）小巷运输，按集团公司矿小巷运输相关文件执行：牵引区不得有人、绞车，司机持证上岗，矿车联结必须使用正规件等。

（4）强化地点搬运：强化设备搬运前，必须先将强化地点清理干净，将人员撤至牵引区以外。

7　强化设备安装要求

（1）移动设备时，首先要选择好行走路线，保证畅通无障碍物。

（2）移动设备过程中必须有专人指挥协调，与其工作无关的人员要远离现场。操作者应精力集中，随时注意指挥人员的信号，同时，操作者在移动设备时，必须发出声光信号，防止误操作致使设备损坏和人员受伤。

（3）定位时，首先要检查强化的顶、帮和其他不安全因素，发现问题及时处理。

8　水力强化避灾路线

结合本煤矿水力强化钻场实际情况，根据《煤矿安全规程》和《防治煤与瓦斯突出规定》要求进行设计，严格执行。